Band 6

Atheismus

Marie-Luise Raters

Karl E. Grözinger (Hrsg.)

Religionen und Weltanschauungen

Werte, Normen, Fragen in Judentum, Christentum, Islam, Hinduismus/Buddhismus, Esoterik und Atheismus

In Zusammenarbeit
mit Christian Lange

BWV · BERLINER WISSENSCHAFTS-VERLAG

Bibliografische Information der Deutschen Nationalibliothek

Die Deutsche Nationalbibliothek verzeichnet diese Publikation in der Deutschen Nationalbibliografie; detaillierte bibliografische Daten sind im Internet über http://dnb.d-nb.de abrufbar.

ISBN 978-3-8305-1599-9

Titelbild: Idealbild des Aristoteles. Holzschnitt aus: Aristoteles cum Leonardi Aretini Commentariis, Venedig 1516.

Axel-Springer-Str. 54 a, 10117 Berlin
E-Mail: bwv@bwv-verlag.de, Internet: http://www.bwv-verlag.de
Printed in Germany.

Religionen und Weltanschauungen Werte, Normen, Fragen in Judentum, Christentum, Islam, Hinduismus/Buddhismus, Esoterik und Atheismus

Der interreligiöse und interkulturelle Dialog

Der Dialog der Weltanschauungen und Religionen ist für die moderne Gesellschaft nicht mehr nur ein hehres Bildungsziel für bessere Kreise, sondern eine Notwendigkeit für das alltägliche Zusammenleben aller Menschen dieses Landes, in Europa und in der ganzen Welt, und dies nicht nur in den großen Städten, sondern bis hinein in den ländlichen Raum. Dies gilt in besonderem Maße für den schulischen Bereich, in dem die unterschiedlichen Kulturen in einer Intensität aufeinanderprallen, die man draußen in der Arbeits- und Freizeitwelt noch kaum kennt. Zu Recht wird daher das gemeinsame Gespräch zwischen den Kulturen und Weltanschauungen zunehmend als ein zentraler Bildungsauftrag der Schulen erkannt. Im Zentrum dieser Aufgabe muss es stehen, die Menschen zu befähigen, das Denken und Tun der Anderen zu begreifen und zugleich das eigene Denken und Handeln in einer Weise erklären zu können, die der Andere versteht. Der Dialog bedarf also einer doppelten Befähigung, des Empfangen- und Geben-Könnens, des Hörens und des Mitteilens. Meist ist es der Mangel an diesen beiden Fähigkeiten, die den Dialog zum Ersticken und das Zusammenleben in die Krise bringt, oder fruchtbare Ansätze dazu erst gar nicht ermöglicht. Um diese beiden Grundvoraussetzungen eines wirklichen Dialoges zu schaffen bedarf es darum einer doppelten Vorbereitung:

1. Das Hören-Können: Um das Denken und Handeln des Anderen verstehen zu können, muss man die grundlegenden Gedanken und Bräuche seiner Religion und Kultur kennen. Denn nur aus der Kenntnis dieser kulturellen Matrix und Weltsicht des Anderen kann man hoffen, dessen konkrete Äußerungen und Entscheidungen in ihrem wirklichen Sinn zu verstehen. Hinzu gehört das Wissen um die kulturspezifischen Antworten auf die zentralen Fragen des menschlichen Daseins, dessen eigene Normen und Werte, Pflichten und Freuden.
2. Das Mitteilen-Können: Das Zweite, was ein sinnvoller Dialog erfordert, ist die Fähigkeit, das eigene Denken und Handeln in einer Weise erklären zu können, die dem aus der anderen Kultur oder Weltanschauung Kommenden die eigene Auffassung einsichtig macht. Dies gleicht der Übersetzung von einer Sprache in die andere, die es dem fremden Gegenüber erst ermöglicht, den Worten des Sprechers zu folgen. Das bedeutet, man muss auch beim kulturellen oder interreligiösen Dialog die in der

eigenen Tradition verankerten Gedanken aus ihrem „ursprachlichen" Kontext heraus in eine auch dem Anderen verständliche Sprache übersetzen, damit er sie verstehen kann. Es muss der Versuch gewagt werden, das eigene Denken in der „Sprache" des Anderen auszudrücken, oder eine neue gemeinsame Sprache in der Mitte zu finden.

Diese beiden erlernbaren „Verstehenstechniken" bedürfen allerdings noch einer Voraussetzung, ohne die ein Austausch nicht stattfinden kann. Diese Voraussetzung ist das menschlich Gemeinsame jenseits der kulturellen Unterschiede, also Fragen, Erfahrungen und Bedürfnisse, die menschlicher Gemeinbesitz sind. Wo zwei Partner über vollkommen verschiedene Dinge sprechen, mit denen der jeweils Andere nichts gemein hat, wird nie ein verstehendes Gespräch zustande kommen. Solche Gemeinsamkeiten sind allen Menschen dank ihres bloßen Menschseins gegeben. Solche Gemeinsamkeiten werden Menschen aus verschiedenen Kulturen nicht zuletzt tagtäglich im Alltag aufgedrängt, sei es in unmittelbarer Nähe oder im globalisierten Welt-Dorf. Solche kulturübergreifende Gemeinsamkeiten lassen sich aber auch, noch bevor die Menschen aufeinandertreffen, an den unterschiedlichen kulturellen Traditionen in Texten und Bildern der verschiedenen Menschengemeinschaften aufzeigen. Doch dies gelingt nur, wenn man gelernt hat, solche Gemeinsamkeiten trotz der kulturellen Differenz an den vorliegenden Texten, Bräuchen und Begehungen zu erkennen und vergleichend nebeneinander zu stellen.

Es sind diese Erkenntnisse, welche den Aufbau und die Durchführung des hier vorgelegten sechsteiligen Lehr-, Quellen- und Unterrichtsbuches bestimmen.
Die Auswahl der in diesen sechs Bänden behandelten Religionen und Weltanschauungen geschah nach deren Bedeutung für die europäische Kultur und Lebenswelt in Vergangenheit und Gegenwart, zugleich aber auch mit dem Ziel, durch Kontraste und gegensätzliche, sich widersprechende, Auffassungen den Blick für das Eigene wie das Fremde zu schärfen. Darum wurden die für den eng verflochtenen europäischen und mediterranen Kulturraum zentralen Religionen Judentum, Christentum und Islam aufgenommen und gleichsam als Kontrast dazu der hinduistisch-buddhistischen Kulturraum, der ja auch immer wieder auf den europäischen und mediterranen Bereich herein wirkte. Um schließlich bewusst zu machen, dass europäische Kultur nicht nur religiöse Kultur ist, sondern dass Europa zugleich eine starke und bedeutende Tradition philosophisch begründeter Religionslosigkeit besitzt, wurde ein Band unter dem Sammelbegriff „Atheismus" hinzugenommen. Dass in einem solchen Kontext auch die zwischen den verfassten Religionen und der Philosophie zu verortende moderne „Esoterik" nicht fehlen konnte, bedarf wohl kaum einer Rechtfertigung.
Schließlich sei vermerkt, dass für alle hier aufgenommenen Weltanschauungen kein statisch-dogmatisches Bild gezeichnet werden sollte, sondern es wurden dezidiert auch innerreligiöse Alternativen und Differenzen aus Geschichte und Gegenwart hinzugenommen, damit die verschiedenen Weltanschauungen als das erscheinen, was sie tatsächlich sind, gelebte Kulturen mit all ihrer sich wandelnden Binnendifferenzierung.

DER AUFBAU DER EINZELNEN BÄNDE – VORBEREITUNG ZUM DIALOG

Um den zuvor genannten Voraussetzungen für ein sinnvolles interkulturelles Gespräch oder einen interkulturellen Wertedialog gerecht zu werden, enthält das hier vorgelegte sechsteilige Werk in jedem seiner einzelnen Bände drei wesentliche erkenntnisbildende Elemente: 1. Eine historische und strukturelle Gesamtdarstellung von Geschichte und Denken der jeweiligen Religion oder Weltanschauung, 2. Die Vorstellung repräsentativer Einzelfragen und Antworten aus den Religionen und 3. Den Hinweis auf lebensweltbezogene Gemeinsamkeiten zwischen den Religionen oder Weltanschauungen. Diese drei Grundelemente werden in allen sechs Bänden in einer gleichbleibenden Struktur geboten, die das Vergleichen erleichtern soll.

1. Der **historische und strukturelle Überblick** wird zunächst in jedem Band in der „Einführung" (I.) zu jeder Religion beziehungsweise Weltanschauung gegeben, in welcher deren Geschichte und zentralen Lehren zusammenhängend dargestellt werden. Die Darstellung der Lehren in diesem Einführungs-Teil wiederholt sich strukturell in der nachfolgenden Anthologie übersetzter Quellentexte, „Texte" (II.), so dass auch deren zusammenhängende Lektüre der Vermittlung der denkerischen Struktur der jeweiligen Religion dienlich ist.
2. Die von den Religionen gestellten **Einzelfragen zum menschlichen Leben in dieser Welt und die darauf angebotenen Antworten** behandelt der Mittelteil jedes Bandes. Er umfasst eine nach Sachthemen geordnete Anthologie von übersetzten Quellentexten, „Texte" (II.). Diese Texte behandeln eine Vielzahl von allgemeinmenschlichen und spezifisch religiösen Fragen und Antworten, an denen die Denk- und Sprechweise der jeweiligen Kultur an konkreten Fragen erkennbar wird. Jeder dieser aufgenommenen Quellen-Texte wird schließlich im Teil III. „Kommentare" eigens nach verschiedenen, unten noch zu nennenden, Gesichtspunkten kommentiert und verständlich gemacht (nur der Band „Esoterik" stellt Text und Kommentar unmittelbar hintereinander).
3. Der **Lebensweltbezug**, das heißt die Verknüpfung der religiösen Fragen mit dem modernen Alltag und den kulturübergreifenden menschlichen Fragen, wird in doppelter Weise hergestellt:
a. Die Auswahl der Quellentexte in Teil II wurde eigens nach solchen kulturübergreifenden Fragestellungen und Gegenständen geordnet:
Teil II. 1 behandelt *die dem Menschen entgegentretende Welt*, aus der Sicht der jeweiligen Kultur: 1.1 Die physische Welt, 1.2 Die transzendente Welt, 1.3 Die Menschenwelt, 1.4 Das Menschenbild.
Danach folgen in
Teil II. 2 die *kulturellen religiösen Strategien*, mit denen die jeweilige Religion oder Weltanschauung den ihr gegenübertretenden Welten begegnet: 2.1 Lehren, 2.2 Normen und Gesetze, 2.3 Riten, Feste und Zeremonien, 2.4 Gefühle, Hoffnung und Ästhetik, 2.5 Personen, Gemeinschaften und Institutionen.
b. Der Lebensweltbezug wird schließlich noch ein weiteres Mal in Teil III in den Kommentaren zu den einzelnen Quellentexten hergestellt und zwar im jeweils ab-

schließenden Kommentarschritt unter der Überschrift: *Lebensweltbezogene Reflexion*. In dieser Reflexion wird der Quellen-Text aus seiner religionsspezifischen Ausdrucksweise in eine nichtreligiöse allgemeinmenschliche Sprache übersetzt und an moderne Lebensweltsituationen herangeführt, um so als ein Gesprächsvotum für eine vergleichende Wertediskussion dienen zu können – sei es in der Diskussion im Klassenzimmer, im Seminar, Kolleg oder zur persönlichen Orientierung.
Die Kommentare zu den Quellentexten sind durchgehend nach den folgenden Fragestellungen gestaltet: Im Kommentarteil *a. Historischer Kontext* wird der Quellentext historisch und literaturgeschichtlich eingeordnet. Unter *b. Hermeneutischer Schlüssel* wird der Text in seiner zentralen Aussageintention erschlossen, das Ziel des Gedankens vor dem Hintergrund der ihm zugrundeliegenden Theologie oder Philosophie herausgearbeitet. Unter *c. Religionsgeschichtliche Einordnung* wird der Text in die theologische Struktur seiner Religion beziehungsweise Philosophie eingeordnet. Abschließend folgt unter *d.* die schon genannte *Lebensweltbezogene Reflexion.*

ZUGRIFFSWEISEN

Das vorliegende Gesamtwerk wie seine Einzelteile können demnach von verschiedenen Seiten her erschlossen werden. Für die Schule mag sich der *lebensweltbezogene Zugang* nahelegen, also etwa wenn es im Unterrichtsgespräch um Fragen der menschlichen Gemeinschaft, um die Behandlung der Umwelt, die Frage menschlicher Gefühle oder dergleichen Themen gehen soll. Hier kann von den Strukturschlagworten, den Ober- und Zwischenüberschriften der Anthologie, ausgehend, eine Debatte eröffnet werden, die sodann durch die zugeordneten religiösen Antworten der verschiedenen Religionen bereichert wird.
Möglich ist auch der Zugang von den lebensweltbezogenen Reflexionen in Teil IIId. aus, in denen nach Diskussionsthemen gefahndet werden kann, welche hernach mit einer Diskussion um die zugehörigen Stellungnahmen der Religionen und Weltanschauungen erweitert werden.
Ein weiterer Zugang könnte ein *Meinungsvergleich* sein, mit der Fragestellung, was die verschiedenen Religionen und Philosophien zum Beispiel zur Musik, zur Sexualität, zur Beziehung von Erwachsenen und Jugendlichen, zum Tod und dergleichen zu sagen haben.
Schließlich kann auch der traditionelle *Bildungs- und Informationszugang* gewählt werden. Für ihn bieten sich die Lektüre der zusammenfassenden Darstellungen im ersten Teil, oder die zusammenhängende Lektüre der Anthologien, die nach den leitenden Fragestellungen von Religion oder Philosophie gestaltet sind.
Die Darstellungen der hier ausgewählten Religionen und Weltanschauungen können demnach dem Lehrer und der Lehrerin für die Vorbereitung ihres religionskundlichen Unterrichts im Rahmen der wertebezogenen Fächer dienen und stellen ihnen unterrichtstaugliches Textmaterial zur Verfügung. Damit sind diese Bände auch schon für die Studierenden der Religionswissenschaft und der Lehramtsstudienfä-

cher zum „Werteunterricht“ nützlich, bieten sie ihnen doch zugleich verlässliche Informationen zu den einzelnen Religionen und Weltanschauungen wie auch Strukturen, die an die Didaktik dieser Fächer heranführen können.
Schließlich wird auch der allgemeine, an Religionen und Weltanschauungen interessierte Leser hier auf einem zugleich systematisch-wissenschaftlichen wie auch an Originaltexten mit ihren Besonderheiten ausgerichteten Weg Neues entdecken.

Karl E. Grözinger
Berlin, im Oktober 2008

Inhaltsverzeichnis

II. Texte zum Atheismus

II.1 Die Welt und der Mensch in der Welt aus der Sicht des Atheismus

II.2 Forderungen, Strategien und Verhaltensweisen zur Auseinandersetzung mit den genannten Welten im Atheismus

III. Kommentare zu den Texten des Atheismus

III.1 Die Welt und der Mensch in der Welt aus der Sicht des Atheismus

I. Einführung in den Atheismus

I.1 Grundsätzliches zum Einstieg

I.1.1 Wortursprung und Definition

Der Begriff ‚Atheismus' hat seinen Ursprung im griechischen Wort θεός (theós) für ‚Gott'. Der griechische Begriff θεολογική (theologiké) heißt wörtlich übersetzt ‚das Sprechen über Gott'. ‚Theologen' sind somit Leute, die über Gott sprechen und sich als Wissenschaftler mit Gott und den Religionen beschäftigen. Die griechische Silbe ά beinhaltet jedoch immer eine Verneinung. Damit heißt das griechische Wort άθεός soviel wie ‚ohne Gott'. Ein A-Theist ist dem griechischen Wortursprung zufolge also jemand, der ‚ohne Gott' lebt, indem er an keinen Gott glaubt und sich keiner Religion zugehörig fühlt.

Zu unterscheiden ist der Atheismus vom Agnostizismus und von der Häresie. Der Agnostizist leugnet die Erkennbarkeit einer oder mehrerer göttlicher Instanzen, während der Atheist ihre Existenz in Abrede stellt. Dem Agnostizisten zufolge kann man vom Göttlichen nichts wissen. Dem Atheisten zufolge gibt es nichts Göttliches. Als Häretiker wiederum werden Menschen bezeichnet, die vom Standpunkt einer bestimmten Religion aus ‚Irrlehren' verbreiten. Damit ist ein Häretiker nicht zwangsläufig auch ein Atheist. Es kann jemand vom Standpunkt einer bestimmten Religion auch dann ein ‚Häretiker' genannt werden, wenn er zentrale Glaubenssätze dieser Religion anzweifelt oder einer anderen Religion anhängt.

I.1.2 Die Heterogenität atheistischer Weltsichten

Das ist allerdings auch schon der einzige gemeinsame Nenner, auf den sich die verschiedenen Spielarten des Atheismus bringen lassen. Anders als das Christentum oder das Judentum beispielsweise ist der Atheismus nämlich keine geschlossene Weltanschauung. Es gibt keinen gemeinsamen Kanon von Texten, auf den sich alle Atheisten berufen würden. Es gibt auch keine speziellen Versammlungsorte und keine speziellen Riten, die nur die Atheisten aufsuchen oder praktizieren. Das Etikett ‚Atheist' ist ausschließlich ein negierendes Etikett: Es besagt, dass jemand *nicht* Anhänger einer Religionsgemeinschaft ist, und dass er *nicht* an einen oder mehrere Götter glaubt. Darüber hinaus sagt es jedoch nichts über den, dem das Etikett angehaftet.

So lässt sich der Atheismus beispielsweise keiner bestimmten Kultur und keiner bestimmten Region auf der Erde zuordnen. Das Zentrum des Katholizismus ist Rom, das Judentum ist in Israel entstanden, und die arabische Welt ist vom Islam geprägt. Diese Zuordnungen sind relativ eindeutig vorzunehmen, was natürlich nicht dagegen spricht, dass es auf der ganzen Welt Juden, Christen und Moslems gibt. Atheisten gibt es in allen Kulturen zu allen Zeiten und auf der ganzen Welt. Im Grunde genommen hat sogar jede Kultur ihren eigenen, spezifischen Atheismus herausgebildet als Kontrapunkt zu der Religion, die in der Kultur jeweils das konstituierende und einigende Moment des Kulturbildungsprozesses bildete. Zumindest präsentiert sich der Atheismus in einem dezidiert jüdischen Kontext beispielsweise deutlich anders als in einem dezidiert christlichen Kontext oder als in einem gesellschaftlichen Umfeld, in dem keine Religion eine wirklich prägende Rolle spielt. Es gibt keine atheistische Kultur, weil jede Kultur ihre eigenen atheistischen Räume ausgebildet hat. Schon das macht eine umfassende Darstellung ‚des' Atheismus nahezu unmöglich.

Auch innerhalb einer einzigen Kultur kann es sehr verschiedene Gründe geben, warum jemand Atheist ist oder wird. Diese Gründe lassen sich ebenfalls nur schwer über einen Kamm scheren. So macht es beispielsweise einen fundamentalen Unterschied aus, ob jemand niemals wirklich persönlich und existentiell mit einer Religion konfrontiert worden ist, oder ob er sich irgendwann bewusst entschieden hat, sich von der Religion zu distanzieren, in die er hineingeboren wurde. Wer mit einer Religion aufgewachsen ist, wird verstehen, was es heißt, wenn andere Menschen von Gott reden, auch wenn ihn ihr Festhalten an der jeweiligen Religion und ihren Praktiken und Geboten traurig oder sogar wütend macht. Wer hingegen niemals in einem Gotteshaus war, dem werden die dort praktizierten Rituale wie kindlicher Hexenzauber vorkommen. Ihm werden gläubige Menschen einfach nur irrational und fremd erscheinen.

Wenn sich jemand von einer Religion distanziert hat, macht es wiederum einen großen Unterschied, ob diese Distanzierung mit Risiken und Gefahren für sein Leben oder seinen gesellschaftlichen Status verbunden sind oder nicht. Es macht einen Unterschied, ob man in gesellschaftlichen Verhältnissen lebt, in denen ein Atheist Angst haben muss, oder ob man sich völlig frei für oder gegen eine Religion entscheiden kann. Sogar das Geschlecht kann ausschlaggebend dafür sein, ob jemand Atheist ist oder nicht. Der Grund ist, dass nahezu alle Religionen Männern und Frauen unterschiedliche Rollen zuweisen. Und je mehr das Rollenmuster als Einengung erlebt wird, umso mehr steigt die Attraktivität des Atheismus.

Damit sind einige wenige, aber noch längst nicht alle Faktoren aufgelistet, mit denen sich die Heterogenität der atheistischen Weltanschauung gegenüber den religiösen Weltbildern erklären lassen. Letztlich gibt es so viele verschiedene atheistische Weltanschauungen, wie es Atheisten gibt. Es lassen sich lediglich Grundmuster atheistischen Denkens aufzeigen, aber keine generell verbindlichen Doktrinen oder Überzeugungen. Vor allem aber gibt es keinen festen Themenkatalog, mit dem sich jeder Atheist irgendwann einmal befasst haben müsste.

I.1.3 Die Themen der Religionen sind nicht per se die Themen des Atheisten

Genau das macht nun das Problem dieser Abhandlung aus. Sicherlich mag es Atheisten geben, die sich über eine Transzendenz oder über die Möglichkeit eines Weiterlebens nach dem Tode Gedanken machen. Vielleicht stellt jeder Mensch irgendwann solche Überlegungen an. Aber eigentlich gehören gerade diese Fragen zu den Fragen, die der Atheist als Atheist ausklammern möchte. Er ist der Überzeugung, dass es Instanzen wie ‚Gott' oder ‚das Jenseits' nicht gibt. Warum sollte er sich mit etwas befassen, wovon er glaubt, dass es nicht existiert? Wer den Atheismus nötigt, sich mit Fragen der Transzendenz, der Sonderstellung des Menschen im Kosmos, der menschlichen Seele oder einem Leben nach dem Tode zu befassen, nötigt ihn eigentlich, sich mit dezidiert religiösen Fragen zu befassen. Schon der Begriff ‚Atheismus' erweist sich bei näherer Hinsicht als verräterisch: Als verneinender Begriff legt er es ja schließlich in gewissem Sinne schon fest, dass der Atheismus aus der Perspektive des Theismus zu betrachten ist. Das würde der Atheist selbst jedoch nicht per se bejahen.

Falls er sich jedoch darauf einlässt, sich mit den genannten Fragen auf ein Feld zu begeben, das eigentlich nicht das seine ist, stehen ihm zwei Möglichkeiten offen. Er kann entweder versuchen, die aufgenötigten Fragen ohne Rückgriff auf Instanzen wie ‚Gott' oder ‚Seele' oder ‚ das Jenseits' zu beantworten, um zu beweisen, dass der Atheismus ebenso umfassende Antworten auf alle Fragen des Lebens geben kann wie jede Religion. Er kann aber auch nach dem Motto ‚Angriff ist die beste Verteidigung' reagieren, indem er nachweist, dass die vom Standpunkt eines gläubigen Menschen gestellten Fragen falsch gestellt oder sogar sinnlos sind. Er kann sich auf das Feld der Religionskritik begeben, um zu zeigen, warum man als Atheist bestimmte Fragen gar nicht beantworten muss. Viele der im Lehrbuch aufgenommenen Texte haben diese zweite Stoßrichtung. Damit soll jedoch nicht der Eindruck erweckt werden, dass der Atheismus nur als die kritische Kehrseite der Religion zu betrachten sei. Die Religionskritik ist vielmehr nur eines von vielen Themenfeldern, zu denen sich die verschiedenen atheistischen Denker der Weltgeschichte substantiell und wirkmächtig geäußert haben. Dass dieses Themenfeld im Lehrbuch ein auffällig großes Gewicht hat, ist einzig den vorgegebenen Fragestellungen geschuldet.

I.2 Der voraussetzungslose Atheismus

I.2.1 Zwei Lager im Feld des Atheismus

Nachdem die Heterogenität im atheistischen Lager in aller Deutlichkeit betont wurde, sollen zur besseren Orientierung nun doch zwei Spielarten des Atheismus unterschieden werden, nämlich der voraussetzungslose Atheismus einerseits und der religionskritische Atheismus andererseits. Zwar ist diese Unterscheidung nicht in jedem Einzelfall trennscharf zu ziehen. Im Gegenteil gibt es häufig Überschneidungen, weil es offensichtlich nahe liegt, nach einem voraussetzungslosen atheistischen Weltbild zu suchen, nachdem man ein herrschendes religiös geprägtes Weltbild destruiert hat. Zudem gibt es sicherlich Spielarten des Atheismus, die sich mit keinem der beiden Etikette adäquat fassen lassen. Dennoch aber bietet die Unterscheidung zwischen religionskritischem und voraussetzungslosem Atheismus die Möglichkeit, wenigstens ein bisschen Ordnung in das schier unübersichtliche Feld atheistischer Positionen und Debatten zu bringen.

I.2.2 Zum Begriff des ‚voraussetzungslosen Atheismus'

Ein ‚voraussetzungsloser Atheist' ist jemand, der seine intellektuellen Bemühungen ausschließlich auf Fragen beschränkt, die sich aus der Erfahrung und ohne den Rückgriff auf Instanzen wie ‚Gott', ‚Geist' oder ‚Seele' erklären lassen. Sein Ziel ist die Entwicklung eines möglichst widerspruchsfreien und möglichst umfassenden Weltbildes, das ohne Unsichtbares und Unmessbares aller Art auskommt. Das Leitbild des vorbehaltlosen Atheismus sind die Naturwissenschaften. Der vorbehaltlose Atheist macht sich in aller Regel eine Devise zu eigen, die der materialistische Anthropologe und Naturforscher Ernst Haeckel (vgl. II.[A] 1.4.1) auf folgende Formel gebracht hat: „Die Mittel und Wege, welche wir zur Lösung der großen Welträtsel einzuschlagen haben, sind keine anderen als diejenigen der reinen wissenschaftlichen Erkenntnis überhaupt, also erstens *Erfahrung* und zweitens *Schlußfolgerung.*"[1] Von den Methoden der Naturwissenschaften verspricht sich der voraussetzungslose Atheist das umfassende Weltbild, das in seinen Augen die Weltbilder der Religionen ablösen sollte, weil diese auf Prämissen beruhen, die nicht zu beweisen sind. Damit soll nun keinesfalls behauptet werden, dass jeder Naturwissenschaftler zwangsläufig auch Atheist sei. Der große jüdische Physiker Albert Einstein (1879–1955) ist das beste Gegenbeispiel: Einstein war fasziniert von Spinozas (1632–1677) pantheistischem Diktum *Deus sive natura*, das in etwa bedeutet ‚die Natur selbst ist Gott'. Man kann lediglich von einer Tendenz des voraussetzungslosen Atheismus zu den Naturwissenschaften sprechen.

---

[1] Ernst Haeckel, Unsere Stammesgeschichte, in: ders., Die Welträtsel, Leipzig 1899, [11]1919. Im Text zit. nach: Stuttgart 1984, S. 27.

I.2.3 Reichweiten des voraussetzungslosen Atheismus

Jetzt könnte sich der religiös gebundene Mensch abwenden mit dem Einwand, dass man mit naturwissenschaftlichen Methoden bei wichtigen Fragen wie der nach der Möglichkeit eines Lebens nach dem Tode oder nach dem Ursprung des Menschen ja wohl offensichtlich nicht sehr weit komme. Nun gibt es im wörtlichen Sinne natürlich keine Möglichkeit, empirische Nachforschungen über den Tod anzustellen. Das würde schließlich voraussetzen, dass der Forscher stirbt, dann seine Forschungen anstellt (wohlmöglich noch ohne Körper), um danach wieder ins Leben zurückzukehren und seine wissenschaftliche Abhandlung zu schreiben. Diese Möglichkeit gibt es momentan nur in Science-Fiction-Szenarien.

Das bedeutet aber nicht, dass sich vom naturwissenschaftlichen Standpunkt gar nichts über das geheimnisvolle Grenzphänomen des Sterbens sagen ließe. Ärzte wie Raymond Moody[2] beispielsweise führen seit Jahrzehnten Interviews mit Menschen, die für kurze Zeit in einem klinischen Sinne für tot erklärt wurden, deren Lebensfunktionen sich dann aber doch wieder erholt haben. Den einschlägigen Forschungen zufolge lässt sich ein festes Muster solcher ‚Nahtoderfahrungen' feststellen. In nahezu allen Fällen sei berichtet worden, dass der Sterbende aus seinem Körper herausschwebt; dass dann Geistwesen kämen, die den Sterbenden zu einem Tunnel führen; dass am Ende des Tunnels Licht und Freude sei; und dass der Sterbende nur widerwillig in seinen Körper und ins Leben zurückgekehrt sei. Nun können diese gleichbleibenden Muster natürlich damit erklärt werden, dass die Forscher die wieder ins Leben Zurückgekehrten durch die Art ihres Fragens in eine ganz bestimmte Richtung gelenkt haben. Es könnte auch sein, dass sich in den Erzählungen kulturell verankerte religiöse Muster widerspiegeln, die die Probanten unbewusst verinnerlicht haben. Beides ist denkbar. Das soll hier jedoch nicht zur Diskussion stehen. Das Beispiel der Nahtodforschung zeigt nämlich jenseits aller wissenschaftlichen Bedenken gegen ihre Methoden, dass es für den Atheisten eben doch Möglichkeiten gibt, etwas über den Tod und das Sterben ‚in Erfahrung' zu bringen.

Eine andere für den Atheismus interessante Wissenschaft ist die moderne Neuropsychologie. Von dieser Wissenschaft kann sich der Atheist nämlich interessante Aufschlüsse über die rätselhafte Instanz versprechen, die in religiös geprägten Kulturen relativ einhellig ‚die Seele' (lat. anima; griech. psyché) genannt wird. Wer von ‚Seele' spricht, meint entweder im Sinne des Aristoteles dasjenige Prinzip, das ein Lebewesen in spezifischer Weise lebendig macht, oder er meint dasjenige, was wir sind, indem wir empfinden, denken und wollen, oder er meint beides. Die moderne Hirnforschung weiß nun zweierlei ganz sicher: Sie weiß, dass der Mensch unwiederbringlich tot ist, wenn sein Gehirn tot ist, und sie weiß, dass bei bestimmten Empfindungen oder bei bestimmten mentalen Aktivitäten bestimmte Gehirnregionen aktiv sind und andere nicht. Damit lässt sich nun keinesfalls schon behaupten, dass

---

2 Vgl. Raymond A. Moody, Life after Live. The investigation of a phenomenon – survival of bodily death, Covington 1975. Dt.: Leben nach dem Tod. Die Erforschung einer unerklärlichen Erfahrung, Übers. v. H. Gieselbusch, L. Mietzner, Reinbek 1977.

die Gehirnforscher mit der Lokalisierung von Hirnfunktionen ‚die Seele' entdeckt hätten. Ebenso falsch wäre die Behauptung, dass sie bewiesen hätten, dass es ‚die Seele' nicht gibt, weil sich alle Funktionen, die üblicherweise ‚der Seele' zugeschrieben werden, als Funktionen des Gehirns erwiesen hätten. Schließlich besteht ja immer noch die Möglichkeit, dass es eine ‚Seele' in uns gibt, die die Hirnfunktionen steuert etc. Zumal es ja auch kaum zu erwarten ist, dass wir den Unterschied zwischen der menschlichen Existenzweise und der Existenzweise einer Fledermaus beispielsweise wirklich bis ins Letzte verstehen würden, wenn wir sowohl die Gehirnfunktionen einer Fledermaus als auch die Gehirnfunktionen eines Menschen bis ins letzte Detail messen könnten.[3] Dennoch aber gilt für die Hirnforschung in besonderem Maße, was eingeschränkt auch für die Nahtodforschung gilt: Auch diese Wissenschaft bietet die Möglichkeit, sich wissenschaftlich einem Phänomen zu nähern, von dem die Religionen behaupten, dass nur sie Auskunft dazu geben können. Ob die moderne Hirnforschung die Annahme einer ‚Seele' oder des individuellen menschlichen Bewusstseins jemals überflüssig machen wird – das steht heute natürlich noch in den Sternen. Sicher ist aber, dass sie uns jetzt schon enormen Aufschluss zu der alten Frage gegeben hat, wie sich so seltsame Phänomene wie ‚das Fühlen' oder ‚das Denken' in konkreten körperlichen Prozessen deutlich messbar manifestieren (vgl. II./III.[A] 1.4).

Eine weitere für den Atheismus interessante Disziplin ist die Astrophysik. Diese Wissenschaft beschäftigt sich mit dem Entstehen und Vergehen von Sternen und von ganzen Sternsystemen. Damit weiß sie heute beispielsweise, dass auch Sterne keineswegs ewig sind, wie die antike Kosmologie noch angenommen hat. Im Gegenteil haben Sterne eine gewisse ‚Lebenszeit', die nach bestimmten Gesetzmäßigkeiten abläuft: Deshalb ist in der Astrophysik auch vom ‚Sternaltern' die Rede. Die Pointe ist: Was für die Sterne gilt, das gilt auch für die Erde. Auch unsere Erde ist irgendwann als Teil unseres Sonnensystems entstanden, und sie wird irgendwann wieder verschwinden aus dem Universum, wie schon eine nicht bekannte Anzahl von Sternen vor ihr verschwunden sind. Was die Astrophysik uns da über die Entstehung und die Zukunft der Erde sagt, ist natürlich nicht annähernd so anschaulich wie das Buch *Genesis* der Bibel. Aber dafür beschränkt sie sich auf das, was jeder Wissenschaftler unabhängig von seinen kulturellen Wurzeln und seinen religiösen Bindungen akzeptieren kann (vgl. II./III.[A] 1.1).

Dasselbe gilt für die Wissenschaften der Paläontologie und der Paläoontogenese, die sich mit der Geschichte unserer Erde und der Entstehung des Lebens und der Artenvielfalt befassen. Vielleicht würden wir lieber der *Genesis*-Erzählung glauben, der zufolge ein liebender Gott uns Menschen erst am sechsten und letzten Tag seiner Schöpfungsarbeit in die Welt gesetzt hat. Schließlich ist es aus Menschensicht zunächst einmal gewöhnungsbedürftig, wenn uns gesagt wird, dass nicht nur die Affen, sondern letztlich sämtliche Lebewesen bis hin zu den Fischen und Reptilien mit uns in grauer Vorzeit irgendwann ‚verwandt' gewesen sein müssen, weil jeder

---

3 Vgl. dazu Thomas Nagl, Wie ist es, eine Fledermaus zu sein?, in: Analytische Philosophie des Geistes, Heidelberg 1981, S. 261–275.

menschliche Embryo bis heute die Entwicklungsstadien des Fisches und des Reptils durchläuft. Auf der anderen Seite ist an solchen Fakten nicht zu rütteln: Wir werden uns damit abfinden müssen, dass wir nicht so zweifelsfrei ‚über' den übrigen Lebewesen stehen, wie wir gerne glauben würden, und wie es das Buch *Genesis* vermutlich auch behaupten will. Mit Forschungsergebnissen dieser Art haben sich die Religionen heutzutage (von Ausnahmen natürlich, wie immer, abgesehen) allerdings in aller Regel ganz gut arrangiert. So ist unter vielen religiösen Menschen heute die Auffassung verbreitet, dass man das Buch *Genesis* ja nicht als Schöpfungsbericht im wörtlichen Sinne als ‚Bericht' lesen müsse. Wenn man ihn sinnbildlich interpretiere, stimme der Schöpfungsbericht doch eigentlich ziemlich genau mit den Ergebnissen modernder Naturforschung überein. Schließlich würde ja hier wie dort behauptet, dass der Mensch erst relativ spät die Bühne des Weltgeschehens betreten und dann relativ schnell die Herrschaft und die Rolle eines aktiven Gestalters der Erde übernommen habe. Solche Brücken zwischen dem atheistischen Lager und dem Lager der religiösen Menschen lassen sich offensichtlich schlagen.

I.2.4 Der voraussetzungslose Atheismus und die Grenze des Wissens

Dennoch könnte der religiös geprägte Mensch auf Distanz zum Atheismus gehen mit dem Argument, dass die dezidiert atheistischen Wissenschaften offensichtlich immer nur eine Annäherung an die ihn interessierenden Phänomene von Seele und Tod beispielsweise leisten können, aber nie einen wirklichen Zugriff! Ein Atheist mag erklären können, welche Hirnprozesse bei welchen Empfindungen ablaufen. Er wird mir jedoch niemals erklären können, warum es *meine* Empfindungen sind, und warum *ich* es bin, der sich über das eine freut und unter dem anderen leidet. Diesem Einwand ist natürlich stattzugeben.

Allerdings verstellt sich der religiös geprägte Mensch mit solchen Vorbehalten gerade die Einsicht auf Bereiche, in denen der voraussetzungslose Atheismus besonders interessant wird. Der voraussetzungslose Atheismus wird nämlich gerade dann ganz besonders spannend, wenn er an seine Grenzen stößt. Das gilt natürlich nur, wenn diese Grenzen von Seiten des atheistischen Denkers explizit mitthematisiert werden. Was gibt es Faszinierenderes, als in die Geheimnisse des Gehirns bis zu dem Punkt vorzustoßen, an dem sich die messbaren Prozesse mit den Bedeutungen aufladen, die die Menschen der verschiedenen Kulturen veranlasst haben, eine menschliche Seele jenseits seines Körpers anzunehmen? Wohlgemerkt: Es ist keineswegs zwingend, die Instanz der ‚Seele' wieder einzuführen, sobald der Hirnforscher an die Grenze des Messbaren stößt. Vielleicht lässt sich diese Grenze ja verschieben? Oder vielleicht entdecken wir durch noch genauere Messmethoden irgendetwas, das die Phänomene erklärt, die der religiöse Mensch behelfsmäßig ‚die Seele' nennt, das aber gleichzeitig von ganz anderer Beschaffenheit ist als alles, was wir uns bislang unter ‚Seele' vorgestellt haben. Wohin die Reise der naturwissen-

schaftlichen Forschung führen wird – das liegt heute noch völlig im Dunkeln. Spekulationen aller Art sind nur dann sinnvoll, wenn sie als fantasievolles Eröffnen neuer Wege verstanden werden, aber nicht als mögliche Quelle von Antworten. Sinnvoll können solche Spekulationen aber nur sein, wenn sie am richtigen Punkt ansetzen: An dem Punkt nämlich, der durch die Grenze des jetzt Gewussten bzw. Wissbaren markiert ist. Wenn die atheistischen Weltdeutungsmodelle ihre immanenten Grenzen thematisieren, wird es hochgradig spannend und faszinierend. Hinter diesen Grenzen liegt nämlich entweder ein nie zu lüftendes Geheimnis – oder aber ein Weg zu neuem Wissen, der nur noch nicht erschlossen wurde. Der voraussetzungslose Atheismus kann auch für den religiös geprägten Menschen eine enorme Faszinationskraft gewinnen, sobald er sich um die Grenzziehung bemüht zwischen den Fragen, die er beantworten kann und will, gegenüber den Fragen, die uns jenseits die Grenzen unserer Erfahrung führen und damit jenseits der Grenze dessen, was wir tatsächlich ganz sicher und ohne jeden Zweifel wissen können.
Das erste große Projekt dieser Art findet sich bei Aristoteles im XII. Buch seiner *Metaphysik*: Diese grandiose Abhandlung zeigt erst auf, dass wir notwendig die Existenz einer ersten Instanz annehmen müssen, die als Ursache der kosmischen Bewegung selbst unbewegt ist. Dann aber führt sie unser Denken an seine Grenzen, indem sie zeigt, dass sich unser Denken in ausweglose Widersprüche verwickelt, wenn wir mehr wissen wollen über diese transzendente Instanz als nur das eine, dass sie notwendig existieren muss. Das XII. Buch der *Metaphysik* markiert mit beeindruckender Exaktheit die Grenzen dessen, was Aristoteles glaubte, sicher wissen zu können, gegenüber dem, wo er sich auf das Gebiet der Spekulation hinauswagen musste (vgl. II.[A] 1.1.2).

I.3 Der religionskritische Atheismus

I.3.1 Zum Begriff des ‚religionskritischen Atheismus'

Neben dem voraussetzungslosen Atheismus gibt es den großen Bereich des religionskritischen Atheismus. Dieser unterscheidet sich vom voraussetzungslosen Atheismus oft schon durch den Duktus seiner Sprache und Argumentation. Während der voraussetzungslose Atheist in aller Regel nüchtern argumentiert, kann es im Feld des religionskritischen Atheismus schon mal zu leidenschaftlicher Polemik oder sogar zu offener Aggression kommen. Wie der voraussetzungslose Atheismus, so leugnet auch der religionskritische Atheismus die Existenz eines oder mehrerer Götter. Anders als dieser arbeitet sich der religionskritische Atheismus jedoch ab an einer ganz bestimmten Religion oder am Phänomen der Religiosität. Er entsteht in einem Umfeld, in dem es gemeinhin üblich oder sogar durch Zwang geboten ist, Anhänger einer Religion zu sein. Er verfolgt das Anliegen, die konkrete Religion oder das Phänomen der Religiosität als irrational und unvernünftig auszuweisen. Deshalb hat der religionskritische Atheismus in aller Regel den Charakter von Pro-

test und Auflehnung. Zudem verbindet sich der religionskritische Atheismus häufig mit einer politischen Opposition gegen eine herrschende Macht oder ein herrschendes System. Noch mehr als der voraussetzungslose Atheist muss der religionskritische Atheist mit Ausgrenzung oder gar mit Verfolgung rechnen, wenn die von ihm angezweifelte Religion die Religion der jeweils Herrschenden ist. Diesen Gefahren zum Trotz, finden sich in allen religiös geprägten Kulturen Dokumente des religionskritischen Atheismus.
Drei zentrale Anliegen des religionskritischen Atheismus lassen sich exponieren. Es wird erstens nach einer Erklärung dafür gesucht, warum so viele Menschen Anhänger einer Religion sind. Ein zweites Anliegen des religionskritischen Atheismus ist die Widerlegung der Gottesbeweise, die von philosophisch geschulten Anhängern der Religionen immer wieder unternommen werden. Das dritte Anliegen ist schließlich das wichtigste: Es besteht in der direkten Dekonstruktion und Zerstörung des herrschenden Gottesbildes durch den Aufweis, dass es mit den Fakten des Lebens nicht zu vereinbaren ist.

I.3.2 Erklärungen für das Faktum von Religionen

Der religionskritische Atheismus ist mit einigen irritierenden Phänomenen konfrontiert. Es ist schließlich nicht abzuleugnen, dass nahezu jede Kultur der Menschheitsgeschichte eine Religion ausgebildet hat, dass jahrtausendelang nahezu alle Menschen einer Zeit Anhänger einer dieser Religionen waren, und dass selbst unter den extrem ungünstigen Bedingungen wie beispielsweise zur Zeit der nationalsozialistischen Verfolgung von Juden und bekennenden Christen immer wieder Menschen öffentlich zu ihrem Glauben gestanden sind. All das muss dem religionskritischen Atheisten, der selbst ja nicht an einen Gott glaubt, ausgesprochen irrational vorkommen. Warum glauben Menschen an einen Gott, von dem sie nichts hören und nichts sehen können? Für dieses seltsame Phänomen sucht der religionskritische Atheismus eine Antwort.

Seine wohl gängigste Antwort macht Anleihen bei der Psychologie. Sie lautet, dass die Menschen ein Bedürfnis nach einer väterlichen Instanz hätten, die gestaltet, die strafend und belohnend für Gerechtigkeit sorgt und die Schutz gewährt. Die Menschen sehnen sich nach der Geborgenheit zurück, die ein Vater ihnen einmal geschenkt hat. Deshalb erfinden sie eine solche schützende Instanz und nennen sie ‚Gott'.

Wie aber sind die konkreten Gottesbilder entstanden? Auch darauf weiß der religionskritische Atheismus eine Antwort. Wenn die fragliche Instanz für die Menschen eine Vaterfigur sein soll, muss sie dem Menschen in irgendeiner Weise ähnlich sein. Wie soll man schließlich vertrauensvoll zu einem Gott beten, der keine menschenähnlichen Züge hat und in dem der Mensch sich nicht wiederfindet? Man kann nur zu einem Gott beten, der die eigene Sprache versteht, und der wenigstens insofern menschenähnlich ist, dass er sich in die Bedürfnisse und Ängste der Menschen einfühlen kann. Das ist aus Sicht des religionskritischen Atheismus der Grund, dass alle Götter in irgendeiner Weise menschenähnlich sind. Der ägyptische Sonnengott gibt sich im Pharao einen menschlichen Körper. Der Gott der Juden spricht mit seinem Volk. Wenn er auch Medien wie Dornenbüsche und Wolken zur Sichtbarwerdung wählt, so hat er doch zumindest eine Stimme und einen Namen. Der Christengott ist in der Gestalt des Jesus von Nazareth schließlich sogar wie jeder andere Mensch von einer Menschenmutter geboren worden.

Die Vermutung, dass die Menschen sich Götterbilder nach ihrem eigenen Vorbild geschaffen hätten, ist sehr alt. Schon dem griechischen Dichter und Philosophen Xenophanes (565–470 v. Chr.) wird der Ausspruch nachgesagt, dass die Götter wie Kühe aussehen würden, wenn sich Kühe Götterbilder malen könnten.[4] Gerichtet ist dieses sarkastische Diktum gegen die von Hesiod und Homer erzählten Göttermythen, in denen die Götter wie Menschen aussehen und sich wie Menschen benehmen: Die anthropomorphen Götter der griechischen Antike bekriegen und betrügen einander und neiden sich gegenseitig die Vorteile, die das Göttersein dem Mythos zufolge mit sich bringt. So weihen Hera und Athene beispielsweise eine stolze Stadt wie Troja aus verletztem Stolz heraus dem Untergang, weil der trojanische Prinz Paris der Göttin Aphrodite den Apfel als Preis für die begehrenswerteste Göttin überreicht hat. Die Göttinnen sind eifersüchtig! Xenophanes kann an solche Göttinnen nicht glauben!

Mit vergleichbarer psychologischer Stoßrichtung kritisiert Friedrich Nietzsche (1844–1900) mehr als zweitausend Jahre später den Glauben daran, dass unsere Welt eine wohlgeordnete Schöpfung sein soll, der ein grundsätzlich vollkommener Plan eines grundsätzlich guten göttlichen Wesens zugrunde liegt. Anhänger dieser Überzeugung sind nach Nietzsche Menschen, welche die „Lüge nötig“ haben, „um zu leben“. Sie können es nicht aushalten, dass es keinen „Gegensatz“ „zwischen einer wahren und einer scheinbaren Welt“ gibt und dass die tatsächliche Welt „falsch, grausam, verführerisch, ohne Sinn“ ist. Ihr Glaube ist in Nietzsches Augen lediglich eine „Ausflucht“. Wer an ein besseres Leben nach dem Tod im Jenseits glaubt, verurteilt nach Nietzsche „aus psychologischen Bedürfnissen“ die tatsächliche Welt „als Täuschung“, um sich statt dessen „eine Welt“ zurechtzuzimmern, „welche jenseits derselben liegt“ und diese als die „wahre Welt“[5] zu betrachten.

---

4 Der Ausspruch heißt im gesamten Wortlaut: „Doch die Sterblichen wähnen, die Götter würden geboren und hätten Gewand, Stimme und Gestalt ähnlich wie sie selber. Die Äthiopen stellen sich ihre Götter schwarz und stumpfnasig vor, die Thraker dagegen blauäugig und rothaarig. Wenn Kühe, Pferde, oder Löwen Hände hätten und damit malen und Werke wie die Menschen schaffen könnten, dann würden die Pferde Pferde -, die Kühe kuhähnliche Götterbilder malen und solche Gestalten schaffen, wie sie selber haben.“ Xenophanes von Kolophon. Im Text zit. nach: Religionskritik in der Neuzeit, M. Weinrich (Hg.), Gütersloh 1985, S. 11.

5 Friedrich Nietzsche, Kritik des Nihilismus. Nachgelassene Fragmente 1887–1888, Fragment 11, 99. Vgl. dazu auch: Martin Heidegger, Nietzsche, Bd. 2. Im Text zit. nach: Friedrich Nietzsche, Kritische Studienausgabe, 14 Bde, , Giorgia Colli, Mazzino Montinari (Hg.), Bd. 6, München 1967–77, ^{2}1988, S. 58.

Religiöse Menschen sind in Nietzsches Augen selbstmitleidige Schwächlinge, die sich der Tatsache nicht stellen können, dass die Welt nun einmal nicht so ist, wie sie es sich wünschen. Die Religionen betrachtet er als Spiegel der Sehnsüchte, Ängste und Bedürfnisse der Menschen, die sich die jeweilige Religion ausgedacht haben. In etwa dasselbe Horn stoßen später dann Denker wie Siegmund Freud und Ludwig Feuerbach (s.u.).

I.3.3 DIE SKEPSIS GEGENÜBER GOTTESBEWEISEN

Ein zweites Thema des religionskritischen Atheismus sind die Gottesbeweise, wie sie der christliche Philosoph und Theologe Thomas von Aquin (1225 oder 1226–1274) im Anschluss an Aristoteles beispielsweise geführt hat. Gegen solche Beweise erhebt der englische Empirist David Hume (1711–1776) den Einwand, dass sie ausgehend von der menschlichen Erfahrung die Existenz einer Instanz beweisen wollen, die jenseits der Grenzen der menschlichen Erfahrbarkeit anzusiedeln ist. Das erklärt Hume für unmöglich. „Wenn wir ein Haus sehen“, können wir nach Hume natürlich „mit der größten Gewißheit“ davon ausgehen, „daß es einen Architekten oder Erbauer hatte“, weil dieses schließlich „genau die Art von Wirkung“ ist, „die nach unserer Erfahrung aus dieser Art von Ursache entsteht“. Welche Erfahrungen aber haben wir mit den Ursache-Wirkungsverhältnissen auf der Makro-Ebene des kosmischen Ganzen? Kann man tatsächlich ohne weitere Gründe „behaupten“, das „Universum habe derartige Ähnlichkeit mit einem Haus, daß wir mit derselben Gewißheit auf eine ähnliche Ursache schließen können“? Hume bestreitet diese Möglichkeit vehement. In seinen Augen konstruieren wir vielmehr eine „äußerst schwache Analogie“[6], wenn wir unsere Erfahrungen mit einem Hausbau bruchlos auf die Verhältnisse im kosmischen Ganzen übertragen.

Nehmen wir beispielsweise den Aristotelischen Beweis eines Ersten Unbewegten Bewegenden, der von christlichen Denkern wie Thomas von Aquin ja gern als der ‚Gottesbeweis' des Aristoteles angesehen wird (vgl. II.[A] 1.1.2). Er basiert auf den Prämissen, dass in unserer empirischen Wirklichkeit alles Seiende in irgendeiner Weise in Bewegung ist und dass jede dieser Bewegungen eine Ursache hat. Daraus wird dann geschlossen, dass es eine erste Ursache aller Bewegung geben müsse, die selbst unbewegt ist. Wie können wir jedoch sicher sein, dass jenseits unserer Wirklichkeit dieselben Gesetze herrschen wie in unserer Wirklichkeit? Es könnte doch sein, dass es irgendwo im Universum einen Ort gibt, an dem die Dinge nicht in Bewegung sind oder in dem Bewegungen nicht irgendwie verursacht werden. Dann wäre der Aristotelische Beweis eines Ersten Unbewegten Bewegenden hinfällig. Wir

---

[6] David Hume, Dialogues concerning Natural Religion, in: ders., The Philosophical Works, Bd. II, Aalen 1964, S. 446–451. Im Text zit. nach: ders., Die Problematik des teleologischen Gottesbeweises, Übers. v. N. Hoerster, in: Glaube und Vernunft. Texte zur Religionsphilosophie, N. Hoerster (Hg.), München 1979, (S. 47–63) S. 48.

wissen von keinem solchen Ort – aber wir können es ausgehend von unserer begrenzten menschlichen Erfahrung auch nicht ausschließen, dass es ihn nicht gibt. Wir können von Instanzen und Sphären jenseits unserer Erfahrungsgrenzen nun einmal kein sicheres Wissen haben. So lautet das zentrale Argument des religionskritischen Atheismus für die Unmöglichkeit von Gottesbeweisen.

I.3.4 Beiträge des religionskritischen Atheismus zur Theodizee-Debatte

Das wichtigste Anliegen des religionskritischen Atheismus aber ist die Hinterfragung und Dekonstruktion des jeweils herrschenden Gottesbildes (vgl. II.[A] 1.2). Zweifel am herrschenden Gottesbild werden mit dem Etikett ‚Theodizee' belegt. Der Begriff wurde von dem Philosophen und Mathematiker Gottfried Wilhelm Leibniz (1646–1716) geprägt und bedeutet in wörtlicher Übersetzung aus dem Griechischen in etwa ‚Fragen nach der Rechtfertigung Gottes'. Nun gibt es auch dezidiert religiöse Denker, die sich mit der Theodizee-Frage befassen. So befasst sich beispielsweise Friedrich Wilhelm Joseph Schellings Schrift *Über das Wesen menschlicher Freiheit* von 1809 mit der Theodizee-Problematik aus einer pantheistischen Sicht.[7] Die Theodizee-Debatte ist also kein Feld, das ausschließlich von Atheisten besetzt wäre.

Zweifel am jeweils herrschenden Gottesbild hat es vermutlich in jeder Kultur gegeben, wenn diese Zweifel auch nicht in allen Fällen niedergeschrieben und überliefert worden sind. Als einer der ersten schriftlich dokumentierten Beiträge gelten die Äußerungen des griechischen Philosophen Epikur (342/341–271/270 v. Chr.). Epikur sieht angesichts der Faktizität des Leidens und des Bösen in der Welt nur zwei Möglichkeiten. Entweder will Gott das Böse beseitigen und kann es nicht. Oder er kann das Böse beseitigen, aber will es nicht. Im ersten Fall ist er ein ohnmächtiger Gott, zu dem es nicht zu beten lohnt. Im zweiten Fall ist er ein böser Gott, von dem man sich aus moralischen Gründen und aus Misstrauen abwenden sollte. Dieses Grundmuster erhält sich in der Theodizee-Debatte bis heute.

Unsere Kultur ist vom christlichen Gottesbild geprägt. Jahrhundertlang sind die Herrschenden Christen, und deshalb sind jahrhundertelang auch der überwiegende Großteil der Untertanen Mitglieder entweder der katholischen oder der protestantischen Kirche. Das erklärt, warum sich in unserem Kulturkreis ein ganz bestimmtes Grundmuster der Theodizee herausgebildet hat. Dem christlichen Gott werden bestimmte Attribute zugesprochen, wie beispielsweise seine Ewigkeit in der Zeit, seine Liebe zu den Menschen, seine Vollkommenheit als erster Schöpfer, seine Allmacht oder ganz generell seine Existenz. Es ist das gängige Muster der christlichen Theodizee, diese Attribute anzuzweifeln. Wenn Gott tatsächlich ewig in der Zeit ist – wie

---

7 Friedrich Wilhelm Joseph Schelling, Über das Wesen menschlicher Freiheit, 1809, Stuttgart 1977.

kann es dann sein, dass es eine Zeit gab, an der noch niemand an den Gott des Judentums oder Christentums glaubte? Und vor allem: Wie kann es sein, dass er aus den Herzen der Menschen verschwindet? So fragt der große Traditionszertrümmerer Friedrich Nietzsche. Gibt es Gott noch, wenn niemand mehr an ihn glaubt? Angesichts der Austrittszahlen aus den christlichen Kirchen gewinnt seine Frage an Brisanz. Wenn Gott reine Güte und Liebe ist – warum lässt er die Menschen dann so leiden? Das ist die Frage des existentialistischen Philosophen Albert Camus (1913–1960), von dem unten noch die Rede sein wird. Wenn Gott allmächtig ist – wie konnte er dann die ungeheuren Verbrechen zulassen, die Menschen an Menschen während des Holocausts begangen haben? Schließlich soll das Judentum ja einen besonderen Bund mit seinem Gott geschlossen haben, als dieser sein Volk aus der ägyptischen Gefangenschaft befreite und die nachsetzenden ägyptischen Truppen den Fluten des Roten Meeres übergab. Müsste ein sowohl gütiger als auch allmächtiger Gott nicht zu Zeiten des Holocaust erst recht eingegriffen haben? Mit dieser Frage konfrontiert sich der jüdische Philosoph Hans Jonas (1903–1993). Und kann man tatsächlich an Gott als einen vollkommenen Weltschöpfer glauben, wenn in der Wirklichkeit so vieles im Argen liegt? Hätte ein vollkommener Schöpfer nicht dafür sorgen können, dass es keinen Hunger in der Welt gibt? Das sind die Fragen vom Samuel Beckett (1906–1989), als dem Großmeister des absurden Theaters (vgl. II.[A] 1.2.3).

I.4 Atheistische Philosophie im historischen Rückblick

I.4.1 Die Geburt des Logos aus dem Mythos in der Vorsokratik

In der Geschichte der Menschheit finden sich Dokumente sowohl des religionskritischen als auch des voraussetzungslosen Atheismus, seit es die Schrift gibt. Strenge epochale Zuordnungen lassen sich nicht vornehmen. Beide Spielarten des Atheismus hat es zu allen Zeiten gegeben.

Erste schriftliche Beispiele für einen religionskritischen Atheismus finden sich in den frühen Dokumenten der indischen Samkhja-Philosophie aus dem 7. Jahrhundert v. Chr. Die ersten schriftlichen Dokumente eines voraussetzungslosen Atheismus stammen aus der griechischen Antike von den so genannten ‚Vorsokratikern'. Vielleicht ist es noch nicht einmal übertrieben zu sagen, dass die gesamte abendländische Philosophie aus dem Versuch entstanden ist, ein voraussetzungslos atheistisches Weltbild ausgehend von naturwissenschaftlicher Beobachtung als Alternative zu den mythologischen Weltmodellen der antiken Dichter und Priester zu errichten. Die erste abendländische Philosophietradition der vorsokratischen Philosophie wird gern mit der Formel ‚Vom Mythos zum Logos' etikettiert. ‚Logos' ist das griechische Wort für ‚Vernunft', während mit ‚Mythos' die Göttererzählungen einer Volksgemeinschaft oder Kultur bezeichnet werden. Die Formel soll besagen, dass die vorsokratischen Naturphilosophen nach einem Weltbild suchten, das auf die religiösen Schöpfungsmythen der griechischen Antike verzichtet und sich allein auf dem aufbaut, was man tatsächlich in der Natur jeden Tag beobachten und feststellen kann.

Wie die meisten Göttererzählungen, so sind auch die Göttererzählungen der griechischen Antike irgendwann in grauer Vorzeit entstanden und dann von Generation zu Generation mündlich weitergegeben worden. Aufgeschrieben wurden sie im 8. Jahrhundert v. Chr. und im 7. Jhd. v. Chr. von den Dichtern Homer und Hesiod, wobei man heute nicht mehr weiß, ob Homer ein blinder Wandersänger war, oder ob es sich nicht vielmehr um mehrere Personen gehandelt hat. Die Mythen erzählen von einem ersten Urzustand der Welt, der bei Hesiod ‚das Chaos' genannt wird. Aus diesem Chaos sei sukzessive das erste Göttergeschlecht der Erstahnen entstanden, nämlich die Erde, die Nacht, der Tag, das Licht und der Himmel. Indem sich das männliche Prinzip des Himmels auf die Erde legt, zeugte es dann das zweite Göttergeschlecht der Titanen. Zu den Titanen gehört unter anderem Ozeanos als der Gott der Flüsse und Thetys als die Göttin der Meere. Beide zeugen wiederum die einzelnen Ozeane. Aus anderen Verbindungen von Titanen entstehen die Kontinente, die Sonne, der Mond und die Gebirge. Der mächtigste der Titanen ist der Gott Chronos – die Zeit! Er tritt die Herrschaft an und zeugt wiederum das erste Geschlecht der olympischen Götter. Er zeugt Hera, die in der griechischen Antike als Göttermutter und Hüterin der Ehe verehrt wird. Außerdem zeugt er Hestia als Göttin des Herdfeuers, Hades als den Wächter der Unterwelt, Demeter als die Göttin der Fruchtbarkeit und Jugend, Poseidon als den Gott der Meere. Vor allem aber zeugt er den Gott Zeus, der als Statthalter der vernünftigen Herrschaft schließlich Chronos als Herrscher über die antike Götterwelt ablöst. Jetzt erst ist der Kosmos so weit eingerichtet und geordnet, dass er von Menschen, Tieren und Pflanzen in Besitz genommen werden kann.

Die Vorsokratiker kennen diesen Mythos und knüpfen – so weit es geht – an ihn an. Am Anfang war das Chaos. Damit sind die Vorsokratiker einverstanden. Aber warum sollten aus dem Chaos ausgerechnet Götter entstanden sein? Was sollte den Impuls gegeben haben? Die Haltung der Vorsokratiker zur Religion kommt in folgendem Ausspruch des Sophisten Protagoras (480–410 v. Chr.) pointiert zum Ausdruck: „Von den Göttern vermag ich nichts festzustellen, weder, daß es sie gibt, noch daß es sie nicht gibt, noch, was für eine Gestalt sie haben; denn vieles hindert ein Wissen hierüber: Die Dunkelheit der Sache und die Kürze des menschlichen Lebens."[8] Von Göttern gibt es kein empirisches Wissen. Deshalb versuchen die vorsokratischen Naturphilosophen, die Entstehung des Kosmos ohne Götter zu erklären. Ihre Grundidee lautet wie folgt: Das Chaos war ein erster Urzustand insofern, dass im Chaos schon alles beisammen und ineinander gemischt war, was sich später in die einzelnen Dinge ausfaltet. Sie betrachteten das Chaos als ein ‚Apeiron' (απείρων). Das ist etwas, in dem unendlich vieles ineinander gemischt ist. Entscheidend ist nun, dass dieses erste Urgemisch der vorsokratischen Vorstellung zufolge

[8] Im Text zit. nach: Religionskritik in der Neuzeit, M. Weinrich (Hg.), Gütersloh 1985, S. 9.

sowohl nicht nur das enthält, was wir heute in Anlehnung an die vorsokratische Naturphilosophie ‚die Atome' nennen, sondern auch Entwicklungs- und Bewegungsprinzipien. Ansonsten wäre das Urgemisch ja immer ein Urgemisch geblieben, und es hätte nichts aus ihm entstehen können. Im Apeiron muss es Kohlenstoff- und Sauerstoffatome beispielsweise gegeben haben. Es muss aber auch Seelenatome und den Atem als Quelle allen Lebens gegeben haben. Und es muss ein Prinzip der determinierten Vielheit gegeben haben als Bedingung dafür, dass aus dem Gemisch viele einzelne Dinge entstehen konnten. Vor allem aber muss es eine erste Ursache der Bewegung gegeben haben. Es muss etwas gegeben haben, das das Gemisch zu irgendeinem Zeitpunkt der Weltgeschichte plötzlich in die Bewegung der Veränderung versetzt hat. Irgendwann müssen sich nämlich seltsame Prozesse vollzogen haben. Irgendwann hat sich das Wasser vom Land geteilt. Es sind Gebirge und Täler entstanden und das Himmelsgewölbe, auf dem die Planeten im ewig gleichen Rhythmus jenseits aller Zeit kreisen. Das wiederum war die Bedingung dafür, dass Lebewesen entstehen konnten, indem sich die lebendigen Seelenatome mit einer Masse von Körperatomen verbanden. Irgendwann ist dann auch der Mensch entstanden, was der antiken Vorstellung zufolge allerdings keine große Sache mehr war. Schließlich ist der Mensch ja nur ein Lebewesen unter vielen, wenn er sich auch von den übrigen Lebewesen durch seinen aufrechten Gang, durch seine Fähigkeit zum Werkzeuggebrauch und durch seine Denkfähigkeit unterscheidet.

Die Entstehung der Menschengattung ist in den Augen des Vorsokratikers sehr viel weniger interessant als die Frage nach dem ersten Impuls, der es bewirkt hat, dass sich das erste Urgemisch des Apeirons aus sich selbst zu ordnen begonnen hat. Welche Kraft war es, die diese ungeheuren Prozesse in Bewegung gesetzt hat? Die erste Bewegungsursache war das große Geheimnis, das die Vorsokratiker nicht lösen konnten. Aristoteles füllt diese Leerstelle, indem er eine erste selbst unbewegte Instanz als Ursache aller Bewegung einsetzt. Stellenweise nennt Aristoteles diese Instanz ‚Gott', um dann aber keinen Zweifel daran zu lassen, dass es sich um eine physikalische Instanz handelt, zu der man nicht beten kann, und die sich für die Bedürfnisse der Menschen nicht interessiert. Es gibt in der antiken Naturphilosophie also einen Punkt, an dem man die Entstehung des Kosmos nicht mehr erklären kann. Das mag unbefriedigend erscheinen. Aber sind wir mit unserer Urknall-Theorie heute tatsächlich so viel weiter?

I.4.2 Die Philosophie des Mittelalters als Magd der Theologie

In philosophischen Großepochen gedacht, wird die Philosophie der griechischen und der römischen Antike von der mittelalterlichen Scholastik abgelöst. Diese Philosophie ist vom Christentum geprägt, während an atheistische Philosophie nicht zu denken ist. Der Grund ist, dass nahezu das gesamte Geistesleben in Klöstern stattfindet. Wer Wissenschaftler werden will, muss Mönch werden, weil es nur hier Bibliotheken und wissenschaftliche Netzwerke gibt. Vor allem aber bietet nur das

Klosterleben den Freiraum, den der Wissenschaftler braucht. Wer nicht Mönch ist, der ist in aller Regel Soldat oder Bauer. Für philosophische oder naturwissenschaftliche Reflexionen hat er schlicht keine Zeit.

Die Kunst des Buchdruckens ist noch nicht erfunden. Also widmen Tausende von Mönchen ihr Leben der Aufgabe, Bücher abzuschreiben und mit Miniaturen zu schmücken. Das Buch, das vor allen anderen vervielfältigt wird, ist die Bibel. Die Bibel gilt im Mittelalter als das Buch aller Bücher und die Theologie als die Königin aller Wissenschaften. Die Philosophie hingegen wird als die ‚Magd der Theologie' (lat. ancilla theologiae) angesehen. Das philosophische Hauptwerk von Aurelius Augustinus (354–439) trägt bezeichnenderweise den religiösen Titel *Bekenntnisse* (lat. confessiones). Ein Hauptwerk von Thomas von Aquin (1225/26–1274), als dem wohl wirkmächtigsten Philosophen des christlichen Mittelalters, heißt *Summa Theologiae.* Als der maurische Gelehrte Avicenna (980–1037) in der Bibliothek von Cordoba einige in arabischer Sprache verfasste Schriften des im christlichen Raum unbekannten Aristoteles findet und ihre Übersetzung ins Lateinische veranlasst, beginnt ein fieberhaftes Bemühen, die Philosophie des antiken Philosophen den Lehren der Bibel anzupassen – ein Bemühen, an dem wunderbarerweise (das ist wohl einmalig in der Menschheitsgeschichte) sowohl moslemische als auch jüdische als auch christliche Geistliche beteiligt sind. In einem solchen Kontext hat ein dezidiert atheistischer Denker keine Chance auf öffentliches Gehör, obwohl es zweifelsohne auch im europäischen Kulturraum des Mittelalter Atheisten gibt. Zwar gibt es Protestbewegungen innerhalb der Kirche: Die wirkmächtigste ist vermutlich die Bewegung der Cluniacenser, die eine Abkehr der Kirche von weltlicher Macht und von weltlichem Besitz fordert. Eine dezidiert atheistische Philosophie entwickelt sich jedoch nicht.

I.4.3 Die Emanzipation der Wissenschaften in der Renaissance

Wenn wir mit den Siebenmeilenstiefeln der Philosophiegeschichte weiter durch die Zeit eilen, gelangen wir in die Epochen von Renaissance und Neuzeit. Hier ändert sich die Situation der Wissenschaft schlagartig. Aus dem Kaufmannstand entsteht ein Bürgertum, das durch seine ökonomische Macht selbstbewusst gegenüber dem Klerus auftreten kann. Sinnbildlich für den neuen Menschentyp steht die Bankiersfamilie der Medici in Oberitalien. Cosimo de Medici (1389–1464) und sein Enkel Lorenzo de Medici (1449–1492) setzten ihren unermesslichen Reichtum für die Förderung der säkularen Wissenschaft und für den Bau von öffentlichen Bibliotheken und Kunstsammlungen ein. Man wendet sich verstärkt dem Menschenbild und der Philosophie der griechischen Antike zu: Das Wort ‚Renaissance' heißt soviel wie ‚Wiedergeburt'. Symptomatisch für ihre Zeit ist die Staatstheorie des Florentiners Niccolò Machiavelli (1469–1527). Sie will einen weltlichen Herrscher jenseits jedes kirchlichen Einflusses mit einer absoluten Macht ausstatten, um ihn gleichzeitig auf einen antiken Tugendkanon zu verpflichten.

Vor allem die Naturwissenschaft gewinnt zur Zeit der Renaissance gegenüber der Theologie an Boden, bis sie zum Entsetzen der katholischen Kirche schließlich sogar das herrschende Weltbild des Mittelalters zertrümmert. In seinen *Sechs Bücher(n) über die Kreisbewegung der Weltkörper* von 1543 entwirft der polnische Astrologe Nikolaus Kopernikus (1473–1543) nach einschlägigen Studien in Oberitalien ein Weltbild, das die Erde um die Sonne kreisen lässt. Ihm folgt der Mathematiker und Physiker Galileo Galilei (1564–1642), dessen Berechnungen die Hypothese des Kopernikus belegen. Das sind nur wenige Beispiele für die komplexe Vielfalt der Faktoren, die zur Zeit der Renaissance sukzessive ein Klima entstehen lassen, in dem es wieder Wissenschaft außerhalb der Klöster geben kann. Philosophie und Naturwissenschaften emanzipieren sich langsam von der Vorherrschaft der Theologie.

I.4.4 Das Toleranz-Verdikt der Aufklärung als Einfallstor des Atheismus

Die nächste große Epoche der Philosophiegeschichte der Aufklärung bringt zwar noch keinen wirklich wirkmächtigen Atheisten hervor, allerdings werden wichtige Weichen in diese Richtung gestellt. Die Aufklärung ist nämlich getrieben von einem Projekt, das aus der Sicht der einzelnen Religionen kaum weniger ketzerisch und bedrohlich wirkt als ein offenes Bekenntnis zum Atheismus. Die Philosophie der Aufklärung verfolgt die Idee, die verschiedenen Religionen als Ausfluss einer einzigen, umfassenden Universalreligion zu rechtfertigen, in der alle empirischen Religionen ihren Platz haben und in der Toleranz das vorherrschende Gebot ist.

Ein früher Vorreiter dieses Gedankens ist der englische Religionsphilosoph Herbert von Cherbury (1583–1648) mit seiner Schrift *Von der Wahrheit* (lat. *De Veritate*) von 1624. Diese Schrift behauptet eine natürliche Offenbarung, an der Gott in seiner Gnade jeden Menschen durch die Stimme seines Gewissens Anteil haben lässt. Im Zentrum steht die Figur des „einsichtigen Laien", dem der Priester nur solche Lehren als Glaubenswahrheit ansinnen kann, die er „auch ohne dessen Offenbarung" in „sein Herz schließen würde". Wohlgemerkt: Damit vertritt Cherbury die synkretistische Auffassung einer natürlichen Universalreligion, aber keine atheistische Position. Zumal er keinen Zweifel daran lässt, dass der ‚einsichtige Laie' nichts *gegen* die „Glaubenssätze" sagen dürfe, die die „wahrhaft katholische Kirche einmütig beschlossen"[9] habe.

Erste politische Konsequenzen aus der Idee einer Universalreligion zieht der englische Empirist John Locke (1632–1704). Sein *Brief über die Toleranz* (lat. *Epistola de Tolerantia*) von 1689 will einen dezidierten Atheismus zwar nicht dulden. Darüber hinaus fordert er jedoch, dass die Regierung unabhängig von der Reli-

9 Herbert von Cherbury, De Veritate, 1624. Im Text zit. nach: Religionskritik in der Neuzeit, M. Weinrich (Hg.), Gütersloh 1985, S. 19.

gionszugehörigkeit allen Untertanen ohne Ausnahme Sicherheit und Schutz gewährt. Locke plädiert für ein staatlich gesichertes Recht auf freie Religionsausübung, weil damit die vom Standpunkt einer Universalreligion völlig überflüssigen Religionskriege für alle Zeiten unterbunden werden könnten.

Seinen vermutlich schönsten Ausdruck findet die Idee einer Universalreligion in der berühmten Ringparabel von Gotthold Ephraim Lessing (1729–1781), die der deutsche Aufklärer und Dichter der Hauptfigur seines Theaterstückes *Nathan der Weise* (Uraufführung 1783) in den Mund legt, um seinem Freund, dem jüdischen Aufklärer Moses Mendelsohn (1729–1786), ein Denkmal zu setzen. Als Antwort auf die Frage, welche der drei Religionen, des Islam, des Judentums oder Christentums, die wahre Religion sei, erzählt der weise Jude Nathan die Geschichte von drei Ringen, die der Vater seinen drei Söhnen vererbt und die einander so ähnlich sehen, dass keiner mehr herausfinden kann, welcher der echte Ring ist, weil alle Ringe von gleicher Vollkommenheit sind. Genauso stünde es mit den Religionen: Sie sollen sich nicht bekämpfen, sondern um Vollkommenheit wetteifern in der Realisierung des göttlichen Gebotes der Nächstenliebe.

Die Anhänger einer Universalregion sind keine Atheisten. Das belegt schon die Rede von einer Universal*religion* zweifelsfrei. Sie streuen allerdings in gewisser Weise die Saat des Atheismus, indem sie die herrschenden Religionen mit Blick auf die eine Universalreligion relativieren. Vor dem Hintergrund einer Universalreligion kann keine Religion mehr die Alleinherrschaft beanspruchen. Die letzte Entscheidung liegt bei der Stimme des Gewissens oder (so bei Locke) bei der Vernunft. Das öffnet die Tür, den menschlichen Instanzen des Gewissens oder der Vernunft gleich, die gesamte Definitionsmacht darüber zu überlassen, was der Mensch für wahr halten soll.

I.4.5 Die Religionen vor den Richterstühlen von Gerechtigkeit und Vernunft

Erste Schritte in diese Richtung unternimmt in Nachfolge Lockes der englische Empirist David Hume, von dessen Kritik am Unternehmen ‚Gottesbeweise' ja schon die Rede war (s.o.). Humes Problem mit den Religionen lautet im Kern, dass sie vieles lehren, das vom Standpunkt der Vernunft ganz wörtlich genommen ‚unglaubwürdig' ist. Das Judentum basiert auf dem Glauben an einen exklusiven Bund mit Gott. Warum sollte Gott ein einziges Volk so bevorzugen? Die Bibel berichtet von einer großen Flutkatastrophe, die in der Arche eines Mannes namens Noah jeweils nur ein einziges Paar jeder Art überlebt haben soll. Ist das vom Standpunkt der Naturwissenschaften überhaupt möglich? Jesus Christus soll Tote auferweckt haben und dann selbst vom Tode auferstanden sein. Welcher vernünftige Mensch soll das glauben? Mit solchen Einwänden attackiert Hume die Religionen. Berühmt geworden ist seine Anekdote vom getauften Türken Mustafa. Man hat Mustafa bei der Vorbereitung auf die erste heilige Kommunion beigebracht, dass es nur einen

Gott gibt. Nach dem Empfang des Sakramentes glaubt Mustafa (bzw. Benedikt, wie er nach seiner Taufe heißt), dass es keinen Gott mehr gäbe, weil er den einen Gott ja im Zuge der Kommunion aufgegessen hat.
In der französischen Aufklärung finden sich vergleichbare theoretische Zweifel wie in der englischen Aufklärung. Zusätzlich bringt die französische Aufklärung jedoch auch die Politik vehement ins Spiel. Sie stellt die Religionen nicht nur vor den Richterstuhl der Vernunft, sondern auch auf den Prüfstein der sozialen Gerechtigkeit. Ein frühes Dokument ist das *Testament des Abbé Meslier* von 1729. Das Wort ‚Abbé' ist das französische Wort für ‚Geistlicher' oder ‚Abt'. Das ‚Testament' des französischen Landpfarrers Jean Meslier (1664–1729) enthält schon vor der eigentlichen Blüte der französischen Aufklärung eine radikale Abrechnung mit dem sich dem Adel korrupt anbiedernden Priestertum seiner Zeit und ein deutliches Bekenntnis zu einem als besonders gerecht empfundenen materialistischen Atheismus. Die Reichen und Mächtigen haben sich Gesetze ausgedacht, um die Armen und Ohnmächtigen klein zu halten. Um diesen Gesetzen Autorität zu verleihen, haben sie die Lüge verbreitet, dass die Gesetze unmittelbar von Gott kämen. Und dann haben sie noch eine korrupte Priesterkaste geschaffen, die das Lügengebäude für eine armselige Beteiligung am großen Profit mit hohlen Zeremonien und falschem Pomp aufrechterhalten. In den Augen des Abbé Meslier sind alle Religionen blödsinniger Aberglaube. Die frommen Dummköpfe sollen endlich aus dem dumpfen Schlaf aufwachen, in den sie die Priester aus eigennützigen Gründen mit ihren Irrlehren versetzt haben. Dann könnten sie das Joch der mächtigen Prasser und Heuchler endlich abschütteln und ihr Leben selbstbestimmt in die eigene Hand nehmen! Mesliers Appelle sind natürlich deutliche Vorboten der Französischen Revolution (s.u.)!
Die Fäden von Vernunftkritik und Gerechtigkeitskritik laufen bei dem französischen Dichter und Denker Voltaire (1694–1778) zusammen. In seiner Schrift *Atheismus* von 1767 geht es um die biblische Erzählung von dem Propheten Jonas, der drei Tage im Bauch eines großen Fisches verbracht haben und dann gesund wieder an Land gespuckt worden sein soll. Was ist von einer solchen Erzählung vom Standpunkt der Vernunft zu halten? Voltaire bezeichnet sie kurz und bündig als „unvorstellbare(n) Quatsch". Politisch wird Voltaire in seiner Schrift *Das Grabmahl des Fanatismus* von 1768. Hier bezeichnet er das Christentum als eine ‚Sekte', die sich keineswegs dem Ideal der Menschenliebe verschrieben habe, sondern den Machtinteressen der Herrschenden, dem Fanatismus und dem Profit.[10] Wenn es einen Gott gibt – dann kann es kein Gott sein, der die Menschen zu Gewalt anstachelt und soziale Ungerechtigkeiten duldet. Zudem würde Gott vom Menschen niemals erwarten, Widersinniges und Unvernünftiges zu glauben. Auf diesen groben Nenner lässt sich Voltaires Haltung zu den Religionen bringen. Sie ist kennzeichnend für die Epoche der Aufklärung.

---

[10] Voltaire, Atheismus, 1767. Im Text zit. nach: Religionskritik in der Neuzeit, M. Weinrich (Hg.), Gütersloh 1985, S. 44.

I.4.6 Das Göttliche und die Vernunft im deutschen Idealismus

Was nicht vernünftig und gerecht ist, muss nicht geglaubt werden, weil Gott (falls es ihn gibt) den Menschen weder Unvernunft noch Ungerechtigkeit zumuten würde. Dieses ‚Credo' vererbt die Aufklärung der Philosophie des deutschen Idealismus.

Deutliche Spuren hinterlässt diese Überzeugung beispielsweise in der Philosophie von Immanuel Kant (1724–1804). In seiner *Kritik der reinen Vernunft* schließt sich Kant zunächst einmal Humes Zweifel an der Möglichkeit von philosophischen Gottesbeweisen an. Auch für Kant besteht das grundsätzliche Problem aller Gottesbeweise in der „Brücke", welche die „Vernunft alsdann wohl schlagen" [11] muss, wenn sie aus der Sphäre der Erfahrung in die Sphäre Gottes vordringen will. Aus der Erfahrung können wir nach Kant nichts wissen über Gott. Das heißt aber nicht, dass Kant deshalb Atheist wäre: Für Kant ist Gott vielmehr ein ‚Postulat der Praktischen Vernunft'. Die praktische Vernunft ist bei Kant die Instanz, die uns zum richtigen Wollen und zum richtigen Handeln anleitet. Woher aber haben wir die Kriterien für ein sittlich gutes und richtiges Handeln? Aus der Erfahrung können sie nicht stammen, weil sie ja schließlich für alle Menschen verbindlich sein sollen. Sie müssen unserer praktischen Vernunft also von einer höchsten sittlichen Instanz eingegeben sein, die Garant dafür ist, dass es das Gute wirklich gibt und dass es richtig ist, dass die Menschen das Gute anstreben und das Böse vermeiden. Kant nennt diese Instanz ‚Gott', um jedoch gleichzeitig zu betonen, dass es sich um einen Gott für alle vernünftigen Menschen handelt und nicht um einen Gott, der ein exklusives Verhältnis zu Christen, Buddhisten, Moslems oder Juden hätte. Wir können es nach Kant nicht beweisen, dass es Gott tatsächlich gibt. Wir müssen jedoch annehmen (postulieren), dass Gott existiert, weil unser praktisches Handeln auf eine Instanz angewiesen ist, die für alle Menschen garantiert, dass moralisch gutes Handeln sinnvoll und richtig ist. In etwa das meint Kant, wenn er Gott als das Postulat der praktischen Vernunft bezeichnet. In seine Fußstapfen tritt Johann Gottlieb Fichte (1762–1814), der die vernünftige moralische Weltordnung gleich mit dem Göttlichen gleichsetzt.

Ihren vorläufigen Höhepunkt findet die Idee von der notwendigen Vernünftigkeit des Gottesbildes dann bei Georg Wilhelm Friedrich Hegel (1770–1831) und Friedrich Wilhelm Josef Schelling (1775–1854). Diese Denker setzten das Göttliche nämlich unmittelbar mit der universalen Vernunft in eins – was insofern bemerkenswert ist, weil beide von ihrer Ausbildung her protestantische Theologen sind. Betrachten wir paradigmatisch die Philosophie Hegels. Für Hegel sind die Religionen nichts anderes mehr als Erscheinungsweisen der Vernunft in der empirischen Wirklichkeit. Hegels Philosophie basiert auf der Prämisse, dass der Wirklichkeit ein vernünftiger Strukturplan zugrunde liegt, der sich im Laufe der Geschichte sukzessive immer mehr realisiert. Diese Entwicklung durchläuft verschiedene Etappen. Am Ausgangspunkt steht die Entäußerung der Vernunft in ihr absolutes Gegenteil: Es entsteht die unbeseelte und unlebendige Natur, in der dann sukzessive erstes Leben aufkommt.

---

[11] Immanuel Kant, Kritik der reinen Vernunft, A621/B649. Im Text zit. nach: R. Schmidt (Hg.), Hamburg 1956, S. 589.

Einen ersten großen Schritt macht die Entwicklung der Welt, als der Mensch in die Geschichte eintritt, weil der Mensch ja als einziges Lebewesen die Fähigkeit zur Vernunft hat. Ganz wichtig ist es in den Augen Hegels, dass die Menschen diese Fähigkeit auch einsetzen, um die Wirklichkeit zu gestalten. Mit dem Eintritt der vernunftbegabten Menschen verändert sich die Wirklichkeit, weil die Menschen die Fähigkeit zur Vernunft gezielt einsetzen, um die Welt nach ihren Bedürfnissen zu verändern. In einem ersten Schritt verwenden die Menschen ihre Vernunft zur Bildung von Gemeinschaften und Gesellschaften, indem sie vernünftige Gesetze des Zusammenlebens entwickeln. Sobald das in den ersten Urgesellschaften geschehen ist, vollzieht sich jedoch etwas grundsätzlich Neues in der Geschichte. Irgendwann – Hegel verortet den Zeitpunkt konkret bei den frühen babylonischen Hochkulturen – haben die Menschen nämlich begonnen, sich Gedanken zu machen über ihre seltsame Stellung als vernunftbegabte Lebewesen inmitten der ansonsten unvernünftigen Natur. Aus diesen Gedanken sind Geschichten entstanden, die das Verhältnis erklären: Es entstehen die ersten mythologischen Erzählungen als Urform aller Religionen. Auf dem untersten Level entstehen Naturreligionen, in denen die Sonne angebet wird wie in der Religion des Zoroaster oder bestimmte Tiere wie der Affengott Ramajana im indischen Buddhismus. Diese Naturreligionen erfüllen aber irgendwann die Bedürfnisse der Menschen nicht mehr, weil Affengötter u.ä. keine vernunftbegabten Lebewesen sind und deshalb die seltsame Sonderstellung des Menschen in der Natur nicht wirklich erklären können. Es entsteht mit den menschenähnlichen Göttern der griechischen Antike (s.o.) eine neue Form von Religion, in der sich der Mensch besser wiedererkennen kann. Allerdings sind die Götter der Antike sowohl unsterblich als auch alterslos. Das heißt: Auch sie unterscheiden sich in wesentlicher Hinsicht vom Menschen. Aus diesem Mangel der olympischen Götter ist nach Hegel das Gottesbild des Christentums entstanden, in dessen Zentrum der Mensch gewordene Jesus Christus steht. Christus ist ein Mensch im umfassenden Sinne, weil er menschliche Qualen durchleiden muss, weil er von den Knechten des Pontius Pilatus gefoltert wird und weil er schließlich unter unendlichen Schmerzen den Kreuzestod stirbt und das Todeslos der Menschen teilt. Aber auch diese Religion ist noch nicht der Weisheit letzter Schluss nach Hegel. Die wirklich letztgültige Erklärung über die Stellung des vernunftbegabten Menschen in der Welt kann seiner Ansicht nach nur die spekulative Philosophie geben, die die Entwicklung der Wirklichkeit als Realisierung eines innewohnenden vernünftigen Strukturplanes erkennt, in dem die vernunftbegabten Menschen das Instrument und der Motor sind. Erst diese Erklärung der seltsamen Sonderstellung des Menschen in der Natur lässt nach Hegel keine Fragen mehr offen.

I.4.7 Der materialistische Atheismus

Unmittelbar nach Hegels Tod teilen sich seine Anhänger in so genannte Links- und Rechtshegelianer. Strittig sind der Stellenwert der Theologie in Hegels System, die

Gewichtung von Hegels persönlichem Bekenntnis zum Protestantismus und damit letztlich die Frage, ob das hegelsche System ein theistisches oder ein atheistisches System ist. Die Rechtshegelianer – allen voran Karl Rosenkranz (1805–1879) – lesen Hegels System als philosophische Gotteslehre. Die Linkshegelianer hingegen sehen Hegels Philosophie als Wegbereiter für einen atheistischen Materialismus an, der auf der Bühne des Weltgeschehens im 20. Jahrhundert ja dann bekanntlich eine enorme Wirkmacht entfalten wird.

Die Linkshegelianer sind fasziniert von dem Grundgedanken der Hegelschen Philosophie, dass sich unsere Wirklichkeit einem innewohnenden Strukturplan folgend zielgerichtet verändert. Schließlich leben wir heute ja tatsächlich nicht mehr in derselben Welt wie die Menschen zur Zeit der griechischen Antike oder wie die Steinzeitmenschen. Aber ist tatsächlich die immaterielle Vernunft der Motor dieser Entwicklung? Wenn man es mal im Sinne Hegels grundsätzlich akzeptiert, dass die Impulse zur Veränderung der Wirklichkeit vom Menschen ausgehen – sollte man dann nicht nach den Motiven fragen, die den Menschen dazu veranlassen, seine Situation zu verändern? Ist es tatsächlich im Sinne Hegels das Bedürfnis, Interpretationsmuster für die Wirklichkeit zu finden, denen zufolge der Mensch auch als vernunftbegabter Sonderling unter den Naturwesen in der Natur zu Hause ist? Die Linkshegelianer sehen andere Impulse in der Geschichte wirksam werden als Hegel. Sie sind Materialisten. In ihren Augen handeln die Menschen aus ganz genau denselben Impulsen wie alle anderen Lebewesen auch: Sie handeln, um konkrete körperliche Bedürfnisse zu erfüllen und um Mangelzustände auszugleichen. Die Wirklichkeit hat sich tatsächlich im Laufe der Jahrhunderte verändert. Der Motor dieser Veränderung ist aber nicht die durch den Menschen wirkende absolute Vernunft, sondern die Tatsache, dass die Menschen ganz konkrete Bedürfnisse nach Nahrung, Schutz, Fortpflanzung und Wärme haben. Der Mensch will erst seine basalen Bedürfnisse befriedigt sehen, ehe er über seine Sonderstellung als Vernunftwesen im Kosmos nachdenkt. Dem Materialismus zufolge geht es in der Geschichte um die Verteilung der Güter, mit denen sich die Erfüllung dieser Bedürfnisse sichern lässt. Infolge dessen kann er auf Instanzen wie ‚die Seele', ‚Gott' oder ‚Vernunft' verzichten. Er erklärt alle Prozesse streng kausal und ausgehend von Mechanismen und Gesetzmäßigkeiten, die der Materie qua Materie innewohnen.

Als Vorreiter des Linkshegelianismus gilt der Philosoph Ludwig Feuerbach (1804–1872). Mit seinem Buch *Kritik der Hegelschen Philosophie* von 1839 etabliert er die materialistische Weltanschauung im Linkshegelianismus, indem er Hegels Idealismus der Vernunft als verkappte Theologie bezeichnet. Das menschliche Handeln und Denken ist nach Feuerbach nicht durch eine transzendente vernünftige Instanz bestimmt, sondern durch ihre Erfahrungen im konkreten Leben mit all seinen Rückschlägen, Härten, Mängeln und Krisen. Natürlich gestalten die Menschen die Wirklichkeit – soweit kommt Feuerbach der Hegelschen Philosophie entgegen. Allerdings sind sie deshalb noch längst nicht als Handlanger einer transzendenten Vernunftinstanz zu betrachten, die sich in der Geschichte verwirklichen will. Nein, die Menschen handeln wie alle Lebewesen aus dem natürlichen Impuls der Erhaltung des eigenen Lebens und der Befriedigung von körperlichen Bedürfnissen heraus. Geheimnisvolle Instanzen, die die Geschichte der Menschheit lenken, braucht man nicht. In seiner Schrift *Das Wesen des Christentums* von 1841 erklärt Feuerbach dann das Faktum der Religionen nach dem psychologischen Muster des religionskritischen Atheismus, von dem oben schon die Rede war. Feuerbachs zentrale These lautet, dass der Mensch in seinem Gott „sein eigenes Wesen“ verehrt. Der Mensch projiziert in sein Gottesbild seine eigenen Attribute hinein. Wenn er dieses Gottesbild dann anbetet, erkennt er nicht, dass er eigentlich sich selbst anbetet. Stattdessen fühlt er sich (das gilt nach Feuerbach vor allem für das Christentum) minderwertig, ohnmächtig und schuldig. Feuerbach plädiert dafür, die „Illusion“ der Religionen endlich zu zerstören, um dann der Wahrheit selbstbewusst ins Gesicht zu sehen, dass der Mensch an sich liebens- und anbetungswürdig ist. Feuerbachs Religionskritik findet seine Fortsetzung in dem Buch *Das Wesen der Religionen* von 1846.

Karl Marx schließt sich Feuerbachs Religionskritik grundsätzlich an. Berühmt geworden ist sein (leider oft falsch zitiertes) Diktum von der Religion als ‚Opium des Volkes'. Was gemeint ist, liegt auf der Hand: Marx betrachtet die Religion zunächst einmal ganz im Sinne der Vorreiter der französischen Revolution als ein Instrument der Verdummung, das von den jeweils Herrschenden eingesetzt wird, um die Untertanen von ihrem berechtigten Interesse an einer gerechten Partizipation an den zu verteilenden Gütern abzulenken. Vor allem aber betrachtet Marx die Religion als eine Droge, die von den Unterdrückten nur zu gern akzeptiert wird. Mehr noch als für die Religionskritik interessiert sich Marx jedoch für Feuerbachs Materialismus. In seinem Buch *Kritik der Hegelschen Rechtsphilosophie* von 1844 überträgt er ihn aus dem Bereich der Anthropologie (das ist die philosophische Disziplin, die sich über die mögliche Sonderstellung des Menschen im Kosmos Gedanken macht) auf den Bereich der politischen Philosophie. Im Zentrum der Marxschen Philosophie steht der Gedanke, dass sich die sozialen Entwicklungen in der Menschheitsgeschichte nicht etwa (im Sinne Hegels) nach einem teleologisch-vernünftigen innewohnenden Strukturplan der Geschichte vollziehen, sondern gelenkt durch die Impulse, die sich aus der jeweiligen Verteilung des materiellen Besitzes unter den Menschen und den daraus resultierenden Machtverhältnissen und Bedürfnissen ergeben. Anders als für Hegel ist die Menschheitsgeschichte für Marx also keine Geschichte, in der sich verschiedene Religionen als Deutungsmuster für die Stellung des vernunftbegabten Menschen in der Natur ablösen. Sie ist erst recht keine Geschichte, in der sich im Sinne des Christentums beispielsweise ein göttlicher Heilsplan verwirklichen würde. Für den Materialisten Marx ist die Geschichte vielmehr eine Geschichte von Klassenkämpfen, in denen es ganz basal um die Verteilung der Güter geht, die der Mensch ganz elementar zum Leben braucht. Zusammen mit dem Industriellen Friedrich Engels (1820–1895) arbeitet Marx diese Grundidee dann im Laufe von vielen Jahren und in unzähligen Schriften zu einer in sich weitgehend geschlossenen Weltanschauung aus.

Der dritte im Bunde ist natürlich Wladimir Iljitsch Lenin (1870–1924). Seine Schrift *Ludwig Feuerbach und der Ausgang der klassischen deutschen Philosophie* von 1888 bekennt sich zur Tradition des Linkshegelianismus, zur Feuerbachschen

Religionskritik und zum Materialismus. Darüber hinaus gibt es natürlich auch gewichtige Abweichungen, auf die einzugehen hier aber nicht der Raum ist. Wichtiger ist nämlich, dass die Weltanschauung des so genannten ‚Marxismus-Leninismus' im 20. Jahrhundert ja bekanntlich unter dem groben Etikett ‚Kommunismus' einen Großteil der Welt für sich gewinnen konnte. Von der Philosophie der Aufklärung einmal abgesehen, hat es wohl niemals zuvor eine Philosophie gegeben, die eine vergleichbare politische Wirkmacht entfalten konnte wie die aus dem dezidiert atheistischen Linkshegelianismus hervorgegangene Philosophie des Marxismus-Leninismus.

I.4.8 Der Nihilistische Atheismus

Der Linkshegelianismus ist jedoch nicht die einzige atheistische Philosophie, die aus der Auseinandersetzung mit der Philosophie des deutschen Idealismus entsteht. Fast ebenso wirkmächtig ist die Philosophie des Nihilismus. 'Nihil' ist das lateinische Wort für ‚nichts'. Unter einer ‚nihilistischen Philosophie' versteht man eine Philosophie, die an ‚nichts' mehr glaubt jenseits der nackten materiellen Existenz des Menschen. Für den Nihilisten gibt es keine Werte, keine Moral, keine Seele und keinen Gott. Vor allem aber glaubt er nicht an ein Leben nach dem Tod. Das Leben findet hier in dieser Welt statt und danach kommt ‚nichts'. Und weil das Leben in dieser Welt nun einmal oft von Leiden, Schmerzen, Enttäuschungen und Angst geprägt ist, ist der Nihilismus in aller Regel gepaart mit einem tiefen Pessimismus.

Ein Protagonist der nihilistisch-pessimistischen Philosophie ist Arthur Schopenhauer (1788–1860). Sein Hauptwerk *Die Welt als Wille und Vorstellung* von 1819 ist dezidiert von der buddhistischen Vorstellung vom Nirwana als Erlösung von dem Kreislauf von Wiedergeburt und Tod geprägt. Den Ausgangspunkt bildet die These, dass das menschliche Ich immer sowohl Subjekt des Erkennens als auch Subjekt eines unbändigen und zügellosen Wollen ist, das sich im Geschlechtstrieb und im Trieb nach Nahrung quälend äußert. In seinem Verlauf schildert Schopenhauers Buch dann die Etappen, in denen sich das Subjekt des Erkennens über die Verleugnung des Egoismus, des Fortpflanzungstriebes und des Triebs zur Nahrungsaufnahme von der quälenden Vorherrschaft des wollenden Ich losreißen kann. Das Ziel ist die absolute Bedürfnislosigkeit. Nur ein radikales Verneinen von allem Wollen vermag nämlich die Macht des Willens zu brechen, womit schließlich auch der ewige Kreislauf von Tod und Wiedergeburt in das Gefüge von unerfüllten Bedürfnissen, Enttäuschungen und Schmerzen durchbrochen werden könnte. Wenn der Mensch nicht mehr vom Willen getrieben wäre, hätte er endlich den Zustand erreicht, den Schopenhauers Philosophie so sehnsüchtig herbeiwünscht: Den Zustand nämlich, in dem ihm „unsere so sehr reale Welt mit ihren Sonnen und Milchstraßen – NICHTS" sind. Mit diesem durch und durch lebensverneinenden Satz endet Schopenhauers umfangreiches Werk wie mit einem dumpfen Paukenschlag.

In Schopenhauers Fußstapfen tritt Friedrich Nietzsche, dessen Philosophie allerdings alles andere als lebensverneinend ist. Für Nietzsche ist der allem zugrunde liegende Wille ein anarchischer lebensbejahender Wille zur Macht, und diesem Willen spricht er allen denkbaren Entfaltungsraum zu. Der erste Teil der Fragmentensammlung *Der Wille zur Macht* (posthum hrsg. 1901) beispielsweise würdigt die Entstehung des europäischen Nihilismus als Vorbedingung dafür, dass sich der Wille zur Macht nach dem Niedergang des Christentums endlich entfalten kann. Die moralischen Werte des Christentums – allen voran der Wert der Nächstenliebe – sind in Nietzsches Augen Werte, die sich vital Schwache ausgedacht haben, um die vital starken Menschen im Zaum zu halten und zu beherrschen. Der europäische Nihilismus (Nietzsche meint vor allem sich selbst) erkennt den Scheincharakter dieser Werte. Von Nietzsches Kritik am Jenseits-Glauben der Religionen war oben schon die Rede. Vor allem aber gibt es für den Nihilisten keinen Gott, der die ‚Frommen' irgendwann einmal für ihre kümmerliche Askese belohnen würde. An diesen Einsichten des Nihilismus müssen die Schwachen verzweifeln. Die Starken jedoch emanzipieren sich endlich vom Joch der Moral. Endlich triumphiert der Wille zur Macht. Der Nihilismus ist nach Nietzsche die Bedingung seiner vitalen Entfaltung.

I.4.9 Der existentialistische Atheismus

In Anknüpfung an Nietzsche und an den marxistischen Materialismus, aber auch an die Existenzphilosophie von Sören Kierkegaard (1813–1855), Karl Jaspers (1883–1969) und Martin Heidegger (1889–1976), entsteht zur Zeit des II. Weltkriegs in Frankreich neben Nihilismus und Materialismus mit dem französischen Existentialismus eine dritte wirkmächtige Spielart atheistischer Philosophie. Ihre wichtigsten Protagonisten sind Jean Paul Sartre (1905–1980), Simone de Beauvoir (1908–1986) und Albert Camus (1891–1970).

Wie Feuerbach und Marx, so entwickelt auch Kierkegaard in seinem Buch *Der Begriff der Angst* von 1844 seine Philosophie in Auseinandersetzung mit der Philosophie Hegels. Hegel lässt die Geschichte der Religionen an einem Zeitpunkt beginnen, an dem der Mensch zum ersten Mal seine seltsame Zwitterstellung in der Natur als Vernunftwesen und als sterbliches Naturwesen schmerzlich erfährt. Aber hat Hegel im Anschluss daran unsere Wirklichkeit adäquat erfasst, wenn er sie als eine Wirklichkeit auffasst, in der sich eine abstrakte und überzeitliche Vernunft im Laufe der Jahrhunderte über verschiedene Entwicklungsstadien immer deutlicher als Vernunft manifestiert? Kierkegaard verlangt eine Wende der Perspektive. Seiner Auffassung nach bleibt unsere menschliche Wirklichkeit nämlich dauerhaft von dem schmerzlichen Wissen bestimmt, dass wir eines Tages sterben müssen. Die Menschen sind die einzigen Lebewesen, die wissen, dass sie sterblich sind. Dieses Wissen setzt die Rahmenbedingungen unserer Existenz, und nicht eine überpersonale Vernunft im Sinne Hegels. Nach Kierkegaard lässt sich das menschliche Dasein in seiner einzigartigen Besonderheit gegenüber allen anderen Seinsformen nur dann adäquat erfassen, wenn man das spezifisch menschliche Bewusstsein von ständig knapper werdender Lebenszeit mitberücksichtig. Weil nämlich zudem kein Mensch wissen kann, was ihn nach seinem Tod erwartet, ist die menschliche Existenz nach Kierkegaard von Angst und der Sorge beherrscht. Kierkegaard nennt die menschliche Existenz ein sorgenvolles ‚Sein zum Tode'. Jaspers und Heidegger entwickeln diesen Grundgedanken weiter, indem sie über den Daseinsmodus der Angst weitere spezifische Modi der menschlichen Existenz identifizieren und beschreiben. Berühmt geworden ist vor allem Heideggers *Sein und Zeit* von 1927. Es beschreibt die verschiedenen Einstellungen des Menschen zu sich selbst und zu den Dingen, ausgehend von dem Grundgedanken, dass das menschliche Dasein wesentlich ein In-der-Welt-Sein unter den Bedingungen knapper Lebenszeit ist.

Jean Paul Sartres erster Roman von 1938 trägt den bezeichnenden Titel *Der Ekel* (franz. *La nausée*). Seine Hauptfigur Roquentin schreibt Tagebuch, um sich seinen Ekel vor der Oberflächlichkeit, Sinnlosigkeit und Langeweile seiner Existenz von der Seele zu schreiben. Am 21. Juni 1940 gerät Sartre als französischer Soldat in deutsche Kriegsgefangenschaft, wo er Heideggers *Sein und Zeit* kennen lernt. Damit sind die Weichen gestellt. Sartres existentialistisches Hauptwerk *Das Sein und das Nichts* von 1943 (franz. *L`être et le néant*) basiert auf dem Grundgedanken der Existenzphilosophie, dass der Mensch das einzige Wesen ist, dass sich seiner Existenz als sterbliches Lebewesen bewusst ist. Anders als das Tier lebt der Mensch nicht in vorgezeichneten Bahnen, sondern unter der Maßgabe, sein Leben selbst gestalten und mit Sinn füllen zu müssen. Der Mensch ist das, was er aus sich macht. Damit lebt der Mensch in der Freiheit, sein Leben selbst entwerfen zu können. Diese Freiheit hat allerdings die Kehrseite, dass es keine Orientierungshilfen für menschliche Lebensentwürfe und keinen wirklichen Sinn des menschlichen Lebens gibt. Wie Nietzsche, so ist auch Sartre Nihilist. Für ihn gibt es keine Vollendung des menschlichen Lebens im Jenseits und keine Werte. Der Mensch muss selbst setzen, was gut und böse ist. Zu dieser Freiheit ist er quasi ‚verdammt'. Vor allem aber gibt es für Sartre keinen Gott, weil die Annahme eines Gottes mit der Annahme der Freiheit der menschlichen Existenz zur Selbstgestaltung nicht zu vereinbaren ist. Ein besonders deutliches Bekenntnis zum nihilistischen Atheismus findet sich in Sartres Theaterstück *Die Fliegen* (franz. *Les mouches*) von 1943. Während die antike *Orestie* das Geschwisterpaar Orest und Elektra nach dem Mord an ihrer Mutter Klytemnestra verzweifelt in religiös motivierte Schuldgefühlen versinken lässt, verweigert Sartres Orest jede Reue in dem stolzen Bewusstsein, genau das getan zu haben, was er selbst jenseits jeder göttlichen Autorität für das Richtige, Angemessene und Gute hält. Darüber hinaus ist Sartre ein führendes Mitglied der französischen Kommunistischen Partei seiner Zeit. In seinem Spätwerk *Kritik der dialektischen Vernunft* von 1960 (franz. *Critique de la raion dialectique*) gibt er seiner Philosophie explizit eine marxistisch-materialistische Grundfärbung. In der Person und in der Philosophie von Jean Paul Sartre laufen also in gewissem Sinne die drei wichtigen Fäden der atheistischen Philosophie des späten 19. und des frühen 20. Jahrhunderts zusammen.

Sartres Lebensgefährtin Simone de Beauvoir überträgt in ihrem Buch *Das andere Geschlecht* (franz. *L'âutre sex*) von 1949 die existentialistische Grundidee ‚der Mensch ist, was er aus sich macht' auf die Identitäten der Geschlechter. Im Zentrum des Buches steht folgende These: „Man kommt nicht als Frau zur Welt, man wird es".[12] Wenn den Frauen von Seiten der verschiedenen Religionen und insbesondere von Seiten des Christentums unterwürfige Rollen angesonnen werden, stehen nach de Beauvoir ausschließlich männliche Machtinteressen dahinter. Den wichtigsten Schritt zur Emanzipation von den künstlichen Rollenmustern der Religionen und der bürgerlichen Gesellschaft sieht de Beauvoir im Sinne des marxistischen Materialismus in der ökonomischen Unabhängigkeit der Frau.

Der dritte im Bunde der existentialistischen Atheisten in Frankreich ist der Journalist Albert Camus. Camus ist dem Marxismus bzw. Kommunismus allerdings nicht so zweifelsfrei zuzuordnen wie Sartre und Beauvoir. Als Mitglied der französischen Widerstandsbewegung gegen den deutschen Nationalsozialismus steht Camus zwar grundsätzlich auf der Seite der französischen Linken, von Jean-Paul Sartres Kommunistischer Partei distanziert sich Camus dann jedoch öffentlich. Camus' Existentialismus ist ein dezidiert religionskritischer Atheismus. Von ihm ist in II./III.(A) 1.2.2 die Rede.

I.5 Die Provokationen des Atheismus

I.5.1 Die Verfolgungsgeschichte der häretischen Philosophie

Warum haben dezidiert atheistische Entwürfe in der Geschichte der Philosophie erst so spät Konjunktur, nachdem die Vorsokratiker doch schon viele Jahrhunderte vor der Geburt Christi eine so grandiose Vorlage geschaffen haben? Die Antwort liegt auf der Hand: Jahrhundertelang ist es ausgesprochen gefährlich, als Atheist oder auch nur als Häretiker zu gelten. (Ein Häretiker ist jemand, der der Verbreitung von falschen Gotteslehren bezichtigt wird.) Der Beispiele für Verfolgungen von Atheisten und so genannten Häretikern sind in der Geschichte der Philosophie Legionen.

So wurde der Vorsokratiker Anaxagoras (500–428 v. Chr.) beispielsweise im Jahr 431 v. Chr. aus seiner Heimatstadt Athen wegen angeblicher ‚Gottlosigkeit' vertrieben, nachdem er gegen die herrschende Lehre vom Sonnengott Helios behauptet hatte, dass die Sonne nur eine Masse aus glühendem Stein sei und dass das Göttliche im Nous als dem vernünftigen Ordnungsprinzip der Wirklichkeit zu suchen sei (vgl. II.[A] 1.1.1). Dem spektakulären Tod des Sokrates (469–399 v. Chr.) widmet der Maler Jacques Louis David im Jahr 1787 ein monumentales Gemälde. Sokrates wird wegen des Verbrechens der Gottlosigkeit zum Tod durch das Gift der Schierling-Pflanze verurteilt. Anstatt sich aber der Vollstreckung dieses Urteils

---

[12] Simone de Beauvoir, Das andere Geschlecht. Sitte und Sexus der Frau, 1949. Im Text zit. nach: Reinbeck 1992, S. 265.

durch Flucht zu entziehen, stellt sich Sokrates dem Urteil ganz bewusst. Er hält es für richtig, die staatliche Ordnung auch dann anzuerkennen, wenn es dem eigenen individuellen Wohl widerspricht. Sokrates Schüler Platon setzt diesem Geschehen in seinem Dialog *Phaidon* ein Denkmal. Als Aristoteles ca. 90 Jahre später (323 oder 322 v. Chr.) nach dem Tod seines ehemaligen Schülers Alexander der Große ebenfalls der Gottlosigkeit angeklagt wird, zieht er diese Konsequenz nicht. Aristoteles entzieht sich dem Urteil durch eine Flucht aus Athen in die ca. 55 km entfernte Küstenstadt Chalkis, wo er kurz darauf stirbt.

Mehrere Jahrhunderte später sind es nicht die atheismusverdächtigen Philosophen, sondern die ersten Christen, die im antiken Rom als ‚die ohne Gott' (ἄθεοι) verfolgt werden. Bis heute hält sich das Gerücht, dass Kaiser Nero (37–68) in der Nacht zum 19. Juli des Jahres 64 die Stadt Rom anzünden lässt, um einen Vorwand für die Ausrottung des sich langsam ausbreitenden frühen Christentums zu schaffen. Wiederum fast ein Jahrtausend später ergeht es den Aristotelesforschern des Mittelalters nicht besser. Der maurische Gelehrte Avicenna (980–1037) entdeckt einige in arabischer Sprache verfasste Schriften des Aristoteles in der Bibliothek von Cordoba. Er wird in die Verbannung geschickt, weil er unter dem Einfluss dieser Schriften zu der Auffassung gelang, dass der Islam zwar nicht anzuzweifeln sei, dass er als Religion jedoch nichts zur wissenschaftlichen Erforschung der Welt beitragen könne. In seine Fußstapfen tritt im 12. Jahrhundert der maurische Arzt und Gelehrte Abů-l-Walĭd Mohammed Ibn Ạhmed Ibn Mohammed Ibn Roschd (1126–1198), der in der Aristoteles-Literatur kurz ‚Averroës' genannt wird. Averroës ist ab 1182 Leibarzt am Hof des philosophisch interessierten Kalifen Abů Ja'qůb Jůsuf in Sevilla, der ihn zunächst in hohen Ehren hält. So kann Averroës bewirken, dass die wichtigsten Werke des Aristoteles in den berühmten Übersetzerschulen von Toledo aus dem Arabischen ins Lateinische übersetzt werden. Schließlich aber wird auch Averroës der Gotteslästerung beschuldigt. Er selbst wird in die Verbannung nach Cordoba geschickt, und seine Schriften werden weitgehend verbrannt.[13] Dasselbe Schicksal ereilt schließlich auch den großen jüdischen Aristotelesforscher des Mittelalters Rabbi Mose ben Maimon (1135–1205), der in der Literatur gemeinhin ‚Moses Maimonides' genannt wird. Der Vater des Maimonides übt in Cordoba das Richteramt aus. Hier lernt Maimonides die Schriften des in Sevilla wirkenden arabischen Aristoteles-Kommentatoren Abubacer (1100–1185) kennen. Im Jahr 1148 muss die Familie des Maimonides jedoch aus religiösen Gründen aus Cordoba fliehen. Der Weg führt Maimonides unter anderem nach Palästina und schließlich ins ägyptische Kairo, wo er zum intellektuellen Mittelpunkt der jüdischen Gemeinde wird und seine wirkmächtigen Schriften zu Aristoteles verfasst. Einzig der große christliche Aristotelesforscher Thomas von Aquin (1224/1225–1274) bleibt als Dominikanermönch und Schüler des zu seiner Zeit in der ganzen christlichen Welt hoch geachteten Universalgelehrten Albertus Magnus (ca. 1200–1280) von Verfolgung und Verbannung verschont.

---

13 Überwegs. Grundriß der Geschichte der Philosophie, 2. Teil, S. 313.

Zu Zeiten der Renaissance ist es immer noch gefährlich, der Gottlosigkeit, der Häresie und der Ketzerei verdächtigt zu werden. Das Buch *Sechs Bücher über die Kreisbewegung der Weltkörper* von 1543, in dem der polnische Astrologe Nikolaus Kopernikus seine Theorie von der Bewegung der Erde um die Sonne darlegt, wird im Jahr 1616 von den entsprechenden kirchlichen Instanzen auf den gefürchteten *Index der verbotenen Bücher* (lat. *Index librorum prohibitorum)* gesetzt. Der Physiker Galileo Galilei wird im Jahr 1632 vor das Tribunal der Inquisition (das ist die berüchtigte kirchliche Gerichtsbarkeit für die Aufrechterhaltung des rechten Glaubens, die auch für die Hexenverbrennungen zuständig war) gezerrt. Weil er seine Thesen hier am 22. Juni 1633 widerruft, wird er nicht zum Tode, sondern ‚nur' zu lebenslangem Hausarrest in seiner Villa in Arcetri gestellt. Der Legende nach soll Galilei seinen Widerruf mit dem Ausspruch 'und sie bewegt sich doch' nochmals widerrufen haben. Zur Ehrenrettung der Katholischen Kirche sei jedoch erwähnt, dass sich Papst Johannes Paul II. im 20. Jahrhundert offiziell bei Galilei entschuldigt und den Irrtum des Inquisitionstribunals eingestanden hat. Ähnlich schlecht wie Galilei ergeht es auch dem holländischen Philosophen Benedictus de Spinoza (1632–1677). Er wird im Jahr 1656 wegen „schrecklicher Irrlehren" aus der jüdischen Gemeinde von Amsterdam ausgestoßen. „Er sei verflucht bei Tag und verflucht bei Nacht, verflucht sein Hinlegen und verflucht sein Aufstehen"[14]. So lautet der über Spinoza verhängte Bann der jüdischen Gemeinde in Auszügen.

Erst mit der Aufklärung nehmen die offenen Verfolgungen wegen Atheismus- und Häresieverdacht langsam ab. Die massiven Verfolgungen, denen Atheisten und Häretiker bis zum Epochenumbruch der Aufklärung jahrhundertlang ausgesetzt waren, erklären sich dadurch, dass die Anklage in aller Regel nicht nur auf Gottlosigkeit oder Häresie lautete, sondern auch auf Gefährdung der öffentlichen Moral und der staatlichen Ordnung. Dahinter steht ein Anspruch, den historisch gesehen nahezu alle Religionsgemeinschaften für sich reklamieren: Der Anspruch nämlich, dass die jeweilige Religion das einzige legitime Fundament von weltlicher Herrschaft und der einzige sichere Garant von Sittlichkeit und Moral sei. Beide Ansprüche erweisen sich bei näherer Prüfung als falsch. Dennoch haben sich beide Ansprüche im europäischen Kulturraum hartnäckig gehalten und die Lebenswirklichkeit der Menschen bestimmt.

I.5.2 ATHEISMUS UND POLITIK

So gibt es in der griechischen Polis beispielsweise Theateraufführungen und religiöse Weihespiele, die für die Staatsbürger verpflichtend sind, weil man sich von ihnen den Effekt verspricht, die Zuschauer zu guten Staatsbürgern und gottesfürchtigen Menschen zu erziehen (was bezeichnenderweise für dasselbe gehalten wird). Der

---

[14] Im Text zit. nach: Ulrich Prill, Spinoza, in: Metzler Philosophen Lexikon, Stuttgart 1989, S. 747.

Philosoph Sokrates wird zum Tod durch den Schierlingsbecher verurteilt, weil man seine Haltung zu den Göttern seiner Zeit für jugend- und staatsgefährdend hält. Auch im Christentum ist die Debatte um das Verhältnis von Staat und Kirche so alt wie das Christentum selbst. Nach anfänglicher Verfolgung wird das Christentum unter Kaiser Theodosius (347–395) zur Staatsreligion des römischen Reiches. Auch das von Chlodwig (466–511) gegründete so genannte ‚Frankenreich' des frühen Mittelalters ist ein dezidiert christliches Reich: Sein Herrscher lässt sich in einem feierlichen Akt um das Jahr 498 herum von dem Bischof Remigius in Reims öffentlich taufen. Von ähnlicher Symbolwirkung ist die Krönung von König Karl dem Großen im Weihnachtsgottesdienst des Jahres 800 in der Peterskirche zu Rom durch Papst Leo. Dieses Ereignis signalisiert, dass das Kaisertum als Kaisertum von Gottes Gnaden verstanden wird.

Im 11. Jahrhundert kommt es im lateinisch geprägten europäischen Kulturraum jedoch zu einem folgenschweren Konflikt zwischen den weltlichen und den kirchlichen Machthabern. In Rom wird mit Gregor VII. (1073–1085) ein besonders machtbewusster Papst ernannt. Er macht dem damaligen Kaiser Heinrich IV. das Recht streitig, die Bischofssitze in seinem Reich nach eigenen Interessen zu besetzen. Es kommt zum so genannten ‚Investiturstreit', den Heinrich IV. schließlich gewinnt, indem er scheinbar nachgibt. Nachdem Papst Gregor im Jahr 1076 den Kirchenbann über ihn verlegt, tritt der Kaiser im Jahr 1077 seinen sprichwörtlich gewordenen ‚Bußgang nach Canossa' an, um Abbitte zu leisten und sich dem Papst zu unterwerfen. Das Resultat ist, dass der Papst den Kaiser gezwungenermaßen in seinem Amt bestätigen muss.

Die nächste wichtige Etappe der Verhältnisbestimmung von christlicher Kirche und den weltlichen Instanzen markiert die Reformation. Der Mönch Martin Luther heftet am 31.10.1517 eine Schrift mit 95 Thesen an die Stadtkirche von Wittenberg, in denen er die Verweltlichung des Papsttums und insbesondere seine Praxis des Ablasshandelns (das ist eine Vergebung der Sünden gegen Geld) anprangert. Im Konfessionskonflikt trennen sich die Wege: In den katholisch geprägten Gebieten sind die Bischöfe (von einigen wenigen Ausnahmen abgesehen) nicht gleichzeitig auch die weltlichen Herrscher. Der Protestantismus hingegen schafft die geistliche Hierarchie ab und legt die Landeshoheit ganz in die Hand eines einzigen Landesherrn. Die Wirren um den ‚rechten' christlichen Glauben enden schließlich im ‚Augsburger Religionsfrieden', der es bezeichnenderweise in die Hände des jeweiligen Landesfürsten legt, ob seine Untertanen sich zur katholischen oder zur protestantischen Spielart des Christentums bekennen. Der Konflikt bricht neu auf im Dreißigjährigen Krieg (1618–1648), der mit dem in Münster geschlossenen ‚Westfälischen Frieden' endet. Dieser Friedensvertrag bestätigt im Wesentlichen den Friedensvertrag von Augsburg, bezieht jedoch auch den Calvinismus (eine in der Schweiz entstandene Spielart des Protestantismus) mit ein. Damit wird vertraglich zementiert, was schon jahrhundertelang herrschende Praxis ist: Nach dem Motto ‚cuius regio eius religio' müssen die Untertanen glauben, was ihre jeweiliger Landesfürst ihnen zu glauben vorschreibt.

Erstmalig dauerhaft erschüttert wird die weltliche Stellung der christlichen Geistlichkeit erst im Zuge der französischen Revolution von 1789. In Paris werden Flugblätter verteilt, in denen von einer Verschwörung von Geistlichkeit und Adel die Rede ist, von einer Ausbeutung des Volkes und davon, dass 600 000 Privilegierte in Adel und Klerus vierundzwanzig Millionen Menschen ihre Gesetze und ihre Weltanschauungen aufdrängen würden. Der Klerus wird als der 1. Stand bezeichnet, der Adel als der 2. Stand – und die Masse des französischen Volkes fordert die Regierungsgewalt für sich selbst, den 3. Stand. Das Ergebnis der blutigen Kämpfe ist im Jahr 1791 eine neue Verfassung, die Frankreich zur konstitutionellen Monarchie machte. Das ist eine Staatsform, in der der König den Weisungen eines gewählten Parlamentes unterworfen und also weder absolutistischer Alleinherrscher noch Handlanger der Kirche ist.

Bis heute ist Frankreich ein betont laizistischer Staat: In der französischen Verfassung fehlt jede Nennung einer religiösen Instanz, während die Präambel des deutschen Grundgesetzes noch von einer „Verantwortung vor Gott und den Menschen" für Staat und Politik spricht. Es hat nun durchaus Konsequenzen, wenn sich eine Verfassung auf eine Religion oder sogar auf eine bestimmte Religion beruft. Diese Konsequenzen müssen gar nicht so weit reichen wie im moslemisch-arabischen Raum, wo es heute noch Staaten gibt, die von Geistlichen geführt werden. Brisanz gewinnt jedoch beispielsweise die Frage nach der Stellung des Religionsunterrichts oder auch die Frage nach dem Stellenwert von religiösen Symbolen wie Kreuzen oder Kopftüchern in öffentlichen Räumen. Mit der Europäischen Einigung ist ganz aktuell die Frage aufgeflammt, wie eine europäische Verfassung ausgerichtet sein sollte. Einige Länder – allen voran Frankreich – stehen auf dem Standpunkt, dass Religion Privatsache sei und dass jede religiöse Ausrichtung bei dem Projekt einer europäischen Gemeinschaftsbildung nur stören könne, weil ein religiöser Konsens ausgrenzend wirke gegenüber denen, die sich zu gar keiner Religion oder nicht zur herrschenden Religion bekennen. Andere Länder wie Polen würden nur ungern auf das Bekenntnis zum Christentum in der Verfassung verzichten.

I.5.3 Laizismus und Religionsfreiheit

Hinter diesem Anliegen steht bei vielen religiösen Menschen auch heute noch die Überzeugung, dass nur religiöse Fundamente einen gerechten Staat garantieren können. Ein Blick in die atheistische Philosophie widerlegt diesen Anspruch allerdings schnell. Die politische Philosophie hat eine Vielzahl von Staatsentwürfen hervorgebracht, die auf jedes religiöse Fundament explizit verzichten können. Ein frühes Beispiel ist der Staatsentwurf Platons in seinem Dialog *Politeia,* der etwa im Jahr 347 v. Chr. entstanden ist. Die Basis des hier entworfenen Staatsmodells ist die antike Seelendreiteilungslehre, der zufolge jede menschliche Seele aus einem begehrenden, einem mutigen und einem vernünftigen Seelenteil besteht. Die Gewichtung der jeweiligen Teile bestimmt dann den Stand, zu dem der Mensch gehört. Im

Krieger überwiegt der mutige Seelenteil, bei den Bauern und Kaufleuten der begehrende Seelenteil und beim Philosophen der vernünftige Seelenteil. Ein gerechter Staat entsteht nach Platon nun, wenn jeder ‚das Seine' tun kann. Bauern und Kaufleute vermehren ihren Besitz, die Krieger beschützen die Gemeinschaft, und die ‚Philosophenkönige' führen die Herrschaft, weil sie als besonders vernunftbegabte Menschen dazu besonders in der Lage sind. Auf jedes Gottesgnadentum zur Legitimation von Herrschaft kann Platons Staatsentwurf also verzichten. Ja, gegenüber den herrschenden Göttermythen greift Platon sogar zensierend ein. Nach Platon muss es aus pädagogischen Gründen verboten werden, dass die Heranwachsenden seines idealen Staates Göttererzählungen zu hören bekommen, in denen die Götter Unmoralisches tun. Weitere Beispiele für konsistente philosophische Staatsentwürfe ohne jedes religiöse Fundament finden sich im *Leviathan* von Thomas Hobbes, und dann natürlich im weiten Umfeld von Sozialismus und Marxismus-Leninismus (vgl. II./III.[A] 1.3).
Es steht heute außer Frage, dass Staaten ohne eine explizite Ausrichtung auf eine Religion gerechte, menschenwürdige und funktionierende Staaten sein können. Eine ganz spezielle Bedingung müssen sie allerdings erfüllen: Sie müssen aller laizistischen Grundausrichtung zum Trotz das Recht auf freie Religionsausübung und freie Religionswahl gewährleisten. Sobald ein laizistisch oder atheistisch orientierter Staat sich einer bestimmten Religion oder den Religionen feindlich gegenüberstellt, wird der Staat zum Unrechtsstaat. Das zeigt das Beispiel des Nationalsozialismus mit brutaler Drastik. Das nationalsozialistische Verbrecherregime duldete gar nichts neben sich. Vor allem Menschen jüdischen Glaubens bezahlten den Fanatismus des Nationalsozialismus mit ihrem Leben. Aber auch bekennende Christen bleiben nicht ungeschoren. Das Christentum stellt als in sich relativ geschlossene Weltanschauung eine Konkurrenz zum Nationalsozialismus dar, zumal es jedes Ermorden von Menschen unmissverständlich als Todsünde strikt verbietet. Das Beispiel des Nationalsozialismus soll eines verdeutlichen: Wie auch immer die Debatte um die Präambel einer europäischen Verfassung ausgeht, so sollte sie doch das Recht auf freie Religionsausübung, welcher Religion auch immer, garantieren, solange die Religion nicht Handlungen einfordert, die die körperliche Unversehrtheit oder das Leben dritter gefährden.

I.5.4 ATHEISMUS UND MORAL

Neben der Politik ist die Moral ein weiteres Feld, für das nahezu alle Religionen ein Mitspracherecht, wenn nicht sogar die alleinige Definitionsmacht, beanspruchen. Ein deutliches Beispiel ist die Vehemenz, mit der manche moslemische Geistliche den gläubigen Frauen Kleidervorschriften machen. Die Katholische Kirche nimmt zu Fragen der Sexualmoral, des Weltfrieden oder der gerechten Verteilung von Gütern deutlich Stellung.

Es lässt sich nun wohl kaum bezweifeln, dass speziell das Christentum die Moralvorstellungen unserer Kultur entscheidend mitgeprägt hat. Es ist aber ebenso wenig zu bezweifeln, dass eine Religion keine notwendige Voraussetzung für Moralität ist. Atheisten oder Häretiker können durchaus moralisch wertvolle Menschen sein. Im Gegenzug ist nicht zwangsläufig jeder gläubige Mensch per se auch ein moralisches Vorbild. Von dieser trivialen Tatsache weiß schon die Bibel zu berichten: Der barmherzige Samariter ist aus der Sicht der Pharisäer ein Häretiker. Dennoch ist er der Einzige, der dem ausplünderten Reisenden hilft, nachdem zuvor schon zwei ‚Rechtgläubige' achtlos weitergegangen sind. Religion ist keine notwendige Voraussetzung für Moral. Ohne allerdings näher ins Detail zu gehen, bekennt sich Horst Groschopp als einer der Wortführer des dezidiert atheistischen Humanistischen Verbandes (vgl. II.[A] 2.5.3) beispielsweise „zu einem rein säkularen Humanismus", zu „rein ethisch begründeten Grundwerten des Lebens" und zu „einer positiven Moral".[15] Ein gutes Beispiel für eine dezidiert areligiöse Moralphilosophie enthält Arthur Schopenhauers *Preisschrift über die Grundlage der Moral* von 1840. Ein weiteres Beispiel ist der Utilitarismus von John Stewart Mill (vgl. II.[A] 2.2.3). Auf diese Texte wird im Kommentar ausführlich eingegangen. Deshalb erübrigen sich hier ausführlichere Erklärungen. Zusammenfassend lässt sich sagen: Der Atheismus ist keine geschlossene Weltanschauung. Weit verbreiteten Vorurteilen zum Trotz können atheistische Philosophen jedoch mit den Weltreligionen durchaus konkurrieren, wenn es um Fragen der sozialen Gerechtigkeit oder der Moral geht.[16] Es gibt in allen weltanschaulichen Lagern – in den religiösen wie in den atheistischen – sowohl moralische als auch unmoralische Menschen. Kein Lager sollte einem anderen den Respekt verweigern. Das sollte die grundsätzliche Ausrichtung jeder Moral jenseits aller Lager sein.

---

15 Horst Groschopp, Woran glaubt, wer nicht glaubt? Statement des Geschäftsführenden Direktors der Humanisten Akademie und stellvertretenden Bundesvorsitzenden des Humanistischen Verbandes Deutschlands zum Reformationstag 2002 in Halle/ Saale. Im Text zit. nach: Diesseits. Zeitschrift des Humanistischen Verbandes, 17. Jahrgang, 1. Quartal, Nr. 62 (2003), S. 29.

16 Weiterführende Literatur: Religionskritik in der Neuzeit, M. Weinrich (Hg.), Gütersloh 1985; Artikel: Atheismus, in: Historisches Wörterbuch der Philosophie; Oehlmüller, Dölle-Oehlmüller, Ebach, Brybylski, Philosophische Arbeitsbücher, 3. Diskurs: Religion, Paderborn 1979; Aladair C. MacIntyre, Paul Ricoer, The Religious Significance of Atheism, Columbia University Press. Im Text zit. nach: dies., Die Religiöse Kraft des Atheismus, Freiburg/München 2002.

II. TEXTE ZUM ATHEISMUS

II.1 DIE WELT UND DER MENSCH IN DER WELT AUS DER SICHT DES ATHEISMUS

II.1.1 DIE PHYSISCHE WELT

(A) 1.1.1 DIE ELEMENTENLEHRE DER VORSOKRATIKER

Es muß eine gewisse Natur vorhanden sein, entweder eine oder mehr als eine, aus welcher das übrige entsteht (...). Thales, der Urheber solcher Philosophie, nennt es Wasser (weshalb er auch erklärt, daß die Erde auf dem Wasser sei), wobei er vielleicht zu dieser Annahme kam, weil er sah, daß die Nahrung aller Dinge feucht ist (...) und daß die Samen aller Dinge feuchter Natur sind, das Wasser aber für das Feuchte Prinzip seiner Natur ist. (...) Anaximenes und Diogenes dagegen setzten die Luft als früher gegenüber dem Wasser an, (...) Hippasos und Herakleitos das Feuer, Empedokles die vier Elemente, indem er zu den genannten die Erde als viertes hinzufügt (...). Leukippos aber und sein Genosse Demokritos behaupten als Elemente das Volle und das Leere, indem sie das eine als Seiendes, das andere als Nichtseiendes benennen, nämlich das Volle und Dichte als das Seiende, das Leere und Dünne als das Nichtseiende. Deshalb behaupten sie auch, daß das Seiende um nichts mehr sei als das Nichtseiende, weil auch das Leere nicht [weniger sei] als der Körper. Dies seien die Ursachen des Seienden im Sinne des Stoffes. (...) Die Unterschiede (...) sind aber nach ihrer Ansicht drei: Gestalt, Ordnung und Lage; denn das Seiende, sagen sie, unterscheide sich nur durch Zug, Berührung und Wendung. Hiervon aber bedeutet Zug Gestalt, die Berührung Ordnung und die Wendung Lage. Es unterscheidet sich nämlich A von N durch die Gestalt, AN von NA durch die Ordnung, N von Z durch die Lage. Die Frage aber nach der Bewegung, woher denn oder wie sie in dem Seienden stattfinde, haben auch diese mit ähnlichem Leichtsinn wie die übrigen beiseite gesetzt.

Aristoteles, Metaphysik, 983b20ff., 984a5ff., 985b4ff. Im Text zit. nach: Aristoteles' Metaphysik, Bd. 1, H. Seidl (Hg.), Hamburg ^{3}1991, S. 19–29.

(A) 1.1.2 Der Ursprung der Bewegung in einer ersten unbewegten Instanz

Da nun der Wesen[17] drei waren, nämlich zwei natürliche[18] und eine unbewegte, so wollen wir nun von diesem handeln und zeigen, daß es notwendig ein ewiges unbewegtes Wesen geben muß. Denn die Wesen sind von dem Seienden das Erste, und wenn alle vergänglich sind, so ist alles vergänglich.[19] Unmöglich aber kann die Bewegung entstehen oder vergehen; denn sie war immer. Ebensowenig die Zeit, denn das Früher oder Später ist selbst nicht möglich, wenn es keine Zeit gibt. Die Bewegung ist also ebenso stetig wie die Zeit, da diese entweder dasselbe ist wie die Bewegung oder eine Affektion derselben. Stetige Bewegung aber ist einzig die Ortsveränderung, und zwar unter dieser die Kreisbewegung. (...) Es gibt etwas, das sich immer in unaufhörlicher Bewegung bewegt, diese Bewegung aber ist die Kreisbewegung. Dies ist nicht nur durch den Begriff, sondern auch durch die Sache selbst deutlich. Also ist der erste Himmel ewig.

Also gibt es auch etwas, das bewegt. Da aber dasjenige, was bewegt wird und bewegt, ein Mittleres ist, so muß es auch etwas geben, das ohne bewegt zu werden, selbst bewegt, das ewig und Wesen und Wirklichkeit ist. Auf solche Weise aber bewegt das Erstrebte und das Intelligible: es bewegt, ohne bewegt zu werden. (...) Von einem solchen Prinzip also hängen der Himmel und die Natur ab.

Aristoteles, Metaphysik, 1071b3–1072b13. Im Text zit. nach: Aristoteles' Metaphysik, Bd. 2, H. Seidl (Hg.), Hamburg ^{3}1991, S. 249–255.

(A) 1.1.3 Die Urknall-Theorie der modernen theoretischen Physik

Ende des 19. Jahrhunderts wurde von Hermann Carl Vogel in Potsdam die Technik entwickelt, mit der man (...) auf die Geschwindigkeit von Sternen schließen kann. (...) Sie scheinen sich überwiegend von uns weg zu bewegen. (...) Das ganze Weltall scheint auseinander zu fliegen. (...) Die einfache Extrapolation ergibt damit einen Anfangszeitpunkt, zu dem das gesamte Universum auf extrem kleinem Raum mit extrem hoher Dichte zusammen gepreßt gewesen sein muß. (...) Fred Hoyle wollte sich über diese Interpretation lustig machen und erfand den Namen ‚Big

---

17 Im Griechischen steht der Begriff ουσία. Dieser Begriff bezeichnet dasjenige Seiende, das nicht Eigenschaft von etwas anderem ist. Ουσια sind also Menschen, Meerschweinchen und Tische genauso wie Bäume, Sterne oder Berge. Farben beispielsweise sind jedoch nicht Ουσία.

18 Mit den ‚natürlichen Dingen' sind zum einen die vergänglichen Lebewesen und Dinge gemeint, mit denen wir tagtäglich zu tun haben, und zum anderen die Sterne, die der antiken Kosmologie als unsterbliche Lebewesen galten.

19 Gemeint ist, dass es Eigenschaften (rote Farbe z.B.) nur geben kann, solange es Wesen (z.B. ein rotes Kleid) gibt, die diese Eigenschaften haben bzw. tragen.

Bang' (...) Ich möchte hier nicht auf die bisher noch weitgehend unklare Physik des inflationären ‚Urknall-Ereignisses' eingehen. (...) Zum Abschluß möchte ich, der Idee des Garchinger Kollegen Peter Kafka folgend, die ereignisreiche Geschichte des Universums noch einmal im Zeitraffer Revue passieren lassen. Ich tue das so, daß die Zeit zwischen Urknall und jetzt (ca. 15 Millionen Jahre) in ein Jahr gepreßt wird (...). Eine Sekunde dieses Jahres entspricht dann etwa 500 Jahren Echtzeit. (...) Bereits am 19. Januar entstehen die ersten Galaxien, möglicherweise auch die Schwarzen Löcher in ihren Zentren. Die Sterne beginnen, in ihren Fusionsmägen ihre Elemente zusammenzubauen. Am 28. Januar hat die älteste, heute bekannte Galaxie ihr Licht ausgesandt. Das Maximum der Sternentstehung und des Galaxienkannibalismus ist gegen Ende März. Dann passiert Monate lang nichts weiter, als daß immer neue Generationen von Sternen immer mehr schwere Elemente zusammenbrauen, angeheizt durch Galaxienzusammenstöße und Verschmelzungen. Irgendwann Anfang September entsteht auf diese Weise auch die Sonne und mit ihr unser Planetensystem. Erstaunlicherweise wird bereits gegen Ende September erstes Leben – Blaualgen – auf der Erde gefunden, möglicherweise befruchtet durch organische Moleküle aus interstellaren Wolken. Was in den Monaten danach auf der Erde passiert, ist weitgehend unklar, es gibt Spekulationen, daß das junge Leben auf der Erde mehrfach neue Anläufe unternehmen mußte, weil es möglicherweise durch Kometeneinschläge oder das völlige Einfrieren der Erde wieder ausgelöscht wurde. Die ersten Wirbeltiere und Pflanzen entstehen jedenfalls erst in der zweiten Dezemberhälfte. Rechtzeitig zu Weihnachten sind auch der Wald, die Fische und Reptilien entstanden. Am 25. Dezember treten die ersten Säugetiere auf den Plan. Am 28. Dezember sterben die Saurier aus und machen damit Raum zur rapiden Entwicklung größerer Säugetiere, die am 30. Dezember um 20.00 Uhr ihre schwerste Prüfung in der Entstehung des Menschen hat. Der Neanderthaler, eine Seitenlinie, lebte 5 Minuten vor Mitternacht, Jesus Christus 15 Sekunden, und wir selbst – ein menschliches Leben von 100 Jahren dauert 0,2 Sekunden in diesem Maßstab – sind ein Wimpernschlag der Geschichte. Wenn wir unseren Erdball nicht innerhalb der ersten 15 Sekunden des nächsten Jahres selbst zerstören, so dauert es doch nur bis etwa 12. Januar, bis es auf der Erde zu heiß zum Leben wird, die Sonne dehnt sich im Laufe der Zeit langsam aus und das Wasser auf der Erde fängt an zu kochen. Spätestens bis dahin müssen wir also einen anderen Planeten zum Leben gefunden haben. Am 25. März wird die Milchstraße vom Andromeda-Nebel verschluckt (falls dieser nicht doch knapp vorbeischrammt) – welch wunderbarer Anblick für die Astronomen. Etwa am 6. April wird die Sonne ihren Wasserstoff verbraucht haben, sich zum Roten Riesen ausdehnen und die inneren Planeten Merkur und Venus verschlucken. Von der Erdoberfläche aus gesehen wird sie von Horizont zu Horizont reichen, aber es werden doch etwa 3000 Grad herrschen – ungefähr so heiß wie das Universum zum Zeitpunkt der Entkopplung von Strahlung und Materie war. Ob das Zufall ist?

KALENDER DES UNIVERSUMS

Jan.	1. Jan. 0.h.00	Urknall, Entstehung der Elemente H, He etc.
	1. Jan. 0.h.11	Entkopplung von Strahlung und Materie
	19. Jan.	Erste Galaxien entstehen
		Sterne erzeugen die Elemente C, N, O etc.
	28. Jan.	Älteste bekannte Galaxie
Febr.		
März	27. März	Maximum der Sternerzeugung, das Große Fressen
Apr.		
Mai		
Juni		
Juli		
....		
August		
Sept.	9. Sept.	Entstehung der Sonne und der Erde
	28. Sept.	Entstehung des Lebens, Blaualgen
Okt		
Nov.		
Dez.	16.-19. Dez.	Wirbelfossilien und Pflanzen
	20.-24. Dez.	Wald, Fische, Reptilien
	25. Dez.	Säugetiere
	28. Dez.	Aussterben der Saurier
	30. Dez. 20.h.	Entstehung des Menschen
	- 5 min	Neanderthaler
	- 15 sek.	Jesus Christus
	- **0,2 sek**	**Unser Leben**
Jan.	12. Jan.	Die Erde wird zu heiß zum Leben
Feb.		
März	25. März	Die Milchstraße wird vom Andromeda-Nebel verschluckt
April	6. April	Die Sonne bläht sich zum roten Riesen

Günter Hasinger, Die Geschichte des Universums, in: ... und Er würfelte doch! Von der Erforschung des ganz Großen, des ganz Kleinen und der ganz vielen Dinge, Hrsg. v. H. Müller Brumbhaar, H.F. Wagner im Auftrag des Bundesministeriums für Bildung und Forschung sowie der Deutschen Physikalischen Gesellschaft, Berlin 2001, S. 38–50.

II.1.2 Die transzendente Welt

(A) 1.2.1 Gott ist tot!

Der tolle Mensch. – Habt ihr nicht von jenem tollen Menschen gehört, der am hellen Vormittage eine Laterne anzündete, auf den Markt lief und unaufhörlich schrie: „Ich suche Gott! Ich suche Gott!“ – Da dort gerade Viele von Denen zusammenstanden, welche nicht an Gott glaubten, so erregte er ein grosses Gelächter. Ist er denn verloren gegangen? sagte der Eine. Hat er sich verlaufen wie ein Kind? sagte der Andere. Oder hält er sich versteckt? Fürchtet er sich vor uns? Ist er zu Schiff gegangen? ausgewandert? – so schrieen und lachten sie durcheinander. Der tolle Mensch sprang mitten unter sie und durchbohrte sie mit seinen Blicken. „Wohin ist Gott“ rief er, ich will es euch sagen! *Wir haben ihn getödtet,* – ihr und ich. Wir Alle sind seine Mörder. Aber wie haben wir diess gemacht? Wie vermochten wir das Meer auszutrinken? Wer gab uns den Schwamm, um den ganzen Horizont wegzuwischen? Was thaten wir, als wir diese Erde von ihrer Sonne losketteten? Wohin bewegt sie sich nun? Fort von allen Sonnen? Stürzen wir nicht vorwärts? Und rückwärts, seitwärts, vorwärts, nach allen Seiten? Giebt es noch ein Oben und ein Unten? Irren wir nicht wie durch ein unendliches Nichts? Haucht uns nicht der leere Raum an? Ist es nicht kälter geworden? Kommt nicht immerfort die Nacht und mehr Nacht? Müssen nicht Laternen am Vormittage angezündet werden? Hören wir noch Nichts vom Lärm der Totengräber, welche Gott begraben? Riechen wir noch Nichts von der göttlichen Verwesung? – auch Götter verwesen! Gott ist todt! Gott bleibt todt! Und wir haben ihn getödtet! Wie trösten wir uns, die Mörder aller Mörder? Das Heiligste und Mächtigste, was die Welt bisher besass, es ist unter unseren Messern verblutet, – wer wischt diess Blut von uns ab? Mit welchem Wasser können wir uns reinigen? Welche Sühnfeiern, welche heiligen Spiele werden wir erfinden müssen? Ist nicht die Grösse dieser Tat zu gross für uns? Müssen wir nicht selber zu Göttern werden, um nur ihrer würdig zu erscheinen? Es gab nie eine grössere That, – und wer nur immer nach uns geboren wird, gehört um dieser That willen in eine höhere Geschichte, als alle Geschichte es bisher war!“ Hier schwieg der tolle Mensch und sah wieder seine Zuhörer an: auch sie schwiegen und blickten befremdet auf ihn. Endlich warf er seine Laterne auf den Boden, dass sie in Stücke sprang und erlosch. „Ich komme zu früh“, sagte er dann, ich bin noch nicht in der Zeit. Diess ungeheure Ereigniss ist noch unterwegs und wandert, – es ist noch nicht bis zu den Ohren der Menschen gedrungen. Blitz und Donner brauchen Zeit, das Licht der Gestirne braucht Zeit, Thaten brauchen Zeit, auch nachdem sie gethan sind, um gesehen und gehört zu werden. Diese That ist ihnen immer noch ferner, als die fernsten Gestirne, – *und doch haben sie dieselbe gethan*!“ – Man erzählt noch, dass der tolle Mensch des selbigen Tages in verschiedene Kirchen eingedrungen sei und darin sein Requiem aeternam deo angestimmt habe. Hinausgeführt und zur Rede gesetzt, habe er immer nur noch diess entgegnet: „Was sind denn diese Kirchen noch, wenn sie nicht die Grüfte und Grabmäler Göttes sind?“

Friedrich Nietzsche, Der Tolle Mensch, in: ders., Die Fröhliche Wissenschaft, 1882, 3. Buch, S. 125. Im Text zit. nach: Kritische Studienausgabe, 14 Bde., G. Colli, M. Montinari (Hg.), München 1967–77, ^{2}1988, Bd. 3, S. 480ff.

(A) 1.2.2 Wenn es eine göttliche Instanz gibt, ist sie weder gütig noch gerecht

Da die Seuche seit Monaten wütete und ihre Opfer nicht auswählte, hatten sie schon viele Kinder sterben sehen, aber noch nie Minute auf Minute ihr Leiden verfolgt, wie sie es jetzt seit dem Morgen taten. (...) Eben zog sich das Kind mit einem Stöhnen wieder zusammen, als wäre es in den Magen gebissen worden. Während langer Sekunden blieb es so gekrümmt, von Schauern und krampfartigem Zittern geschüttelt, als würde sein zarter Leib von dem wütenden Pestwind geknickt und unter dem feurigen Atem des Fiebers zerbrochen. (...) Als der Anfall vorüber war, nahm das erschöpfte Kind mit seinen verkrampften, knochigen Armen und Beinen, die in 48 Stunden völlig abgemagert waren, im zerwühlten Bett die groteske Stellung eines Gekreuzigten ein. (...) „Die morgendliche Besserung ist nicht eingetreten, nicht wahr, Rieux?“ Rieux verneinte, jedoch halte es das Kind schon länger aus als die anderen. Da sagte Paneloux, der ein wenig zusammengesunken an der Wand lehnte, tonlos: „Wenn er sterben muß, wird er länger gelitten haben.“ (...) „Ich muß fort“, sagte Rieux. „Ich kann es nicht mehr ertragen“. Aber plötzlich verstummten die übrigen Kranken. Da merkte der Arzt, daß der Schrei des Kindes schwächer geworden war, daß er immer weiter abnahm und nun aufhörte. Ringsum fing das Klagen wieder an, aber gedämpft und wie eine fernes Echo auf den Kampf, der vollendet war. Denn er war vollendet. (...) Rieux stürmte schon hinaus. Sein Schritt war so überstürzt, sein Ausdruck so grimmig, daß Paneloux den Arm ausstreckte, um ihn zurückzuhalten, als er an ihm vorübereilte. „Aber Herr Doktor“, sagte er zu ihm. Mit derselben ungestümen Bewegung drehte Rieux sich um und warf heftig hin: „Ah! Der wenigstens war unschuldig, das wissen Sie wohl!“ Da wandte er sich ab, trat vor Paneloux durch die Tür und ging bis ans Ende des Schulhofs. Dort setzte er sich zwischen den kleinen Bäumen auf eine Bank. (...) „Warum haben Sie so zornig mit mir gesprochen?“ fragte eine Stimme hinter ihm. „Auch ich fand den Anblick unerträglich.“ Rieux wandte sich Paneloux zu: „Sie haben recht“, sagte er. „Verzeihen Sie mir. Aber die Übermüdung ist eine Art Wahnsinn. Und es gibt Zeiten in dieser Stadt, da ich nur mehr meine Empörung spüre.“ „Ich verstehe“, sagte Paneloux. „Es ist empörend, weil es unser Maß übersteigt. Aber vielleicht sollten wir lieben, was wir nicht begreifen können.“ Rieux richtete sich mit einem Schlag auf. Mit der ganzen Kraft und Leidenschaft, derer er fähig war, schaute er Paneloux an und schüttelte den Kopf. „Nein, Pater“, sagte er. „Ich habe eine andere Vorstellung von der Liebe. Und ich werde mich bis in den Tod hinein weigern, die Schöpfung zu lieben, in der Kinder gemartert werden.“

Albert Camus, La Peste, Paris 1947. Im Text zit. nach: ders., Die Pest, Hamburg 1958, S. 139–143.

(A) 1.2.3 Falls ein Gott die Welt geschaffen haben sollte, war er ein Stümper!

Ein Engländer, der dringend eine gestreifte Hose für die Silvesterfeier braucht, begibt sich zu seinem Schneider, der seine Maße nimmt. „So, das wäre geschafft, kommen sie in vier Tagen wieder, dann ist sie fertig“. Gut. Vier Tage später. „Sorry, kommen Sie in acht Tagen wieder, der Hosenboden ist mißlungen.“ Acht Tage später. ‚Bedaure sehr, kommen Sie in zehn Tagen wieder, die Schrittnaht ist mißlungen.“ Zehn Tage später. „Tut mir leid, kommen Sie in vierzehn Tagen wieder, der Schlitz ist mißglückt.“ „Gut, wenn’s denn sein muß, ein schöner Schlitz muß sitzen. (…) Kurzum, die Maiglöckchen blühten schon, und der verpatzt die Knopflöcher. „Goddam, Sir, nein, das ist wirklich unverschämt, so was! In sechs Tagen, hören Sie, in sechs Tagen hat Gott die Welt erschaffen! Ja, mein Herr, jawohl mein Herr, sage und schreibe die *WELT*! Und Sie, Sie schaffen es nicht, mir in drei Tagen eine Hose zu nähen! „Aber Milord! Milord! Sehen Sie mal *(verächtliche Geste, angeekelt)* die Welt an … *(Pause)* und sehen Sie da *(selbstgefällig und voller Stolz)* meine *HOSE*!

Samuel Beckett, Endspiel. Im Text zit. nach: Spectaculum, Bd. 2, Frankfurt 1982, S. 17f.

II.1.3 Die Menschenwelt

(A) 1.3.1 Nur proletarische Ehen können auf Liebe gegründet sein

Die bürgerliche Eheschließung unserer Tage ist doppelter Art. In katholischen Ländern besorgen nach wie vor die Eltern dem jungen Bürgerssohn eine angemessene Frau (…) In protestantischen Ländern dagegen ist (…) dem Bürgersohn erlaubt (…), sich aus seiner Klasse eine Frau (…) auszusuchen. (…) In beiden Fällen aber wird die Heirat bedingt durch die Klassenlage der Beteiligten und ist insofern stets Konvenienzehe. Diese Konvenienzehe schlägt in beiden Fällen oft genug um in krasseste Prostitution – manchmal beider Teile, weit gewöhnlicher der Frau, die sich von der gewöhnlichen Kurtisane nur dadurch unterscheidet, daß sie ihren Leib nicht als

Lohnarbeiterin zur Stückarbeit vermietet, sondern ihn ein für allemal in die Sklaverei verkauft.

Wirkliche Regel im Verhältnis zur Frau wird die Geschlechtsliebe (...) im Proletariat. (...) Hier fehlt alles Eigentum, zu dessen Bewahrung und Vererbung ja gerade die Monogamie und die Männerherrschaft geschaffen wurden. (...) Und vollends seitdem die große Industrie die Frau aus dem Haus auf den Arbeitsmarkt in die Fabrik versetzt hat und sie oft genug zur Ernährerin der Familie macht, ist dem letzten Rest der Männerherrschaft in der Proletarierwohnung aller Boden entzogen (...) Die Frau hat das Recht der Ehetrennung tatsächlich wieder erhalten, und wenn man sich nicht vertragen kann, geht man lieber auseinander. (...)

Nun gehen wir einer gesellschaftlichen Umwälzung entgegen, wo die bisherigen ökonomischen Grundlagen der Monogamie (...) ganz verschwinden. Durch Verwandlung (...) der Produktionsmittel in gesellschaftliches Eigentum wird diese ganze Vererbungssorge auf ein Minimum reduziert. (...) Die Pflege und Erziehung der Kinder wird öffentliche Angelegenheit; die Gesellschaft sorgt für alle Kinder gleichmäßig, seien sie eheliche oder uneheliche. (...) Die volle Freiheit der Eheschließung kann also erst dann allgemein durchgeführt werden, wenn die Beseitigung der kapitalistischen Produktion und der durch sie geschaffenen Eigentumsverhältnisse alle die ökonomischen Nebenrücksichten entfernt hat, die jetzt noch einen so mächtigen Einfluß auf die Gattenwahl hat. Dann bleibt eben kein andres Motiv mehr als die gegenseitige Zuneigung.

Friedrich Engels, Die Familie, in: ders., Der Ursprung der Familie, des Privateigentums und des Staates, 1884. Im Text zit. nach: Karl Marx. Friedrich Engels. Werke, Hrsg. v. Institut für Marxismus-Leninismus beim ZK der SED, Berlin 1962, Bd. 21, S. 72–77.82.

(A) 1.3.2 Die Entstehung des Staates aus dem Krieg aller gegen alle

Die Natur hat die Menschen sowohl hinsichtlich der Körperkräfte wie der Geistesfähigkeiten untereinander gleichmäßig begabt; und wenngleich einige mehr Kraft oder Verstand als andere besitzen, so ist der hieraus entstehende Unterschied im ganzen betrachtet dennoch nicht so groß, daß der eine sich diesen oder jenen Vorteil versprechen könnte, welchen der andere nicht auch zu erhoffen berechtigt sei. Bezüglich der körperlichen Kraft wird man gewiß selten einen so schwachen Menschen finden, der nicht durch List oder in Verbindung mit anderen, die mit ihm in gleicher Gefahr sind, auch den stärksten töten könnte. (...) Hierauf gründet sich auch die Hoffnung, die ein jeder zur Befriedigung seiner Wünsche hegt. Sooft daher zwei ein und dasselbe wünschen, dessen sie aber beide nicht zugleich teilhaftig werden können, so wird einer des anderen Feind, und um das gesetzte Ziel, welches mit der Selbsterhaltung immer verbunden ist, zu erreichen, werden beide danach trachten, sich den anderen entweder unterwürfig zu machen oder ihn zu töten. (...) Hieraus ergibt sich, daß ohne eine einschränkende Macht der Zustand der Menschen ein solcher sei, wie er zuvor beschrieben wurde, nämlich ein Krieg aller gegen alle. (…) Da findet sich kein Fleiß, weil kein Vorteil davon zu erwarten ist; es gibt keinen Ackerbau, keine Schiffahrt, keine bequemen Wohnungen, keine Werkzeuge höherer Art, keine Ländererkenntnis, keine Zeitrechnung, keine Künste, keine gesellschaftlichen Verbindungen; statt dessen ein tausendfaches Elend; Furcht, gemordet zu werden, stündliche Gefahr, ein einsames, kümmerliches, rohes und kurz dauerndes Leben. (…)

Die Vernunft aber liefert uns einige zum Frieden führende Grundsätze (…) Weil nun (…) die Menschen sich in dem Zustande des Krieges aller gegen alle befinden, (…) folgt, daß im Naturzustande alle ein Recht auf alles, die Menschen selbst nicht ausgenommen, besitzen. Solange daher dieses Recht gilt, wird keiner, sollte er auch der Stärkste sein, sich für sicher halten können. Also ist folgendes eine Vorschrift oder allgemeine Regel der Vernunft: *suche Frieden, solange nur Hoffnung darauf besteht* (…) Aus diesem ersten natürlichen Gesetze ergibt sich das zweite: *sobald seine Ruhe und Selbsterhaltung gesichert ist, muß auch jeder von seinem Rechte aus alles – vorausgesetzt, daß andere auch dazu bereit sind – abgehen und mit der Freiheit zufrieden sein, die er den übrigen eingeräumt wissen will.* Solange er sich aber das Recht, alles zu tun, was er will, vorbehält, dauert auch der Krieg; weigern sich indes die übrigen, ihren Rechten auf alles zu entsagen, so darf er auch von seinen nicht abgehen. (…) Entsagt jemand seines Rechtes, oder überträgt er es einem anderen, so nimmt man an: er tue es, um von jenem wieder ein anderweitiges Recht oder irgendeinen Vorteil zu erhalten; denn ersterer übertrug es freiwillig, und diese Freiwilligkeit muß immer etwas Gutes für ihn selbst zum Ziel haben. (…) Eine wechselseitige Übertragung des Rechtes wird *Vertrag* genannt. (…)

Nun ist (…) für die beständige Dauer der Eintracht außer den Verträgen noch etwas mehr erforderlich …, nämlich eine allgemeine Macht, die jeder einzelne fürchtet und nach deren Anordnung er bei seinen Handlungen das allgemein Beste vor Augen haben muß. Um aber eine allgemeine Macht zu gründen, unter deren Schutz gegen auswärtige und innere Feinde die Menschen bei dem ruhigen Genuß der Früchte ihres Fleißes und der Erde ihren Unterhalt finden können, ist der einzig mögliche Weg folgender: jeder muß alle seine Macht oder Kraft einem oder mehreren Menschen übertragen, wodurch der Wille aller gleichsam auf einen Punkt vereinigt wird, so daß dieser eine Mensch oder diese eine Gesellschaft eines jeden einzelnen Stellvertreter werde. (…) Dies macht das Wesen eines Staates aus, dessen Definition folgende ist: *Staat ist eine Person, deren Handlungen eine große Menge Menschenkraft der gegenseitigen Verträge eines jeden mit einem jeden als ihre eigenen ansehen, auf daß diese nach ihrem Gutdünken die Macht aller zum Frieden und zur gemeinschaftlichen Verteidigung anwende.*

Thomas Hobbes, Leviathan, 1651. Im Text zit. nach: Stuttgart 1970, 1980, S. 112–116.154ff.

(A) 1.3.3 Die Einheit der Völker im Klassenkampf

Die Geschichte aller bisherigen Gesellschaft ist die Geschichte von Klassenkämpfen. Freier und Sklave, Patrizier und Plebejer, Baron und Leibeigener, Zunftbürger und Gesell, kurz, Unterdrücker und Unterdrückte standen in stetem Gegensatz zueinander, führten einen ununterbrochenen, bald versteckten, bald offenen Kampf (...).

In den früheren Epochen der Geschichte finden wir fast überall eine (...) mannigfaltige Abstufung der gesellschaftlichen Stellungen (...). Unsere Epoche, die Epoche der Bourgeoise, zeichnet sich jedoch dadurch aus, daß sie die Klassengegensätze vereinfacht hat. Die ganze Gesellschaft spaltet sich (...) in zwei große einander direkt gegenüberstehende Klassen – Bourgeoise und Proletariat (...).

Die Bourgeoise hat in der Geschichte eine höchst revolutionäre Rolle gespielt. Die Bourgeoise, wo sie zur Herrschaft gekommen, hat alle feudalen, patriarchalischen, idyllischen Verhältnisse zerstört. Sie hat (...) kein anderes Band zwischen Mensch und Mensch übrig gelassen, als das nackte Interesse, als die gefühllose ‚baare Zahlung'. (...) Das Bedürfnis nach einem stets ausgedehnteren Absatz für ihre Produkte jagt die Bourgeoise über die ganze Erdkugel. (...) Die Bourgeoise hat (...) zum großen Bedauern der Reaktionäre den nationalen Boden der Industrie unter den Füßen weggezogen. (...) An die Stelle der alten, lokalen und nationalen Selbstgenügsamkeit und Abgeschlossenheit tritt ein allseitiger Verkehr, eine allseitige Abhängigkeit der Nationen voneinander. (...) Die nationale Einseitigkeit und Beschränktheit wird mehr und mehr unmöglich (...).

Unter unseren Augen geht eine ähnliche Bewegung hervor. (...) In demselben Maß, worin sich die Bourgeoise, d.h. das Kapital entwickelt, in demselben Maße entwickelt sich das Proletariat, die Klasse der modernen Arbeiter. (...) Die Lebensbedingungen der alten Gesellschaft sind schon vernichtet in den Lebensbedingungen des Proletariats. Der Proletarier ist eigenthumslos; sein Verhältnis zu Weib und Kind hat nichts mehr gemein mit dem bürgerlichen Familienverhältnis; die moderne industrielle Arbeit, die moderne Unterjochung unter das Kapital, dieselbe in England wie in Frankreich, in Amerika wie in Deutschland, hat ihm allen nationalen Charakter abgestreift (...).

Die wesentliche Bedingung für die Existenz und für die Herrschaft der Bourgeoisklasse ist die Anhäufung des Reichtums in den Händen von Privaten, die Bildung und Vermehrung des Kapitals. Die Bedingung des Kapitals ist die Lohnarbeit. Die Lohnarbeit beruht ausschließlich auf der Konkurrenz der Arbeiter unter sich. Der Fortschritt (...) setzt an die Stelle der Isolierung der Arbeiter durch die Konkurrenz ihre revolutionäre Vereinigung durch die Association. (...).

Die Kommunisten (...) vertreten in der gegenwärtigen Bewegung zugleich die Zukunft der Bewegung. (...) Die Kommunisten unterstützen überall jede revolutionäre Bewegung gegen die bestehenden gesellschaftlichen und politischen Zustände. In all diesen Bewegungen heben sie die Eigentumsfrage (...) als die Grundfrage der Bewegung hervor. Die Kommunisten arbeiten endlich überall an der Verbindung und Verständigung der demokratischen Parteien aller Länder. Die Kommunisten verschmähen es, ihre Ansichten und Absichten zu verheimlichen. Sie erklären es offen, daß ihre Zwecke nur erreicht werden können durch den gewaltsamen Umsturz aller bisherigen Gesellschaftsordnungen. Mögen die herrschenden Klassen vor einer Kommunistischen Revolution zittern. Die Proletarier haben nichts zu verlieren als ihre Ketten. Sie haben eine Welt zu gewinnen. *Proletarier aller Länder vereinigt Euch!*

Karl Marx, Manifest der Kommunistischen Partei, London 1848, S. 1–7.10f.,

II.1.4 DAS MENSCHENBILD

(A) 1.4.1 DIE STELLUNG DES MENSCHEN IN DER HIERARCHIE DES LEBENDIGEN

Daß die herrschenden Vorstellungen von der absoluten Beständigkeit und übernatürlichen Schöpfung der organischen Arten tiefer denkende Forscher nicht befriedigen konnte, ist leicht einzusehen. (…) Allen voran war unser größter Dichter und Denker *Wolfgang Goethe* (…) zu der klaren Einsicht in den inneren Zusammenhang aller organischen Formen und zu der festen Überzeugung eines gemeinsamen natürlichen Ursprungs gelangt. In seiner berühmten ‚Metamorphose der Pflanzen' (1790) leitete er alle verschiedenen Formen der Gewächse von einer Urpflanze ab und alle verschiedenen Organe derselben von einem Urorgane, dem Blatt. In seiner Wirbeltheorie des Schädels versuchte er zu zeigen, daß die Schädel aller verschiedenen Wirbeltiere – mit Inbegriff des Menschen! – in gleicher Weise aus bestimmten geordneten Knochengruppen zusammengesetzt seien, und daß diese letzteren nichts anderes seien als umgebildete Wirbel. Gerade seine eingehenden Studien über vergleichende Osteologie hatten *Goethe* zu der festen Überzeugung von der Einheit der Organisation geführt: er hatte erkannt, daß das Knochgerüst des Menschen nach demselben Typus zusammengesetzt sei wie das aller übrigen Wirbeltiere. (…) Die Umbildung oder Transformation läßt *Goethe* durch die beständige Wechselwirkung von zwei gestaltenden Bildungskräften geschehen, einer inneren Zentripetalkraft des Organismus, dem ‚Spezifikationstrieb', und einer äußeren Zentrifugalkraft, dem Variationstrieb oder der ‚Idee der Metamorphose'; erste entspricht dem, was wir heute *Vererbung*, letztere dem, was wir *Anpassung* nennen. (…)
Den ersten eingehenden Versuch zu einer wissenschaftlich Begründung des Transformismus unternahm im Beginne des neunzehnten Jahrhunderts der große französische Naturphilosoph *Jean Lamarck* . (…) 1809 in den zwei Bänden seines tiefsinnigsten Werkes, der Philosophie Zoologique (…) führte *Lamarck* zum ersten Male – gegenüber dem herrschenden Speziesdogma – den richtigen Gedanken aus, daß die organische ‚Art oder Species' eine *künstliche Abstraktion* sei, ein Begriff von relativem Werte, ebenso wie die übergeordneten Begriffe der Gattung, Familie, Ordnung und Klasse. Er behauptete ferner, daß alle Arten veränderlich und im Laufe sehr langer Zeiträume aus älteren Arten durch Umbildung entstanden seien. Die gemein-

samen Stammesformen, von denen dieselben abstammen, waren ursprünglich ganz einfache und niedere Organismen; die ersten und ältesten erstanden durch Urzeugung. Während durch *Vererbung* innerhalb der Generationen der Typus sich beständig erhält, werden andererseits durch *Anpassung*, durch Gewohnheit und Übung der Organe, die Arten allmählich umgebildet. Auch unser menschlicher Organismus ist auf dieselbe natürliche Weise durch Umbildung aus einer Reihe von affenartigen Säugetieren entstanden. Für alle diese Vorgänge, wie überhaupt für alle Erscheinungen in der Natur und im Geistesleben, nimmt *Lamarck* ausschließlich *mechanische,* physikalische und chemische Vorgänge als wahre, bewirkende Ursachen an (...). Kein anderer von den zahlreichen großen Geisteshelden dieses merkwürdigen Zeitraums hat in einem einzigen klassischen Werke einen so gewaltigen, so tiefgehenden und so umfassenden Erfolg erzielt, wie *Darwin* 1859 mit seinem berühmten Hauptwerk: ‚Über die Entstehung der Arten im Tier- und Pflanzenreich durch natürliche Züchtung oder Erhaltung der vervollkommneten Rassen im Kampfe ums Dasein'. (...) Darwin hatte aber nicht allein das große Verdienst, die allgemeinen Ergebnisse der verschiedenen biologischen Forschungskreise in dem gemeinsamen Brennpunkte des Deszendenzprinzips zu sammeln und dadurch einheitlich zu erklären, sondern er entdeckte auch in dem *Selektionsprinzip* jene direkte Ursache der Transformation, welche *Lamarck* noch gefehlt hatte. Indem *Darwin* als praktischer Tierzüchter die Erfahrungen der künstlichen Zuchtwahl auf die Organismen im freien Naturzustand anwendete und in dem *‚Kampf ums Dasein'* das auslesende Prinzip der natürlichen Zuchtwahl entdeckte, schuf er seine bedeutungsvolle Selektionstheorie, den eigentlichen *Darwinismus. (...)* Der weitschauende Begründer der Abstammungslehre, *Lamarck*, hatte schon 1809 richtig erkannt, daß dieselbe allgemeine Geltung besitze, und daß also auch der *Mensch,* als das höchstentwickelte Säugetier, von demselben Stamme abzuleiten sei wie alle anderen Mammalien, und diese weiter hinauf von demselben älteren Zweige des Stammbaumes wie die übrigen Wirbeltiere. Er hatte auch schon auf die Vorgänge hingewiesen, durch welche die *Abstammung des Menschen vom Affen*, als dem nächstverwandten Säugetiere, wissenschaftlich erklärt werden könnte. *Darwin*, der naturgemäß zu derselben Überzeugung gelangt war, ging in seinem Hauptwerk (1859) über diese anstößigste Folgerung seiner Lehre absichtlich hinweg und hat dieselbe erst später (1871) in seinem Werke über ‚Die Abstammung des Menschen und die geschlechtliche Zuchtwahl' geistreich ausgeführt. Inzwischen aber hatte schon sein Freund *Huxley* (1863) jenen wichtigen Folgeschluß der Abstammungslehre sehr scharfsinnig erörtert in seiner berühmten kleinen Schrift über die ‚Zeugnisse für die Stellung des Menschen in der Natur'. An der Hand der vergleichenden Anatomie und Ontogenie und gestützt auf die Tatsachen der Paläontologie zeigte *Huxley*, daß ‚die Abstammung des Menschen vom Affen' eine notwendige Konsequenz des Darwinismus sei, und daß eine andere wissenschaftliche Erklärung von der Entstehung des Menschengeschlechtes überhaupt nicht gegeben werden könne. (...) Als weitere Forderung dieser *Pithekoidentheorie* (oder ‚Affenabstammungslehre' des Menschen) ergab sich die schwierige Aufgabe, nicht nur die nächstverwandten *Säugetier-Ahnen* des Menschen zu erforschen, sondern auch die lange Reihe der älteren tierischen Vorfahren. (...) Für unsere *monisti-*

sche Philosophie ist es übrigens zunächst ziemlich gleichgültig, wie sich im einzelnen die Stufenreihe unserer tierischen Vorfahren noch sicherer feststellen lassen wird. Für sie bleibt als *sichere historische Tatsache* die folgenschwere Erkenntnis stehen, daß *der Mensch zunächst vom Affen abstammt*, weiterhin von einer langen Reihe niederer Wirbeltiere.

Ernst Haeckel, Unsere Stammesgeschichte, in: ders., Die Welträtsel, Leipzig 1899, [11]1919. Im Text zit. nach: Stuttgart 1984, (S. 97–118) S. 104–114.

(A) 1.4.2 Das menschliche Gehirn als das Spezifikum des Mensch-Seins

Was das Leben und was der Tod des Menschen ist, kann die naturwissenschaftliche Medizin nicht von sich aus bestimmen. Als Erfahrungswissenschaft geht sie auch für ihre Aufgabe der Todesfeststellung von vorgefundenen Gegebenheiten aus. Diese zeigen ihr den einzelnen Menschen als einen geistbegabten Organismus. Bei näherer Betrachtung zeigt sich [das Folgende:]. (1) Das Leben verwirklicht sich in stufenförmig angeordneten Einheiten. Dazu gehören zum Beispiel die Zellen als kleinste Einheiten selbständig möglichen Lebens, aber auch die Organismen – die einzelnen Lebewesen. Die Rangordnung der Lebenseinheiten bringt mit sich, daß die übergeordnete die untergeordneten, aber nicht immer die untergeordnete die übergeordneten Einheiten voraussetzt: Es gibt kein lebendes Organ ohne lebende Zellen und ohne lebende Gewebe, aber Zellen, Gewebe und Organe können wenigstens vorübergehend außerhalb und damit unabhängig von einem Organismus leben. (2) Der Tod läßt sich biologisch nur als Verlust der Lebensmerkmale kennzeichnen. Daher unterscheiden sich die Todeszeichen je nach betroffener Lebenseinheit: Ein Organismus endet nicht erst mit dem Tod seiner letzten Zelle. Seine verschiedenen Teile können ihn je nach Umständen verschieden lang überleben. (3) Nur der Organismus ist das Lebe-Wesen selbst. Er ist als übergeordnete Einheit, als das Ganze, etwas Eigenes und nicht nur die bloße Summe seiner Bestandteile. Diese sind nur um seinetwillen da und werden mit ihren einzelnen Tätigkeiten und ihren Wechselbeziehungen erst durch die Ordnung vom Ganzen her und durch die Zielsetzung auf das Ganze hin zur Einheit, zum Organismus, zum Lebewesen. (4) Die Lebensmerkmale des Organismus hängen bei den höheren Lebewesen, somit auch beim Menschen, von der Hirntätigkeit ab. (...) Beim Menschen schließlich ist für sein Leben in dieser Welt das Gehirn die notwendige und unersetzliche körperliche Grundlage für alles, was an ihm geistig ist. Geist meint hier alles, was den Menschen grundlegend von jedem anderen Lebewesen unterscheidet; so verstanden gehören dazu auch die Seele und die Person, wenn und wie auch immer man sie vom menschlichen Geist unterscheidet. Diese Bedeutung des Gehirns hängt nicht davon ab, ob der Mensch (nach der dualistischen Vorstellung) aus Körper und Geist wie aus zwei Teilen zusammengesetzt ist, oder (nach der monistischen Auffassung) eine Einheit von Körper

und Geist darstellt. Denn in dieser Welt kann der Geist, kann die Seele, kann die Person nicht ohne Gehirn wirken.
[Daraus lässt sich Folgendes schließen:] Der einzelne Mensch verliert demnach durch den Tod seines Gehirns die Merkmale seines Daseins als geistbegabter Organismus. Hirntod besagt zunächst, daß das gesamte Gehirn abgestorben ist. (...) Biologisch ist mit dem vollständigen und endgültigen Ausfall der gesamten Hirntätigkeit die selbständige, selbstbestimmende, aus inneren Gründen selbsttätige Lebenseinheit und Lebensordnung des Organismus verloren, das Lebewesen zu Ende gegangen. Anthropologisch fehlt dem Menschen, dessen Hirntätigkeit vollständig und endgültig ausgefallen ist, die in dieser Welt notwendige und unersetzliche körperliche Grundlage für alles Geistige. Ein solcher Mensch kann nie mehr ein von außen oder aus seinem Innern kommende Wahrnehmung und Beobachtung machen, *verarbeiten* und beantworten, nie mehr einen Gedanken fassen, verfolgen und äußern, nie mehr eine Überlegung anstellen und mitteilen, nie mehr eine Gemütsbewegung spüren und zeigen, nie mehr eine Entscheidung treffen.

Heinz Angstwurm, Vollständiger und endgültiger Hirnausfall als sicheres Todeszeichen, in: Wann ist der Mensch tot? Organverpflanzung und ‚Hirntod'-Kriterium, J. Hoff, J. in der Schmitten (Hg.), Hamburg 1995, S. 41–50.

(A) 1.4.3 DIE GEISTESKRANKHEIT ALS DIE GRÖSSTE BEDROHUNG DER IDEELLEN EXISTENZ

Als ich kam, lag der Patient auf dem Boden neben seinem Bett und starrte eines seiner Beine an. In seinem Gesicht spiegelte sich eine Mischung aus Wut, Sorge, Verwunderung und Heiterkeit – wobei Verwunderung mit einer Spur Bestürzung überwog. Ich fragte ihn, ob er sich nicht wieder ins Bett legen wolle und ob er dabei Hilfe brauche, aber er schien aufgebracht über diese Vorschläge und schüttelte den Kopf. Also hockte ich mich neben ihn auf den Boden und bat ihn, mir seine Geschichte zu erzählen. Er war am Morgen für einige Tests in die Klinik gekommen. Er hatte über keine Beschwerden geklagt, aber die Neurologen hatten den Eindruck gewonnen, er habe ein ‚träges' linkes Bein – genauso hatten sie sich ausgedrückt – und ihm nahegelegt, zu bleiben. Den ganzen Tag über war es ihm gut gegangen, und gegen Abend war er eingeschlafen. Auch beim Aufwachen war noch alles in Ordnung gewesen – bis er sich bewegt hatte! Denn im Bett hatte er, wie er sich ausdrückte, ‚irgendein Bein' gefunden – *ein abgetrenntes menschliches Bein.* Ein entsetzlicher Fund. Er war zunächst erstarrt vor Überraschung und Ekel – so etwas Unglaubliches war ihm selbst in seinen wildesten Träumen noch nie begegnet. Vorsichtig hatte er das Bein angefaßt. Es schien ihm vollkommen geformt zu sein, hatte sich aber ‚sonderbar' und kalt angefühlt. In diesem Augenblick war ihm eine Idee gekommen: *Das Ganze war nur ein Witz*! (...) Offenbar hatte sich eine Schwester mit einem makabren Sinn für Humor in den Sezierraum geschlichen, ein Bein gestohlen und es ihm, während er fest schlief, in sein Bett gelegt. Er war sehr erleichtert über diese Erklärung gewesen, aber da er gefunden hatte, daß dieser Witz zu weit ging, hatte er das verdammte Ding aus dem Bett geworfen. Doch – in diesem Augenblick gab er den Plauderton, in dem er erzählte, auf, begann zu zittern und wurde aschfahl – *als er es aus dem Bett geworfen hatte, war er irgendwie hinterhergefallen, und jetzt war das Bein an ihm festgewachsen.*

„Sehen Sie sich das an", rief er mit vor Ekel verzerrtem Gesicht. „Haben Sie jemals so ein widerwärtiges Ding gesehen? Ich dachte immer, ein Toter wäre tot und damit basta. Aber das hier ist unheimlich. Und irgendwie – es ist gespenstisch – kriege ich es nicht ab." Er packte das Bein mit beiden Händen, versuchte mit ungewöhnlicher Kraft, es sich abzureißen, und schlug, als ihm dies nicht gelang, wütend darauf ein. „Langsam", sagte ich. „Immer mit der Ruhe! Beruhigen Sie sich. Ich würde das Bein nicht so schlagen." „Und warum nicht?" fragte er herausfordernd. „Weil es Ihr Bein ist", antwortete ich. „Erkennen Sie ihr eigenes Bein nicht?" Er sah mich ungläubig und entsetzt an, doch hinter dem Ausdruck der Verblüffung trat rasch eine Art schalkhaften Mißtrauens hervor. „Ach so", sagte er. „Sie wollen mich an der Nase herumführen. Sie stecken mit dieser Schwester unter einer Decke – aber Sie sollten Ihre Patienten nicht so an der Nase herumführen." „Ich nehme niemanden auf den Arm", antwortete ich. „Das ist Ihr Bein." Er sah meinem Gesicht an, daß ich es vollkommen ernst meinte. Blankes Entsetzen trat in seine Augen. „Das soll mein Bein sein? Meinen Sie nicht auch, daß man sein eigenen Bein erkennen sollte? (…) Wie kann so etwas zu mir gehören? Ich weiß nicht einmal, *wohin* so ein Ding gehören sollte." Seine Stimme erstarb. „Hören Sie", sagte ich, „ich glaube, es geht Ihnen nicht gut. Das beste ist, Sie legen sich wieder ins Bett. Aber eine letzte Frage möchte ich noch stellen: Wenn dies, dieses Ding, *nicht* Ihr linkes Bein ist (…), wo ist dann Ihr *echtes* linkes Bein?" Wieder wurde er blaß – so blaß, daß ich dachte, er würde in Ohmacht fallen. „Ich weiß es nicht", sagte er. „Ich habe keine Ahnung. Es ist verschwunden. Es hat sich in Luft aufgelöst. Ich kann es nirgends finden …"

Oliver Sacks, Der Mann, der aus dem Bett fiel, in: ders., The Man Who Mistook His Wife For a Hat, New York 1985. Im Text zit. nach: ders., Der Mann, der seine Frau mit dem Hut verwechselte, Übers. v. D. v. Gunsteren. Reinbeck bei Hamburg 1987, S. 84ff.

II.2 Forderungen, Strategien und Verhaltensweisen zur Auseinandersetzung mit den genannten Welten im Atheismus

II.2.1 Lehren (doctrina)

(A) 2.1.1 Die Ballade vom angenehmen Leben

(1) Da preist man uns das Leben großer Geister,
das lebt mit einem Buch und nichts im Magen
in einer Hütte, daran Ratten nagen.
Mir bleibe man vom Leib mit solchem Kleister!
Das simple Leben lebe, wer da mag!
Ich habe (unter uns) genug davon.
Kein Vögelchen von hier bis Babylon
Vertrüge diese Kost nur einen Tag.
Was hilft da Freiheit? Es ist nicht bequem!
Nur, wer im Wohlstand lebt, lebt angenehm.

(2) Die Abenteurer mit dem kühnen Wesen
Und ihrer Gier, die Haut zu Markt zu tragen,
die stets so frei sind und die Wahrheit sagen,
damit die Spießer etwas Kühnes lesen:
Wenn man sie sieht, wie das am Abend friert,
mit kalter Gattin stumm zu Bette geht
und horcht, ob niemand klatscht und nichts versteht,
und trostlos in das Jahr fünftausend stiert.
Jetzt frag ich Sie nur noch: Ist das bequem?
Nur, wer im Wohlstand lebt, lebt angenehm.

(3) Ich selber könnte mich durchaus begreifen,
wenn ich mich lieber groß und einsam sähe.
Doch sah ich solche Leute aus der Nähe,
und da sagt' ich mir: Das mußt Du Dir verkneifen.
Armut bringt außer Weisheit auch Verdruß,
und Kühnheit außer Ruhm auch bitt're Mühn.
Jetzt warst du arm und einsam, weis' und kühn,
jetzt machst Du mit der Größe aber Schluß!
Dann löst sich ganz von selbst das Glücksproblem:
Nur wer im Wohlstand lebt, lebt angenehm.

Bertolt Brecht, Die Ballade vom angenehmen Leben. Im Text zit. nach: Brecht Liederbuch, Hrsg. u. komm. v. F. Hennenberg, Frankfurt 1984, S. 75–80 (dort findet sich auch die dazugehörige Komposition von Kurt Weill abgedruckt).

(A) 2.1.2 Das Leben auf dieser Erde ist schön!

(A) I see trees of green, red roses too,
I see them bloom for me and you,
And I think to myself: What a wonderful world!

(A) I see skies of blue, and clouds of white,
The bright blessed day, the dark sacred night,
And I think to myself: What a wonderful world!

(B) The colors of the rainbow, so pretty in the sky
are also on the faces of people going by.
I see friends shaking hands, saying 'How do you do'.
They're really say'in: 'I love you!'

(A) I hear babies cry, I watch them grow.
They'll learn much more, than I'll ever know!
And I think to myself: What a wonderful world!
Yes, I think to myself: What a wonderful world!

G.D. Weiss, G. Douglas, What a Wonderful World. Im Text zit. nach: Song Buch, Hrsg. v. d. KJG-Verlagsgesellschaft, Düsseldorf 1994, Bd. 3, S. 78.

(A) 2.1.3 Die Frage nach dem Sinn stellt sich nicht, wenn das Leben nur mühselig genug ist

Die Götter hatten *Sisyphos* dazu verurteilt, unablässig einen Felsblock einen Berg hinaufzuwälzen, von dessen Gipfel der Stein von selbst wieder hinunterrollt. Sie hatten mit einiger Berechtigung bedacht, daß es keine fürchterliche Strafe gibt als eine unnütze und aussichtlose Arbeit. (...) Der Mythos ist tragisch, weil sein Held bewußt ist. (...) Heutzutage arbeitet der Werktätige sein Leben lang unter gleichen Bedingungen, und sein Schicksal ist genauso absurd. Tragisch ist es aber nur in den wenigen Augenblicken, in denen der Arbeiter bewußt wird. *Sisyphos*, der ohnmächtige und rebellische Prolet der Götter, kennt das ganze Ausmaß seiner unseligen Lage: über sie denkt er während des Abstiegs nach.
Das Wissen, das seine eigentliche Qual verursachen sollte, vollendet gleichzeitig seinen Sieg. Es gibt kein Schicksal, das durch Verachtung nicht überwunden werden kann. (...) Die niederschmetternden Wahrheiten verlieren an Gewicht, sobald sie erkannt werden. (...) Das vertreibt aus dieser Welt einen Gott, der mit dem Unbehagen und mit der Vorliebe für nutzlose Schmerzen in sie eingedrungen war. Es macht aus dem Schicksal eine menschliche Angelegenheit, die unter Menschen geregelt werden muß. Darin besteht die ganz verschwiegene Freude des *Sisyphos*. Sein

Schicksal gehört ihm. Sein Fels ist seine Sache. Ebenso läßt der absurde Mensch, wenn er seine Qual bedenkt, alle Götzenbilder schweigen. (…) Ohne Schatten gibt es kein Licht; man muß auch die Nacht kennenlernen. Der absurde Mensch sagt Ja, und seine Mühsal hat kein Ende mehr. Wenn es ein persönliches Geschick gibt, dann gibt es kein übergeordnetes Schicksal oder zumindest nur eines, das er unheilvoll und verächtlich findet. Darüber hinaus weiß er sich als Herr seiner Zeit. Gerade in dem Augenblick, in dem der Mensch sich wieder seinem Leben zuwendet (ein *Sisyphos*, der zu seinem Stein zurückkehrt), bei dieser letzten Drehung betrachtet er die Reihe unzusammenhängender Taten, die sein Schicksal werden, seine ureigene Schöpfung, die in seiner Erinnerung geeint ist und durch den Tod alsbald besiegelt wird. Überzeugt von dem rein menschlichen Ursprung alles Menschlichen, ist er also immer unterwegs – ein Blinder, der sehen möchte und weiß, daß die Nacht kein Ende hat. Der Stein rollt wieder. (…) *Sisyphos* lehrt uns die größere Treue, die die Götter leugnet und die Steine wälzt. Auch er findet, daß alles gut ist. Dieses Universum, das nun keinen Herrn mehr kennt, kommt ihm weder unfruchtbar noch wertlos vor. Jedes Gran dieses Steins, jeder Splitter dieses durchnächtigten Berges bedeutet allein für ihn eine ganze Welt. Der Kampf gegen Gipfel vermag ein Menschenherz auszufüllen. Wir müssen uns *Sisyphos* als einen glücklichen Menschen vorstellen.

Albert Camus, Der Mythos des Sisyphos, Übers. v. U. Aumüller, Hamburg 1971, S. 98–101. Im Text zit. nach: Lesebuch zur Ethik, O. Höffe (Hg.), München 1998, ^{3}2002, S. 376ff.

II.2.2 NORMEN UND GESETZE (ETHOS)

(A) 2.2.1 DAS GUTE ALS QUALITÄT DES TUNS

Es gibt nichts Gutes. Außer: Man tut es.

Erich Kästner, Moral, 1950. Im Text zit. nach: Deutsche Lyrik. H. Brode (Hg.), Frankfurt 1990, S. 339.

(A) 2.2.2 DIE MORALISCHEN IDEALE BESTÄTIGEN ALS MORAL DES ARBEITENDEN MENSCHEN DEN KOMMUNISMUS UND NICHT GOTT!

Der Marxist beschränkt sich nicht darauf, die Religion zu verneinen. Atheist zu sein bedeutet nicht einfach, keine Religion zu haben, sondern ein Mensch zu sein, der leidenschaftlich und unversöhnlich gegen alle Formen der Religion kämpft und unerschütterlich die wissenschaftliche, materialistische Erklärung der Natur und des gesellschaftlichen Lebens verficht. *Der Kommunismus befreit die Menschen von der religiösen Betäubung* .(...)

Die moralischen Ideale bestätigen den Kommunismus und nicht Gott! Beim Aufbau des Kommunismus führen wir einen beharrlichen Kampf für die Festigung der moralischen Ideale der neuen, kommunistischen Gesellschaft, einer Gesellschaft der Gerechtigkeit und der Humanität. Was aber lehrt die Religion, welche Moral verkündet sie? Die Religion möchte sich alle gesunden Normen des Zusammenlebens, alle gesunden Traditionen und Gewohnheiten zuschreiben. Doch in Wirklichkeit ist das keineswegs so. Nehmen wir zum Beispiel die bekannten Gebote wie ‚Du sollst nicht töten!', ‚Du sollst nicht stehlen!' oder ‚Du sollst Vater und Mutter ehren' und ähnliche. Hat etwa Gott diese Vorschriften erlassen? Diese Normen entnahm die Kirche der gesellschaftlichen Praxis und erhob sie in den Rang göttlicher Gebote. Außerdem machen nicht diese Gebote das Wesen der religiösen Moral aus. Wenn wir die Worthülle beiseite lassen, wird der Kern der religiösen Verkündigung ziemlich klar: Der Mensch soll sich ausschließlich um die Vorbereitung auf das ewige Leben im Jenseits kümmern und alle irdischen Interessen und Güter verachten. Religiöses Bewußtsein und religiöse Moral unterstützen Kulturlosigkeit und Unwissenheit, Heuchelei und Scheinheiligkeit. (...)

Nehmen wir die religiösen Feiertage. Bekanntlich sind sie in der Regel nicht nur mit mystischen Riten, sondern auch mit Saufereien, Schlägereien und Verletzungen der Arbeiterdisziplin verbunden. Und die Einstellung der Religion zur Arbeit? Indem sie sie als Strafe Gottes betrachtet, entwertet sie die Arbeit des Menschen und beraubt sie der Freude und Schönheit. (...) Religion ist für Kommunisten und Komsomolzen keine Privatsache. Die Partei und der Komsomol fordern von ihren Mitgliedern den Kampf gegen das religiöse Bewußtsein und die religiöse Moral. Es ist die in den Statuten festgelegte *Pflicht* jedes Kommunisten und jedes Komsomolzen, den religiösen Nebel zu vertreiben und den wissenschaftlichen Atheismus zu propagieren. (...) Welchen ungewöhnlichen Zustrom an Kräften, welche Freude spürt man, wenn man gut gearbeitet und etwas Nützliches vollbracht hat. Es ist, als ob die Sonne wärmer schiene und die Welt ringsum einem zulächelte, und in der Seele wird es leicht von so viel guten und schönen Gefühlen. Die Arbeit ist für den Menschen eine Quelle der Aufmunterung, des seelischen Auftriebs. (...) Eng und armselig ist die geistige Welt der Müßiggänger und Schmarotzer, niedrig sind ihre Interessen und Wünsche. Ein solcher Mensch ist in moralischer Hinsicht ein Krüppel, er beraubt sich der größten Freude im Leben, er betrügt nicht nur die Gesellschaft, sondern vor allem sich selbst.

G. Ch. Schachnasarow, A. D. Boborykin, J. A. Krassin, W. W. Suchodejew, O. N. Pissarshewski, Обществоведение. Im Text zit. nach: Was ist Kommunismus? Übers. v. H. Bentzien, Berlin 1974, S. 165–172.

(A) 2.2.3 Moralisch handelt, wer das grösste Glück der grössten Zahl befördert

Die Natur hat die Menschheit unter die Herrschaft zweier souveräner Gebieter – *Leid* und *Freude* – gestellt. Es ist an ihnen allein aufzuzeigen, was wir tun sollen, wie auch zu bestimmen, was wir tun werden. Sowohl der Maßstab für Richtig und Falsch als auch die Kette der Ursachen und Wirkungen sind an ihrem Thron festgemacht. Sie beherrschen uns in allem, was wir denken: jegliche Anstrengung, die wir auf uns nehmen können, um unser Joch von uns zu schütteln, wird lediglich dazu dienen, es zu beweisen und zu bestätigen. (...) Das *Prinzip der Nützlichkeit* erkennt dieses Joch an und übernimmt es für die Grundlegung jenes Systems, dessen Ziel es ist, das Gebäude der Glückseligkeit durch Vernunft und Recht zu errichten. (...) Unter dem Prinzip der Nützlichkeit ist jenes Prinzip zu verstehen, das schlechthin jede Handlung in dem Maß billigt oder mißbilligt, wie ihr die Tendenz innezuwohnen scheint, das Glück der Gruppen, deren Interesse in Frage steht, zu vermehren oder zu vermindern. (...) Ich sagte: schlechthin jede Handlung, also nicht nur jede Handlung einer Privatperson, sondern auch jede Maßnahme der Regierung. Unter Nützlichkeit ist jene Eigenschaft an einem Objekt zu verstehen, durch die es dazu neigt, Gewinn, Vorteil, Freude, Gutes und Glück hervorzubringen (dies alles läuft im vorliegenden Fall auf das gleiche hinaus) oder (was ebenfalls auch das gleiche hinausläuft) die Gruppe, deren Interesse erwogen wird, vor Unheil, Leid, Bösem oder Unglück zu bewahren. Sofern es sich bei dieser Gruppe um die Gemeinschaft im allgemeinen handelt, geht es um das Glück der Gemeinschaft; sofern es sich um ein bestimmtes Individuum handelt, geht es um das Glück dieses Individuums. (...) Von einer Handlung, die mit dem Prinzip der Nützlichkeit übereinstimmt, kann man stets entweder sagen, sie sei eine Handlung, die getan werden soll, oder zum mindesten, sie sei keine Handlung, die nicht getan werden sollte. (...)
Für eine *Anzahl* von Personen wird der Wert einer Freude oder eines Leides (...) gemäß sieben Umständen größer oder kleiner sein. [Zunächst einmal gilt für eine Anzahl von Personen dasselbe wie für ein einzelnes Individuum. Zunächst einmal zählt] nämlich (a) die *Intensität*, (b) die *Dauer,* (c) die *Gewißheit* oder *Ungewißheit,* (d) die *Nähe* oder *Ferne*, *(e)* die *Folgenträchtigkeit,* die *Reinheit* einer Freude oder eines Leides. [Im Falle einer Anzahl von Personen zusätzlich erwogen werden muss jedoch] (g) das *Ausmaß*, das heißt die Anzahl der Personen, auf die Freude oder Leid sich *erstrecken* oder (mit anderen Worten) die davon betroffen sind.
(...) Es kann nicht erwartet werden, daß dieses Verfahren vor jedem moralischen Urteil (...) streng durchgeführt werden sollte. Es mag jedoch immer im Blick sein, und je mehr sich das bei solchen Anlässen tatsächlich durchgeführte Verfahren diesem annähert, desto mehr wird sich ein solches Verfahren dem Rang eines exakten Verfahrens annähern.

Jeremy Bentham, An Introduction to the Principles and of Morals and Legislation, London 1789, Kap. 1 und Kap. 4. Im Text zit. nach: Einführung in die utilitaristische Ethik, O. Höffe (Hg.), Übers. v. A. Piper, München 1975, S. 35ff.50f.

(A) 2.2.4 Mitleid ist die natürliche Quelle von Moral

Dem Volke wird die Moral durch die Theologie begründet, als ausgesprochener Wille Gottes. (…) Gewiß läßt sich keine wirksamere Begründung der Moral denken als die theologische: denn wer würde so vermessen seyn, sich dem Willen des Allmächtigen und Allwissenden zu widersetzen? Gewiß Niemand; wenn nur derselbe auf eine ganz authentische, keinem Zweifel Raum gestattende, so zu sagen offizielle Weise verkündigt wäre. Aber diese Bedingung ist es, die sich nicht erfüllen läßt. (…) Hierzu kommt noch die Erkenntnis, daß ein bloß durch angedrohte Strafe und verheißene Belohnung zu Wege gebrachtes moralisches Handeln, mehr dem Scheine als der Wahrheit ein solches seyn würde; weil es ja im Grunde auf Egoismus beruhte (…)

Jetzt wäre zunächst die empirische Frage zu erledigen, ob Handlungen freiwilliger Gerechtigkeit und uneigennütziger Menschenliebe, die als dann bis zum Edelmuth und Großmuth gehen mag, in der Erfahrung vorkommen. (…) Ich glaube, daß es sehr Wenige seyn werden, die es bezweifeln und nicht aus eigener Erfahrung die Überzeugung haben, daß man oft gerecht handelt, einzig und allein damit dem Andern kein Unrecht geschehe, ja, daß es Leute gibt, denen gleichsam der Grundsatz, dem Andern sein Recht widerfahren zu lassen, *angeboren* ist. (…) Handlungen der besagten Art sind es (…) allein, denen man eigentlichen moralischen Werth zugesteht. Als das Eigenthümliche und Charakteristische derselben finden wir die Ausschließung derjenigen Art von Motiven, durch welche sonst alle menschlichen Handlungen hervorgerufen werden, nämlich der *eigennützigen* im wahrsten Sinne des Wortes. (…) Die Abwesenheit aller egoistischen Motivation ist also *das Kriterium einer Handlung von moralischem Wert.* (…)

Das *Wohl und Wehe,* welches jeder Handlung, oder Unterlassung, als letzter Zweck zum Grunde liegen muß, ist entweder das des Handelnden selber, oder das irgend eines Andern, bei der Handlung passiv Betheiligten. Im *ersten Falle* ist die Handlung nothwendig *egoistisch.* (…) Wenn nun aber meine Handlung ganz allein *des Andern wegen* geschehen soll; so muß *sein Wohl und Wehe unmittelbare mein Motiv* sein: so wie bei allen anderen Handlungen das *meinige* es ist. (…) Dies erfordert aber, daß ich auf irgendeine Weise *mit ihm identifiziert sei;* d.h. daß jener gänzliche *Unterschied* zwischen mir und jedem Andern, auf welchem gerade mein Egoismus beruht, wenigstens in einem gewissen Grade aufgehoben sei. Da ich nun aber doch nicht *in der Haut* des Andern stecke, so kann allein vermittels der *Erkenntniß*, die ich von ihm habe, d.h. der Vorstellung von ihm in meinem Kopf, ich mich so weit mit ihm identificieren, daß meine That jenen Unterschied als aufgehoben ankündigt.

Der hier analysierte Vorgang aber ist kein erträumter, oder aus der Luft gegriffener, sondern ein ganz wirklicher, ja, keineswegs seltener: es ist das alltägliche Phänomen des *Mitleids*, d.h. der ganz unmittelbaren *Theilnahme* zunächst am Leiden eines Andern und dadurch an der Verhinderung oder Aufhebung dieses Leidens, als worin zuletzt alle Befriedigung und alles Wohlseyn und Glück besteht. Dieses Mitleid ganz allein ist die wirkliche Basis aller *freien* Gerechtigkeit und aller *ächten*

Menschenliebe. Nur sofern eine Handlung aus ihm entsprungen ist, hat sie moralischen Werth: und jede aus irgend welchen anderen Motiven hervorgehende hat keinen. Sobald dieses Mitleid rege wird, liegt mir das Wohl und Wehe des Andern unmittelbar am Herzen, ganz in derselben Art, wenn auch nicht stets in dem selben Grade, wie sonst allein das meinige: also ist jetzt der Unterschied zwischen ihm und mir kein absoluter mehr. (...)

Es giebt überhaupt nur *drei Grund-Triebfedern* der menschlichen Handlung: und allein durch Erregung derselben wirken alle irgend möglichen Motive. Sie sind: (a) Egoismus; der das eigene Wohl will (ist gränzenlos). (b) Bosheit; die das fremde Wehe will (geht bis zur äußersten Grausamkeit). (c) Mitleid; welches das fremde Wohl will (geht bis zum Edelmuth und zur Großmuth). Jede menschliche Handlung muß auf eine dieser Triebfedern zurückzuführen seyn; wiewohl auch zwei derselben vereint wirken können.

Arthur Schopenhauer, Preisschrift über die Grundlage der Moral. Nicht gekrönt von der Königlich Dänischen Societät der Wissenschaften, zu Kopenhagen, am 30. Januar 1840. Im Text zit. nach: ders., Preisschrift über das Fundament der Moral, H. Ebeling (Hg.), Hamburg 1979, S. 9f.100ff.104ff.

(A) 2.2.5 Das Mitleid mit Tieren als schmerzempfindende Lebewesen

Gleichheit ist ein moralisches Ideal. (...) Viele Philosophen und Philosophinnen haben das Prinzip der gleichen Berücksichtigung von Interessen (...) als ein Grundprinzip vorgeschlagen; aber wie wir gleich genauer sehen werden, haben nur wenige von ihnen erkannt, daß dieses Prinzip für Mitglieder einer anderen Spezies ebenso gilt wie für unsere eigene.

Bentham war einer der wenigen, die dies erkannten. Zu einer Zeit, als schwarze Sklaven in den britischen Herrschaftsgebieten immer noch so behandelt wurden, wie wir heute nichtmenschliche Tiere behandeln (...), erhebt Bentham die Leidensfähigkeit zum entscheidenden Kriterium, aufgrund dessen einem Wesen das Recht auf gleiche moralische Rücksicht zukommt. (...) Wenn ein Wesen leidet, kann es keine moralische Rechtfertigung für die Weigerung geben, dieses Leiden zu berücksichtigen. Egal, um welche Art von Wesen es sich handelt, das Prinzip der Gleichheit verlangt, daß sein Leiden genauso zählt wie ein vergleichbares Leiden anderer Wesen. (...) Wenn ein Wesen nicht fähig ist, zu leiden bzw. zu genießen oder Glück zu erfahren, gibt es nichts zu berücksichtigen. Deshalb ist die Grenze der Empfindungsfähigkeit (...) die einzig vertretbare Grenze der Rücksicht auf die Interessen anderer. Diese Grenze durch irgendeine Eigenschaft wie Intelligenz oder Vernünftigkeit zu ersetzen, hieße, sie zufällig zu setzen. Warum dann keine andere Eigenschaft wählen, wie die Farbe der Haut? Der Rassist verletzt das Prinzip der Gleichheit, indem er den Interessen der Mitglieder der eigenen Rasse bei einem Interessenkonflikt mehr Gewicht beimißt als denen einer anderen Rasse.

Genauso setzt der Speziesist die Interessen seiner eigenen Spezies über die fundamentalsten Interessen der Mitglieder anderer Spezies. Das Muster ist in beiden Fällen dasselbe. Die meisten Menschen sind Speziesisten. Ich werde nun kurz einige der Handlungsweisen beschreiben, die das zeigen. Für die große Mehrheit menschlicher Wesen, besonders in den städtischen, industrialisierten Gesellschaften, findet der direkteste Kontakt mit Mitgliedern anderer Spezies zur Essenszeit statt: wir essen sie. Indem wir das tun, behandeln wir sie ausschließlich als Mittel zu unsern Zwecken. Wir ordnen ihr Leben und Wohlbefinden unserer Vorliebe für ein besonderes Gericht unter (...) Man kann Fleischverzehr nicht über den Bedarf nach Nahrung rechtfertigen, seitdem zweifelsfrei erwiesen ist, daß wir unseren Bedarf an Proteinen und anderen wesentlichen Nährstoffen viel effizienter mit einer Ernährung befriedigen können, die tierisches Fleisch durch Sojabohnen (...) und andere proteinhaltige vegetarische Produkte ersetzt. (...) Das Leid, das wir den Tieren zufügen, solange sie noch leben, ist ein vielleicht noch deutlicherer Hinweis auf den Speziesismus als unsere Bereitschaft, sie zu töten. (...)

Dieselbe Form der Diskriminierung findet statt, wenn an anderen Spezies experimentiert wird, ob eine bestimmte Substanz für Menschen ungefährlich ist. (...) Wäre der Forscher bereit, sein Experiment an einem verwaisten menschlichen Säugling vorzunehmen, wenn das der einzige Weg wäre, viele Leben zu retten? (...) Erwachsene Affen, Katzen, Mäuse und andere Säugetiere haben ein höheres Bewußtsein dessen, was ihnen zustößt, sowie ein höheres Selbstbewußtsein, und sind, soviel wir wissen, mindestens so schmerzempfindlich wie jeder menschliche Säugling. Es scheint keine relevante Eigenschaft menschlicher Säuglinge zu geben, die Säugetiere nicht in gleichem oder höherem Maße besitzen. Man könnte hier zu argumentieren versuchen, das Problem mit Experimenten an Säuglingen sei, daß der Säugling sich mit der Zeit weiter als ein nichtmenschliches Wesen entwickeln wird. Aber dann müßte man konsequenterweise auch Abtreibungen ablehnen. Denn der Fötus hat dasselbe Potential wie der Säugling. (...) Auf jeden Fall gibt es keinen Grund, Experimente an nicht menschlichen Wesen eher denn an Menschen mit schwerem bleibendem Hirnschaden vorzunehmen. Der Forscher zeigt also jedesmal, wenn er einen Versuch an einem nichtmenschlichen Wesen vornimmt, den er an einem Menschen auf einer gleichen oder niedrigeren Stufe der Empfindungsfähigkeit, des Bewußtseins oder der Fähigkeit zum Selbstbezug nicht ausführen würde, eine Voreingenommenheit zugunsten seiner eigenen Spezies. Keiner, der die Ergebnisse kennt, kann den leisesten Zweifel daran haben, daß, verschwände diese Voreingenommenheit, die Zahl der durchgeführten Versuche nur noch einen winzigen Bruchteil der heute durchgeführten ausmachen würde (...).

Wenn wir erst einmal fragen, warum alle Menschen – Säuglinge, geistig Behinderte, Psychopathen, Hitler, Stalin und der Rest eingeschlossen – eine bestimmte Würde oder einen Wert haben sollen, den kein Elefant, Schwein oder Schimpanse jemals erreichen kann, dann sehen wir, daß diese Frage ebenso schwierig zu beantworten ist, wie unser ursprünglicher Wunsch nach einer relevanten Tatsache, die die Ungleichheit zwischen Menschen und anderen Tieren rechtfertigt.

Peter Singer, Alle Tiere sind gleich. Im Text zit. nach: Naturethik, A. Krebs (Hg.), Frankfurt (S. 13–32) S. 19–24.28.

II.2.3 Riten, Feste und Zeremonien (cultus)

(A) 2.3.1 Das Weihnachtsfest, einmal ganz nüchtern betrachtet

Es ergab sich aber zu der Zeit,
da die Bibel ein Bestseller war,
übersetzt in mehr als zweihundert Sprachen,
daß alle Welt sich fürchtete
vor selbstgemachten Katastrophen,
Inflationen, Kriegen, Ideologien,
vor Regenwolken radioaktiv,
und Raumschiff-Flottilien,
die spurlos verglühn.
Als die Menschenmenge auf dem Weg war
ungeheuer sich vermehrend,
hinter sich die Vernichtungslager der Vergangenheit,
vor sich die Feueröfen des Fortschritts,
und alle Welt täglich
geschätzt und gewogen wurde,
ob das atomare Gleichgewicht stimmt,
hörte man sagen:
Laßt uns nach Bethlehem gehen.

Ahrmin Juhre, Begebenheit.

(A) 2.3.2 Das postmoderne Fest ohne religiösen oder nationalen Sinnkontext

Feste sind die außergewöhnlichen Momente in unserem Leben, in denen dieses selbst, ästhetisch gewandelt, vor uns tritt. Zu dem Umwandlungsprozeß von alltäglichen Lebenswirklichkeiten in ästhetisch entlastete und bereicherte Darstellungsformen gibt es *zwei klassische Deutungen*, deren Motive in der einen oder anderen Modifikation sich durchgehalten haben. (…) Die erste der genannten Auffassungen deutet das Fest *theologisch.* Präsenz und Wirksamkeit der Götter sind innerhalb des menschlichen Lebens zur Geltung zu bringen. Das geschieht in herausgehobenen

und wiederkehrenden Momenten, an denen die üblichen Geschäfte aussetzen. (…) Im Unterschied dazu könnte man die zweite der klassischen Auffassungen die *humanistische* nennen. Sie resultiert aus der Säkularisierung des theologischen Vorgängers, insofern nicht die Götter das menschliche Leben ästhetisch ins Lot bringen, sondern nunmehr das autonome Menschengeschlecht sich selbst feiert. (…) Feste gemäß den traditionellen Auffassungen erweisen ihre Vitalität, solange die entsprechenden *Rahmenbedingungen* in Kraft sind. Gesellschaften begehen die zeremoniellen Akte des ästhetisch organisierten Verkehrs mit den Göttern, (…) solange die profanen Lebensvollzüge daraufhin orientiert bleiben. Man begeht die Feiern politischer Selbstdarstellung, solange Schmuck und Inszenierung der Vergegenwärtigung jener autonom gedachten Potenzen dienen, die nach allgemeinem Verständnis das kollektive Geschick sinnhaft leiten. In dem Zeitalter jedoch, wo die Götter abgeschafft sind und der alte Glaube gestorben, stammen die aus theologischem Deutungsrahmen interpretierbaren Feste ein Kümmerdasein, wie der im Kampf mit Kommerz und Freizeit unterlegene christliche Kalender uns Jahr für Jahr demonstriert. Ebenso verlieren die dem humanistischen Ideal gewidmeten Säkularfeiern, die in der Macht politischer Überzeugungen gründeten, an wirklicher Zustimmung, wie Verfassungstage, Erinnerungen an Einheit und Widerstand etc., besonders uns Deutschen bewußt machen. (…).
In das Vakuum (…) drängt ein neues Phänomen. (…) Ersatzweise greift jene Ästhetisierung der Lebenswelt Platz, die *unter Verzicht* auf umfassende Deutungsrahmen den Alltag als solchen geradewegs ästhetisch verwandelt. Wo es nichts von der üblichen Pragmatik Abgehobenes zu feiern gibt, verschönt man, was man hat, so gut es geht. Da das Tun und Treiben, das sich ständig fortzeugt, keine Unterbrechung zuläßt, entfällt die für Feste charakteristische Gliederung des neutralen Zeitablaufs (…) Die Festtagsrequisiten, die zu besonderem Anlaß hervorgeholten Geräte, Kleider u.s.w. geben ihre Würde an beliebige Gegenstände des ästhetischen Genusses ab. (…) Meines Erachtens verbirgt sich in der modernen Tendenz zur Ästhetisierung der Lebenswelt der paradoxe Versuch, den *Alltag zum permanenten Fest* zu machen. (…) Momentane Entlastung setzt die stete Gewöhnung der Belastung voraus. Außerhalb der Mühe zweckverpflichteter Weltbewältigung wären wir gar nicht aufnahmefähig für jene seltenen Momente, in denen wir mit Sinn beschenkt werden, ohne vorher gegeben zu haben. Daß ästhetische Erfahrung sich nicht zum Normalfall eignet, zeigt der bekannte Vorgang der Übersättigung.

Rüdiger Bubner, Ästhetisierung der Lebenswelt. Im Text zit. nach: ders., Ästhetische Erfahrung, Frankfurt 1989, S. 143–155.

(A) 2.3.3 Die Jugendweihe

Liebe junge Freunde! Seid Ihr bereit, als junge Bürger unserer Deutschen Demokratischen Republik mit uns gemeinsam, getreu der Verfassung, für die große und edle Sache des Sozialismus zu arbeiten und zu kämpfen und das revolutionäre Erbe des Volkes in Ehren zu halten, so antwortet: *Ja, das geloben wir*!
Seid Ihr bereit, als treue Söhne und Töchter unseres Arbeiter-und-Bauern-Staates nach hoher Bildung und Kultur zu streben, Meister eures Faches zu werden, unentwegt zu lernen und all euer Wissen und Können für die Verwirklichung unserer großen humanistischen Ideale einzusetzen, so antwortet: *Ja, das geloben wir!*
Seid ihr bereit, als würdige Mitglieder der sozialistischen Gemeinschaft stets in kameradschaftlicher Zusammenarbeit, gegenseitiger Achtung und Hilfe zu handeln und euren Weg zum persönlichen Glück immer mit dem Kampf für das Glück zu vereinen, so antwortet: *Ja, das geloben wir*!
Seid ihr bereit, als wahre Patrioten die feste Freundschaft mit der Sowjetunion weiter zu vertiefen, den Bruderbund mit den sozialistischen Ländern zu stärken, im Geiste des proletarischen Internationalismus zu kämpfen, den Frieden zu schützen und den Sozialismus gegen jeden imperialistischen Angriff zu verteidigen, so antwortet: *Ja, das geloben wir*!

Wir haben euer Gelöbnis vernommen. Ihr habt euch ein hohes und edles Ziel gesetzt. Feierlich nehmen wir euch auf in die große Gemeinschaft des werktätigen Volkes, das unter Führung der Arbeitsklasse und ihrer revolutionären Partei, einig im Willen und im Handeln, die entwickelte sozialistische Gesellschaft in der Deutschen Demokratischen Republik errichtet. Wir übertragen euch eine hohe Verantwortung. Jederzeit werden wir euch mit Rat und Tat helfen, die sozialistische Zukunft schöpferisch zu gestalten.

Drittes Gelöbnis zur Jugendweihe (1968–1989). In: Meine Jugendweihe. Teilnehmerheft 1988/ 1989, Hrsg. v. Zentralen Ausschuß für Jugendweihe in der Deutschen Demokratischen Republik. Im Text zit. nach: Thomas Gandow, Jugendweihe. Humanistische Jugendfeier, München 1994, S. 47.

(A) 2.3.4 Die Nationalhymne und der Tag der deutschen Einheit

Einigkeit und Recht und Freiheit
Für das deutsche Vaterland –
Danach lasst uns alle streben
Brüderlich mit Herz und Hand!
Einigkeit und Recht und Freiheit
Sind des Glückes Unterpfand.
Blüh' im Glanze dieses Glückes,
Blühe deutsches Vaterland.

II.2.4 Gefühle, Hoffnung und Ästhetik (emotio)

(A) 2.4.1 Die Utopie einer Welt ohne Trennungen

(1) Imagine there's no heaven, it's easy, if you try,
no hell below us, above us only sky.
Imagine all the people living for today.
You may say, I'm a dreamer, but I'm not the only one!
I hope some day you'll join us, and the world will be as one.

(2) Imagine there's no countries, it isn't hard to do;
Nothing to kill or to die for, and no religion too.
Imagine all the people living life in peace.
You may say, I'm a dreamer, but I'm not the only one!
I hope some day you'll join us, and the world will be as one.

(3) Imagine no possessions, I wonder, if you can.
No need for greed or hunger, a brotherhood of man.
Imagine all the people sharing all the world.
You may say, I'm a dreamer, but I'm not the only one!
I hope some day you'll join us, and the world will be as one.

John Lennon, Imagine, 1971 by Lennon Music. Im Text zit. nach: Song Buch, Hrsg. v. d. KJG-Verlagsgesellschaft, Düsseldorf 1994, Bd. 4, S. 116.

(A) 2.4.2 Die sozialistische Utopie und die Freude als Lohn der Arbeit

Ich nahm es als selbstverständlich an, daß ich mich zu Hause in meinem Zimmer befände, und dachte nicht daran, mich dessen zu vergewissern. Als ich angezogen war, fand ich es so heiß, daß ich nicht nur aus der Stube, sondern auch aus dem Haus flüchtete. (…) Die Themse war da, glitzernd im Sonnenschein und mit nahezu höchstem Wasserstand wie abends zuvor, wo sie im Mondschein geglitzert hatte. (…) Zwischen den leeren Booten am Lande lag da ein Mann ausgestreckt in einem soliden aussehenden Kahn. (…) Er winkte mir zu und bot mir einen guten Morgen, als hätte er mich erwartet, und so sprang ich ohne weitere Redensarten hinein. (….) Ich wollte fragen: Ist denn dies wirklich die Themse – war aber vor Staunen sprachlos und ließ meine Augen verdutzt nochmals vorwärts nach der Brücke und von da nach den Ufergestaden Londons schweifen, und da gab's wahrlich zum Verwundern mehr als genug. Denn obwohl sich eine Brücke über den Strom spannte und Häuser am Strand standen, hatte sich doch über Nacht alles merkwürdig verändert. Die Seifensiedereien mit ihren rauchspeienden Schornsteinen waren verschwunden, die Bleiwerke fort, und der Westwind trug von Thorneycroft kein Schmiede- und Hämmergetöse mehr herüber. Und die Brücke! Geträumt haben mochte ich wohl von solch einer Brücke, aber ihresgleichen hatte ich noch nie auch nur in einem Bilder-Prachtwerk gesehen! (...) Der Ruderer bemerkte, wie ich die Augen weit aufriß, und als wolle er meine Gedanken beantworten, sagte er: „Eine hübsche Brücke, was?" (…) Fast gegen meinen Willen fragte ich „Wie alt ist sie denn?" „Oh, nicht sehr alt", erwiderte der Ruderer. „Sie ist im Jahre 2003 gebaut oder wenigstens eröffnet worden. Vorher stand nur eine einfache Holzbrücke da." Dieses Datum verschloß mir die Lippen, als wäre mir ein Schloß vorgehängt, denn ich begriff, daß etwas Unerklärliches vorgegangen war. (…) Um meine Verlegenheit zu bemänteln, sagte ich: „Fahren Sie mich jetzt gefälligst ans Ufer, ich möchte gerne frühstücken." Er nickte, drehte den Kahn mit einem scharfen Ruderstoß, und im Nu befanden wir uns wieder an der Bootlände.

Er sprang hinaus, ich folgte ihm, und es wunderte mich keineswegs, als er stehenblieb, wie um das unvermeidliche Nachspiel zu erwarten, mit welchem jeder einem Mitbürger geleistete Dienste abzuschließen pflegt. Ich steckte auch sofort die Hand in meine Westentasche und fragte „Wieviel?", obwohl ich mich des unbehaglichen Gefühls nicht erwehren konnte, daß ich mein Geld vielleicht einem Gentleman anbot. Mit erstaunter Miene fragte er zurück: „Wieviel? Ich verstehe nicht recht. Meinen Sie vielleicht die Flut? Sie muß bald um sein". Verlegen stotterte ich: „Bitte, nehmen Sie mir meine Frage nicht übel, ich wollte Sie nicht beleidigen, aber was bin ich Ihnen schuldig? Wie Sie sehen, bin ich ein Fremdling und kenne Ihre Gebräuche und Ihr Geld nicht". Damit holte ich eine Handvoll Geld aus der Tasche, wie man's in fremden Ländern zu tun pflegt. (…) Da sagte mein neuer Freund nachdenklich: „Jetzt weiß ich, was Sie meinen. Sie glauben, daß ich Ihnen einen Dienst geleistet habe, und dafür halten Sie sich für verpflichtet, mir etwas zu geben, was ich meinerseits einem Nachbarn auch nur dann zu geben habe, wenn er mir einen besonderen Dienst geleistet hat. Ich habe von so etwas gehört, aber nichts für ungut, uns erscheint das als ein recht lästiger und umständlicher Brauch. Wie Sie sehen, ist das Übersetzen und Wasserfahren mein Beruf, den ich für einen jeden ausübe, der meine Dienste wünscht; mir etwas dafür schenken zu lassen, wäre doch mehr als sonderbar. Und wenn mir erst einer etwas gibt, will es der zweite und dritte auch tun, und Sie werden mir's hoffentlich nicht verübeln, wenn ich Ihnen sage, daß ich nicht wüßte, wie ich so viel Freundschaftspfänder unterbringen sollte." (…)

Mittlerweile waren wir in einen Laden getreten, in welchem sich ein Ladentisch befand und Bretterschränke an den Wänden. (…) Ein Kinderpaar hütete das Geschäft. „Guten Morgen, ihr kleinen Nachbarn", begrüßte sie Dick. „Mein Freund hier möchte Tabak und Pfeife, könnt ihr ihm dazu verhelfen?" (…) Das Mädchen verschwand und kehrte mit einer dickbauchigen Pfeife zurück, die aus einem harten Holz kunstvoll geschnitzt und in edle Steine und Gold gefaßt war. (…) Ich nahm ihr die Pfeife aus der Hand, um sie genauer zu betrachten, (…) und fragte: „Aber was denken Sie, wie kann ich denn so etwas bezahlen?" Dick legte mir die Hand auf die Schulter, ich sah mich um und begegnete einem drolligen Ausdruck in seinen Augen, der mich vor einer neuen Offenbarung meiner verrotteten Geschäftsmoral warnte. Ich wurde feuerrot und hielt den Mund, während die Kleine mich anstarrte, als sei ich ein Fremder, der ihrer Sprache nicht mächtig sei, denn sie verstand kein Wort von dem, was ich sagte. „Meinen herzlichen Dank“, brachte ich endlich überströmend heraus, während ich die Pfeife in die Tasche steckte (…) „Oh, bitte recht sehr“, erwiderte das Mädchen (…).

Als wir wieder unterwegs waren, erkundigte ich mich, ob Kindern in den Markthallen den Leuten immer aufwarten. „Oft genug wohl“, sagte Dick, „wenn es sich nicht um schwere Gegenstände handelt, aber durchaus nicht immer. Den Kindern macht es Vergnügen, und sie lernen dabei mit einer Menge von Dingen umgehen, erfahren, woraus dieselben gemacht sind, woher sie stammen und ähnliches. Außerdem ist es eine so leichte Arbeite, daß sie ein jeder versehen kann. Ehedem sollen viele mit einem ‚Faulheit‘ genannten Erbübel behaftet gewesen sein, weil sie in gerader Linie von Leuten abstammten, die in der bösen alten Zeit gewohnt gewesen waren, andere für sich arbeiten zu lassen – von jenen Leuten, die man in den Geschichtsbüchern ‚Sklavenhalter‘ oder ‚Arbeitgeber‘ nennt. (…) Glücklicherweise sind diese Zeiten vorbei.“ (…). „Also, das ist‘ worüber ich Sie nun fragen will – nämlich, wie Sie die Leute zur Arbeit bringen, da es doch keine Belohnung für die Arbeit gibt, und namentlich, wie Sie es machen, daß die Leute fleißig arbeiten?“ „Keine Belohnung für die Arbeit?“ sagte Hammond ernst. „Die Belohnung der Arbeit ist das Leben. Ist das nicht genug?“ „Aber keine Belohnung für besonders gute Arbeit“, bemerkte ich. „Genügend Belohnung“, sagte er, „die Belohnung des Schaffens! Der Lohn, den Gott empfängt, wie die Leute sich früher ausgedrückt haben mögen. Wenn sie für die Freude des Schaffens, womit nur ausgezeichnete Arbeit gemeint ist, Belohnung verlangen, dann können wir es erleben, daß demnächst ein Gesetzentwurf zur Kindererzeugung eingebracht wird.

William Morris, News from Nowhere, 1890. Im Text zit. nach: ders., Zukunftsland Nirgendwo, in: Der Traum aller Träume. Utopien von Platon bis Morris, Berlin 1987, (S. 341–369) S. 341–356.364.

(A) 2.4.3 Die Apokalypse der normierten Gesellschaft aus dem Reagenzglas

Ein gedrungener Bau, nur vierunddreißig Stockwerke hoch. Über dem Haupteingang die Worte: *Brut- und Normzentrale Berlin-Dahlem.* Darunter, auf einer Tafel, der Wahlspruch des Weltstaates: *Gemeinschaftlichkeit, Einheitlichkeit, Beständigkeit.* (…) „Und dies“, sagte der Direktor, die Tür öffnend, „ist der Befruchtungsraum“. Dreihundert Befruchter standen über ihre Instrumente gebeugt, als der Brut- und Normdirektor den Saal betrat. (…) Eine soeben eingetroffene Gruppe sehr junger, sehr rosiger und sehr unerfahrener Studenten folgte aufgeregt und ein bißchen beklommen dem Direktor auf den Fersen. Jeder hielt ein Merkheft in der Hand, in das er, sooft der große Mann den Mund auftat, krampfhaft kritzelte. (…) Hochgewachsen und mager, aber stramm, schritt der Direktor allen voran in den Saal. (…)

„Das hier sind die Brutöfen“, sagte er mit einer schwungvollen Handbewegung. Er öffnete eine abgedichtete Tür und zeigte ihnen die vielen Gestelle voll bezifferter Reagenzgläser. (…) An die Brutöfen gelehnt, gab er den wild über die Seiten hastenden Bleistiften eine kurze Beschreibung des modernen Befruchtungs-vorganges, sprach selbstverständlich zuerst von dem operativen Eingriff – „eine freiwillig zum Gemeinwohl auf sich genommene Operation, die überdies noch mit einer Prämie in Höhe von sechs Monatsgehältern verbunden ist“ – beschrieb hierauf das Verfahren, mit dem der entnommene Eierstock am Leben und funktionstüchtig gehalten wurde (…) und wie man die (…) in ihnen enthaltenen Eier (…) in eine warme Brühe voll freischwimmender Spermatozoen tauchte. (…)

Dann kamen die befruchteten Eier zurück in die Brutöfen, wo die Alphas und Betas bis zur endgültigen Abfüllung in die Flaschen blieben, während die Gammas, Deltas und Epsilons schon nach sechsunddreißig Stunden herausgenommen und dem Bokanowskyverfahren unterzogen wurden. (…) Ein Student war so töricht zu fragen, wo der Vorteil des Bokanoswky-Verfahrens liege. „Aber, lieber Freund!“ Der Direktor drehte sich mit einem Ruck zu ihm um. (…) „Menschen einer einzigen Prägung, in einheitlichen Gruppen! Ein einziges bokanowskysiertes Ei lieferte die Belegschaft für eine kleine Fabrik. Sechsundneunzig völlig identische Geschwister bedienen sechsundneunzig völlig identische Maschinen!“ Seine Stimme bebte vor Begeisterung. (…) „In Ausnahmefällen können wir aus einem einzigen Ovar mehr als fünzehntausend Dutzlinge erzielen“. (…)

Er rieb sich die Hände. Es war klar, daß man sich nicht damit begnügte, Leibesfrüchte einfach ausreifen zu lassen; das konnte jede Kuh. „Wir prädestinieren und normen auch. Wenn wir unsere Kleinlinge entkorken, haben sie bereits ihren festen Platz in der Gesellschaft, als Alphas oder Epsilons, als künftige Kanalreiniger oder (…) „künftige Brutdirektoren“. (…) „Es geht nichts über Sauerstoff-verknappung, wenn man einen Embryo unter dem Durchschnitt halten will.“ Wieder rieb er sich die Hände. „Ja, warum wollen Sie denn den Embryo unterdurchschnittlich halten?“ fragte ein Student naiv. „Schafskopf!“ Der Direktor brach sein langes Schweigen. „Ist Ihnen denn noch nie aufgefallen, daß ein Epsilon-Embryo auch eine Epsilonumwelt, nicht nur eine Epsilonerbmasse haben muß?“ Offenbar war das dem Jungen noch nie aufgefallen. Er schämte sich. „Je niedriger die Kaste, umso weniger Sauerstoff.“ Das erste davon betroffene Organ war das Gehirn. (…) „Epsilons“, bemerkte Päppler sehr zu Recht, „brauchen keine Intelligenz“. Sie brauchen keine und bekamen auch keine. (…)

Langsam schritt der Direktor die lange Reihe der Bettchen ab. Rosig und schlafgelöst lagen achtzig kleine Mädchen und Jungen ruhig atmend da. (…) Am anderen Ende des Saales war ein Lautsprecher angebracht. Der BUND ging zu ihm hin und drehte einen Knopf „… tragen alle Grün“, begann eine leise, ungemein klare Stimme mitten im Satz, „und Deltakinder tragen Kakhi. Nein, ich mag nicht mit Deltakindern spielen. Und Epsilons sind noch schlimmer. Sie sind zu dumm zum Lesen und Schreiben. Außerdem tragen sie Schwarz, und das ist eine abscheuliche Farbe. Oh, wie bin ich froh, daß ich ein Beta bin.“ Pause. Dann begann die Stimme von

Neuem. „Alphakinder tragen Grau. Sie arbeiten viel mehr als wir, weil sie so schrecklich klug sind. Oh, wie froh bin ich, daß ich ein Beta bin und nicht so viel arbeiten muß. Wir Betas sind etwas viel Besseres als Gammas und Deltas. Gammas sind dumm. Sie tragen alle Grün, und Deltakinder tragen Kakhi. Nein, ich mag nicht mit Deltakindern spielen. Und Epsilons sind noch schlimmer. Sie sind zu dumm zum ..." Der Bund drehte den Knopf zurück. Die Stimme schwieg, nur ein dünnes Wispern geisterte unter den achtzig Kissen weiter. „Bis sie aufwachsen, werden sie es jetzt noch vierzig- bis fünfzigmal wiederholt bekommen, dann Donnerstag und Sonnabend wieder. Hundertzwanzig Wiederholungen, dreimal in der Woche, dreißig Monate lang. (...) Hypnopädie ist das beste Mittel zur Stärkung der sittlichen und sozialen Gefühle, das es je gegeben hat". Die Studenten vermerkten es in ihren Heften.

Aldous Huxley, Brave New World, London 1932. Im Text zit. nach: ders., Schöne neue Welt, Frankfurt a.M. 1953, ^{2}1981, S. 20–25.29–31.35f.42f.

II.2.5 Personen, Gemeinschaften und Institutionen (societas)

(A) 2.5.1 Der Anspruch der Partei als Wegbereiter der ‚höheren Phase' des Kommunismus

Der Staat wird dann völlig absterben, wenn die Gesellschaft den Grundsatz ‚Jeder nach seinen Fähigkeiten, jedem nach seinen Bedürfnissen' verwirklich haben wird, d.h. wenn die Menschen sich so an das Befolgen der Grundregeln des gesellschaftlichen Zusammenlebens gewöhnt haben werden und ihre Arbeit so produktiv sein wird, daß sie freiwillig *nach ihren Fähigkeiten* arbeiten werden. Der ‚enge bürgerliche Rechtshorizont', der dazu zwingt, mit der Hartherzigkeit eines Shylock[20] bedacht zu sein, nur ja nicht eine halbe Stunde länger zu arbeiten als der andere und keine geringere Bezahlung zu erhalten als der andere – dieser enge Horizont wird dann überschritten sein. (...)
Bis die[se] ‚höhere Phase' des Kommunismus eingetreten sein wird, fordern die Sozialisten die *strengste* Kontrolle seitens der Gesellschaft *und seitens des Staates* über das Maß der Arbeit und das Maß der Konsumtion, aber diese Kontrolle muß mit der Expropriation der Kapitalisten *beginnen*, mit der Kontrolle der Arbeiter über die Kapitalisten, und muß nicht durch einen Beamtenstaat durchgeführt werden, sondern durch den Staat der *bewaffneten Arbeiter.* (...) Rechnungslegung und Kontrolle – das ist das *Wichtigste*, was zum Ingangsetzen, zum richtigen Funktionieren der kommunistischen Gesellschaft in ihrer *ersten* Phase erforderlich ist. *Alle* Bürger verwandeln sich hier in entlohnte Angestellte des Staates, den die bewaffneten Ar-

[20] Figur in Shakespeares *Der Kaufmann von Venedig.*

beiter bilden. *Alle* Bürger werden Angestellte und Arbeiter *eines* das gesamte Volk umfassenden Staats-‚Syndikats'. Es handelt sich nur darum, daß sie alle in gleicher Weise arbeiten, das Maß ihrer Arbeit richtig einhalten und gleichmäßigen Lohn bekommen. (…) Wenn die *Mehrheit* des Volkes anfangen wird, selbständig und allerorts eine (…) solche Kontrolle über die Kapitalisten (die nunmehr Angestellte geworden sind) und über die Herren Intellektuellen, die kapitalistische Allüren beibehalten haben, auszuüben, dann wird diese Kontrolle eine wirklich universelle, allgemeine, durch das Volk ausgeübte Kontrolle werden, dann wird man sich ihr auf keine Weise entziehen können, dann wird man sich vor ihr ‚nirgends retten' können. Die gesamte Gesellschaft wird *ein* Büro und *eine* Fabrik mit gleicher Arbeit und gleichem Lohn sein.
Aber diese ‚Fabrik'-Disziplin, die das siegreiche Proletariat nach dem Sturz der Kapitalisten, nach Beseitigung der Ausbeuter auf die gesamte Gesellschaft erstrecken wird, ist (…) nur *Stufe (...) zum weiteren Vorwärtsschreiten.* Von dem Augenblick an, da alle Mitglieder der Gesellschaft oder wenigstens ihre übergroße Mehrheit *selbst* gelernt haben, den Staat zu regieren (…), von diesem Augenblick an beginnt die Notwendigkeit irgendeines Regierens überhaupt zu schwinden. (…) Denn wenn *alle* gelernt haben, selbständig die gesellschaftliche Produktion zu leiten und sie in der Tat leiten werden, selbständig die Rechnungslegung und die Kontrolle über die Müßiggänger, die Herrensöhnchen, die Gauner und ähnliche ‚Hüter der Traditionen des Kapitalismus' verwirklichen werden, dann wird die Umgehung dieser vom ganzen Volk durchgeführten Rechnungslegung und Kontrolle unvermeidlich so ungeheuer schwierig werden, eine so höchst seltene Ausnahme bilden und wahrscheinlich eine so rasche und ernsthafte Bestrafung nach sich ziehen (denn die bewaffneten Arbeiter sind Menschen des praktischen Lebens und keine sentimentalen Intelligenzler und werden kaum mit sich spaßen lassen), daß die *Notwendigkeit* zur Einhaltung der unkomplizierten Grundregeln für jedes Zusammenleben von Menschen sehr bald zur *Gewohnheit* werden wird. Und dann wird das Tor zum Übergang von der ersten Phase der kommunistischen Gesellschaft zu ihrer höheren Phase und damit auch zum völligen Absterben des Staates sperrangelweit geöffnet sein.

W. L. Lenin, Staat und Revolution, 1917. Im Text zit. nach: Moskau 1947, S. 81f.85ff.

(A) 2.5.2 Die Einheitspartei als Diktatur einiger weniger

Freiheit nur für die Anhänger der Regierung, nur für Mitglieder einer Partei – mögen sie noch so zahlreich sein – ist keine Freiheit. Freiheit ist immer nur Freiheit des anders Denkenden. (…) Ohne allgemeine Wahlen, ungehemmte Presse- und Versammlungsfreiheit, freien Meinungskampf erstirbt das Leben in jeder öffentlichen Institution, wird zum Scheinleben, in der die Bürokratie allein das tätige Element bleibt. Das öffentliche Leben schläft allmählich ein, einige Dutzend Parteiführer von unerschöpflicher Energie und grenzenlosem Idealismus dirigieren und regieren, unter ihnen leitet in Wirklichkeit ein Dutzend hervorragender Köpfe, und eine Elite der Arbeiterschaft wird von Zeit zu Zeit zu Versammlungen aufgeboten, um den Reden der Führer Beifall zu klatschen, vorgelegten Resolutionen zuzustimmen, im Grunde also eine Cliquenwirtschaft – eine Diktatur allerdings, aber nicht die Diktatur des Proletariats, sondern die Diktatur einer Handvoll Politiker, d.h. Diktatur im bürgerlichen Sinne, im Sinne der Jacobiner-Herrschaft[21] (...) Es ist die historische Aufgabe des Proletariats, an die Macht zu gelangen, an Stelle der bürgerlichen Demokratie sozialistische Demokratie zu schaffen, nicht jegliche Demokratie abzuschaffen. Demokratie beginnt aber nicht erst im gelobten Land, wenn der Unterbau der sozialistischen Wirtschaft geschaffen ist, als fertiges Weihnachtsgeschenk für das brave Volk, das inzwischen treu die Handvoll sozialistischer Diktatoren unterstützt hat. Sozialistische Demokratie beginnt zugleich mit dem Abbau der Klassenherrschaft und dem Aufbau des Sozialismus. Sie beginnt mit dem Moment der Machteroberung durch die sozialistische Partei. Sie ist nichts anderes als Diktatur des Proletariats. Jawohl: Diktatur! Aber diese Diktatur besteht in der *Art der Verwendung der Demokratie*, nicht in ihrer *Abschaffung,* in energischen, entschlossenen Eingriffen in die wohlerworbenen Rechte und wirtschaftlichen Verhältnisse der bürgerlichen Gesellschaft, ohne welche sich die sozialistische Umwälzung nicht verwirklichen läßt. Aber diese Diktatur muß das Werk der *Klasse,* und nicht einer kleinen führenden Minderheit im Namen der Klasse sein, d.h. sie muß auf Schritt und Tritt aus der aktiven Teilnahme der Massen hervorhegen, unter ihrem unmittelbaren Einfluß stehen, der Kontrolle der gesamten Öffentlichkeit unterstehen, aus der wachsenden politischen Schulung der Volksmassen hervorgehen.

Rosa Luxemburg, Die russische Revolution. Im Text zit. nach: Gerd Gerhard, Grundkurs Philosophie, München 1992, Bd. 2, S. 205f.

(A) 2.5.3 Der Anspruch des Humanistischen Verbandes als Sinn-stiftungsinstanz

Ich bin der festen Überzeugung – also des Glaubens – daß es keine nichtglaubenden Menschen gibt. Das Problem ihrer Thematik ist, daß sie eine bestimmte Glaubensweise für Glauben schlechthin halten. Ihr Bezug auf die zweitausendjährige Deutungsmacht des Christentums legt Ihnen den Fehlschluß nahe, daß jedes Glauben – also jedes Annehmen von Legenden, Erfahrungen, Geschichten, Treueschwüren, Werten und sittlichen Geboten – sich immer auf einen religiösen Kontext bezieht,

[21] Die so genannten ‚Jacobiner' errichten zwischen 1793 und 1794 im Paris der französischen Revolution eine grausame Schreckensherrschaft.

daß also, wer glaubt, immer an einen Gott oder ein höheres Prinzip oder ähnliches zu glauben. Es fällt Ihnen schwer, Glauben einfach als Kultur zu nehmen, die religiös, aber auch nichtreligiös sein kann. (...) Man kann sich auch zu einem säkularen Humanismus bekennen, zu rein ethisch begründeten Grundwerten des Lebens, zu einer positiven Moral, ohne auf einen (...) Gott Bezug nehmen zu müssen. Atheismus ist für uns kein Negativwort, es sagt nur, ich komme ohne Gott aus – und hier haben wir, wenn Sie wollen, schon einen Glaubenssatz, und zwar einen grundsätzlichen, den sie akzeptieren müssen, wie ich Ihre gegenteilige Anschauung zu akzeptieren habe (...) Wir gehen mit der gleichen Ernsthaftigkeit, Besonnenheit und Verantwortung an Grundfragen von Leben und Tod heran wie sie. Vielleicht (...) sogar mit mehr Ernsthaftigkeit und Verantwortung, da wir zu wissen glauben, daß es kein überindividuelles Prinzip gibt, es sei denn, es ist von Menschen selbst gemacht: Wir können es immer nur selbst sein, die Fehler machen, die ethisch versagen – sicher auch, weil wir keine Pfarrer haben, die uns leiten, trösten und ermahnen. (...) Wir alle werden noch lernen müssen, wie man zum Beispiel bei öffentlichen Trauerfeiern (...) die Trauerkultur gestaltet. Es kann doch nicht sein, daß Christen weiterhin das öffentliche Trauern monopolisieren und wir Konfessionsfreien in die Kirchen kommen müssen, um öffentlich Trauer zu zeigen. (...) ‚Hier stehe ich und kann nicht anders'. Den Rest des Zitats hier zu sagen, das verbieten mir Gewissen und Anstand.

Horst Groschopp, Woran glaubt, wer nicht glaubt? Statement des Geschäftsführenden Direktors der Humanisten Akademie und stellvertretenden Bundesvorsitzenden des Humanistischen Verbandes Deutschlands zum Reformationstag 2002 in Halle/ Saale. Im Text zit. nach: Diesseits. Zeitschrift des Humanistischen Verbandes, 17. Jahrgang, 1. Quartal, Nr. 62 (2003), S. 29f.

(A) 2.5.4 Aus der Satzung des Humanistischen Verbandes

Der Verband ist eine Weltanschauungsgemeinschaft und dient der Verbreitung einer freigeistigen, humanistisch-wissenschaftlichen Weltanschauung. In seiner Tätigkeit und Werbung wendet sich der Verband ausschließlich an solche Personen, die an eine Kirchen-, Glaubens- oder andere Weltanschauungsgemeinschaft nicht gebunden sind.
Der Verband steht auf dem Boden des Grundgesetzes für die Bundesrepublik Deutschland und tritt für eine pluralistische Gesellschaftsordnung ein, in der alle Weltanschauungs-, Glaubens- und Kirchenorganisationen gleichberechtigt die Interessen ihrer Anhänger vertreten können. Eine Einmischung in die inneren Angelegenheiten anderer Organisationen wird strikt abgelehnt. (...) Der Satzungszweck wird verwirklicht durch (1) Einwirkung auf politische, kulturelle und gesellschaftliche Einrichtungen im humanistischen Sinne, (2) Förderung aller demokratischen,

sozialen und liberalen Bestrebungen im nationalen und internationalen Raum, (3) Durchsetzung einer Gleichbehandlung aller Weltanschauungs-, Glaubens- und Religionsgemeinschaften in den staatsabhängenden öffentlichen Einrichtungen, in den Erziehungseinrichtungen und Schulen und in den Rundfunk- und Fernsehanstalten, (4) Einführung einer konfessionsneutralen Gemeinschaftsschule mit zwölfjähriger Schulpflicht als Regelschule (…), (5) Durchführung von Lebenskunde-Unterricht an allen öffentlichen Schulen gleichberechtigt neben den Unterweisungen, wie sie bereits von den Beauftragten der Kirchen gegeben werden, (6) Durchführung von Jugendweihen und dem vorangehenden Vorbereitungsunterricht (…).

Satzung. Humanistischer Verband Deutschland, Landesverband Berlin e.V., 13. Juni 2003, S. 2f.

III. Kommentare zu den Texten des Atheismus

III.1 Die Welt und der Mensch in der Welt aus der Sicht des Atheismus

III.1.1 Die physische Welt

(A) 1.1.1 Die Elementenlehre der Vorsokratiker

Eine der ältesten Fragen der Menschheitsgeschichte ist die Frage nach der Entstehung des Kosmos. Wir wissen schließlich aus Erfahrung, dass alles einen Ursprung, einen Schöpfer oder eine Ursache hat. Wenn man das nun für den Kosmos insgesamt annimmt, bekommt man allerdings ein Problem: Sofort stellt sich die Frage, wer oder was den ersten Urgrund oder den ersten Schöpfer verursacht hat? Die Frage nach dem Ursprung des Kosmos bzw. des Seienden stellt das menschliche Denken vor ein Rätsel, das es nicht zu lösen vermag. Gerade deshalb gibt es keine Religion und keine Weltanschauung, die zu dieser Frage nicht Stellung bezogen hätte. Unter den atheistischen Weltdeutungen lässt sich ein relativ einheitliches Grundmuster feststellen. In aller Regel wird ein Urzustand behauptet, aus dem sich sukzessive die Welt entwickelt haben soll. Fast immer lautet die Erzählung, dass sich zunächst das Land vom Wasser geschieden habe, so dass Gebirge und Meere entstanden seien. Irgendwann sei das erste Leben entstanden – vermutlich im Wasser. Dieses Leben hätte sich von relativ primitiven Formen in immer komplexere und spezifischer angepasste Lebensformen ausgefaltet und weiterentwickelt. Zu einem sehr späten Zeitpunkt habe schließlich der Mensch die Bühne der Geschichte betreten und die Welt zu der gemacht habe, die wir heute kennen.
Die ersten schriftlich tradierten Versuche einer Weltentstehungserklärung nach diesem Grundmuster entstehen etwa im 7. Jahrhundert v. Chr. bei den so genannten ‚Vorsokratikern'. Das sind diejenigen Philosophen, die vor Sokrates (469–399 v. Chr.) das Geistesleben der griechischen Antike geprägt haben. Aristoteles hat die Gedanken der Vorsokratiker aufgeschrieben, um sie seiner Schülerschaft in der berühmten Philosophenschule von Athen (s.u.) zur Diskussion stellen zu können. Die vorsokratische Philosophie ist eine Philosophie der Natur. Ihren Ausgangspunkt bildet die Frage, was wir Menschen über die Ordnungszusammenhänge und den ersten Entstehungsgrund der Natur sicher wissen können. Ihren Ursprung hat die vorsokratische Philosophie in der kleinasiatischen Küstenstadt Milet bei dem Kaufmann, Staatsmann und Mathematiker Thales von Milet (625–545 v. Chr.), von dem der berühmte ‚Satz des Thales' stammt, dem zufolge die Peripherie-Winkel über einem Halbkreis immer 90^0 betragen. Aristoteles verehrt Thales als einen der ‚Sieben Weisen' der Antike, weil Thales den Anstoß dazu gegeben haben soll, die Ordnung der Wirklichkeit nicht mehr mythologisch zu erklären, sondern ausgehend davon, wie sich die Natur tatsächlich präsentiert. Für Thales ist das Wasser der erste

Urstoff aller Dinge. Dafür gibt es zwei Gründe. Zum einen lassen sich alle Dinge nach ihren Feuchtigkeits- und Trockenheitsgraden unterscheiden. Holz unterscheidet sich von Eisen, weil Holz mehr Wasser enthält. Vor allem aber findet jede Zeugung in feuchtem Milieu statt. Das ist der wichtigste Grund, warum Thales das Wasser für den Urquell des Lebens hält. Dieser Gedanke ist aus heutiger Sicht gar nicht mehr so abwegig. Mit gutem Grund suchen die Marssonden nach Spuren von Wasserstoff auf dem roten Planeten! Wir wissen heute, dass Wasserstoff die elementare Voraussetzung dafür ist, dass Leben entstehen kann. Außerdem kann sich Leben nur erhalten, wenn es genügend (sauberes) Wasser gibt. Das Leben kommt aus dem Wasser – und ohne Wasser gibt es kein Leben. Beides wusste schon Thales von Milet.

In die Fußstapfen des Thales tritt Anaximandros von Milet (610–547 v. Chr.). Anders als Thales behauptet Anaximandros allerdings keinen ersten Urstoff, sondern eine erste Seinsweise des Kosmos, die er das ‚Apeiron' nennt. Die Pointe ist, dass das ‚Apeiron' im Gegensatz zum ‚Chaos' der griechischen Mythologien die Ursache des kosmischen Werdens schon in sich enthält. Das ‚Apeiron' des Anaximandros ist das völlig unbestimmte Nichts in dem abstrakten Sinne, dass es sämtliche mögliche Gegensätze und damit schier alles in unbegrenzter Vielfalt in sich schon enthält. Zur Veranschaulichung bietet sich folgendes Beispiel an: Wenn man sämtliche Komplementärfarben ineinander mischt, entsteht ein trübes, unbestimmtes Grau-Braun. Und wie dieses Grau-Braun das gesamte Spektrum aller Farben in sich enthält, so enthält das ‚Apeiron' des Anaximandros alle Gegensätze und alles Vereinzelte des Weltganzen in sich. Das vielfältige Seiende, wie wir es kennen, ist nach Anaximandros aus diesem Apeiron durch Vorgänge des Trennens und sich Unterscheidens entstanden. Durch welchen Impuls auch immer hat sich das Apeiron nach Anaximadros in die vielfältigen Dinge ausgefaltet, mit denen wir heute umgehen.

Anaximandros Schüler Anaximenes (525–585 v. Chr.) nimmt dann mit der Luft nur scheinbar wieder einen ersten Urstoff an. Tatsächlich ist nämlich die Atemluft als das Prinzip der Beseeltheit des Lebendigen gemeint. Was lebendig ist, atmet. Jahrhundertelang wird der Tod eines Menschen mittels einer Feder festgestellt: Wenn sich die Feder durch den Atem des Patienten nicht mehr bewegt, wird der Patient für tot erklärt. Von Diogenes von Appollonia ist wenig überliefert. Er lebt im 5. Jhd. v. Chr. und hält das Wasser nicht nur für etwas Lebendiges, sondern sogar für etwas Geistiges und Vernünftiges. Das berichtet die Komödie *Die Wolken* des meisterhaften Athener Komödiendichters Aristophanes (445–385 v. Chr.). Von Hippasos von Metapont ist ebenfalls wenig bekannt. Vermutlich gehört er zu den älteren Pythagoreeren, einer von Pythagoras von Samos (532/1–497/6 v. Chr.) gegründeten Philosophenschule in Unteritalien. Hippasos bezeichnet das Feuer als den ersten Urstoff.

Das geht vermutlich auf den jonischen Naturphilosophen Herkleitos von Ephesos (ca. 550–480 v. Chr.) zurück. Von Herkleitos (Heraklit) ist der Ausspruch überliefert, dass niemand zweimal in denselben Fluss steigen könne. Gemeint ist, dass sich jeder Fluss ja schließlich in ständiger Bewegung befindet. Was für den Fluss gilt, gilt nach Herkleitos für alle Dinge: Sie verändern sich ständig. Wenn er das Feuer als den ersten Urstoff ansieht, geschieht das wegen der Unrast des Feuers. Heraklits

Einfluss auf die vorsokratische Philosophie muss sehr hoch eingeschätzt werden. Bislang war immer von ersten Urstoffen die Rede. Heraklit entdeckt zusätzlich, dass alle Dinge irgendwie in Veränderung sind. Nichts bleibt dauerhaft und über Jahrtausende hinweg genauso, wie es einmal war.

Empedokles von Sizilien (483/2– ca. 435 v. Chr.) ist ein berühmter Arzt, Dichter und Staatsmann seiner Zeit. Seiner Auffassung nach besteht der Kosmos aus den vier Urstoffen Feuer, Wasser, Luft und Erde. Die Bewegung erklärt er mit den Prinzipien von Liebe und Streit. Empedokles kommt somit das Verdienst zu, die einzelnen Stränge der vorsokratischen Philosophie erstmals zu einem Ganzen verwoben zu haben. Darüber hinaus ist Empedokles ein seltsamer Zeitgenosse. Die Anekdote erzählt, dass er sich für einen Gott hält. Um seine Unsterblichkeit zu beweisen, stürzt er sich in den Krater des Vesuv auf Sizilien. Statt aber den leibhaftigen Empedokles triumphal wieder auferstehen zu lassen, spuckt der Vulkan verächtlich nur einen Schuh des größenwahnsinnigen Philosophen wieder aus.

Mit Leukippos von Milet (5. Jhd. v. Chr.) und seinem Schüler Demokritos von Abdera (470–360 v. Chr. – er wurde den Überlieferungen zufolge tatsächlich 109 Jahre alt!) sind die Atomisten unter den Naturphilosophen angesprochen. ‚Atomos' bezeichnet im Altgriechischen den kleinsten, nicht mehr weiter teilbaren Bestandteil eines Gegenstandes. Für die Atomisten gibt es schlichtweg überall solche ‚Atome', auch in der menschlichen Seele. Wenn etwas besonders hart ist, ist es besonders voll von Atomen, die sich gegenseitig sehr stark anziehen. Etwas sehr Weiches ist hingegen relativ leer. Ob etwas süß oder bitter schmeckt, hängt davon ab, aus welcher Sorte von Atomen es zusammengesetzt ist. Demnach wäre ein Kuchen süßer als eine Gurke, weil ein Kuchen mehr süße Atome als die Gurke enthält: In einem Kuchen ist die Anordnung von süßen Atomen besonders dicht. Von Kohlenhydraten konnte natürlich noch keine Rede sein. Aber ist es nicht dennoch ganz erstaunlich, wieviel die Naturphilosophen der griechischen Antike über das Periodensystem der Chemie und über die Affinitäten zwischen verschiedenen chemischen Stoffen schon wussten?

Ebenso faszinierend und aktuell ist die atomistische Lehre von den Seelenatomen. Dieser Lehre zufolge besteht die menschliche Seele aus ‚Seelenatomen', die unsere Fähigkeit zum Denken begründen und die unseren Charakter durch das Mischungsverhältnis von schweren und leichten Seelenatomen bestimmen. Melancholische Menschen hatten mehr trübe und schwere Seelenatome als fröhliche und unbeschwerte Menschen. Wenn man jetzt einmal annimmt, dass die Vorsokratiker auch in diesem Punkt auf der richtigen Spur waren, dass es also tatsächlich kleinste Bausteine des Physischen gibt – was wäre damit gewonnen? Wenn wir wüssten, dass unsere Seele tatsächlich aus Seelenatomen besteht, und der Kuchen aus Zucker- und Mehlatomen – könnte das den Unterschied erklären, den es zwischen Menschen und Kuchen nun einmal gibt? Wäre es denkbar, Seelenatome in einen Kuchen zu transferieren, und könnte der Kuchen dann sprechen, fühlen, atmen und empfinden? Es scheint einen Sprung zu geben zwischen den Bestandteilen des Lebendigen, Denkenden und Fühlendem und dem Nichtlebendigen. Worin besteht dieser Sprung?

(A) 1.1.2 Der Ursprung der Bewegung in einer ersten unbewegten Instanz

Aristoteles (384/3–322/1 v. Chr.) ist ein Schüler des Platon (427–347 v. Chr.), der wiederum ein Schüler des Sokrates (469–399 v. Chr.) ist. Nach seinen Lehrjahren in der Platonischen Akademie geht Aristoteles für einige Jahre nach Makedonien als Erzieher des Königs Alexander dem Großen. Nach Athen zurückgekehrt, gründet er im Jahr 335 v. Chr. die ‚Peripathetische Schule' für Philosophie, die noch viele Jahrzehnte nach seinem Tod besteht. Nach dem Tod des Alexander wird Aristoteles im Jahr 323 v. Chr. oder 322 v. Chr. in Athen der Gottlosigkeit angeklagt. Um nicht wie Sokrates das Gift der Schierlingspflanze trinken zu müssen, flieht Aristoteles nach Chalkis, wo er kurze Zeit später stirbt.
Das griechische Wort ‚Philosophie' bedeutet ‚Liebe zur Weisheit'. Als berühmter Weisheitslehrer kennt Aristoteles die milesische Naturphilosophie (s.o.) gut. Immer wieder kommt er auf ihre Theorien und Schriften zu sprechen und erklärt, was er für richtig hält, und was er bezweifelt. Am meisten bewundert Aristoteles den Astronomen und Philosophen Anaxagoras von Klazomenai (500–428 v. Chr.). Der hatte in Athen gelehrt, bis man ihn im Jahr 431 v. Chr. wegen Gotteslästerung aus der Stadt vertreibt. Der Grund ist die zentrale These seiner Naturphilosophie, dass die Sonne kein Gott sei, sondern nur eine Masse aus glühendem Stein. Das kommt uns heute bekannt vor, oder? Aristoteles bewundert den Anaxagoras jedoch vor allem wegen der folgenden Überlegungen. Wenn der Kosmos tatsächlich aus ersten Urstoffen besteht, wie die milesische Naturphilosophie behauptet – wieso finden wir die Dinge dann in vernünftiger Anordnung vor? Der Regen aus den Wolken benetzt das Gras, damit es wachsen kann. Das brauchen wiederum die Kühe, welche den Menschen Fleisch und Milch liefern. Die Menschen bewässern die Felder, woraus wieder neue Regenwolken entstehen. Alle Dinge des Kosmos scheinen in einem umfassenden Ordnungsverhältnis zu stehen. Das erklärt Anaxagoras nun mit einer ersten Ordnungsinstanz, die er ‚die göttliche Vernunft' (griech.: νοῦς) nennt. Diese Instanz ist allerdings keine Schöpferinstanz. Sie hat die kosmische Ordnung nicht erdacht oder hergestellt. Nein, der göttliche Nous des Anaxagoras ist die vernünftige Ordnung der Welt selbst, die sich in der Makroebene der Ordnung der Gestirne ebenso beobachten lässt wie auf der Mikroebene der Abhängigkeit kleinster Organismen von ihren Wirten. Aristoteles knüpft an Anaxagoras an. Allerdings interessiert ihn weniger die Ordnung des Kosmos als die Tatsache, dass alle Dinge bzw. alle Wesen des Kosmos ohne jede Ausnahme irgendwie in Bewegung zu sein scheinen. Wie lässt sich diese offensichtliche Tatsache erklären?

Aristoteles beweist die Existenz einer ersten, selbst unbewegten Ursache aller Bewegung ausgehend von insgesamt vier Prämissen. Die erste Prämisse lautet, dass alles Seiende, das wir kennen, ohne Ausnahme in irgendeiner Weise in Bewegung ist. Aus unserer Erfahrung kennen wir nach Aristoteles zwei Arten dieses Seienden, nämlich einmal das vergängliche Seiende von Tieren, Häusern und Menschen und dann das unvergängliche ewige Seiende der Planeten. Das vergängliche Seiende ist in vielfacher Weise in Bewegung. Meistens kann es sich zwischen verschiedenen

Orten hin- und herbewegen. Immer aber kennt es die Bewegung des Entstehens und Vergehens. Es gibt keinen Menschen, der immer schon gelebt hat oder der ewig leben würde. Genauso gibt es kein Haus, das ewig existiert. Das Entstehen und Vergehen kennen die Planeten nicht. Dafür befinden sie sich jedoch ohne Ausnahme in einer ewigen Ortsbewegung: Für Aristoteles sind die Gestirne lebendige Gestirngeister, die in ewiger Bewegung auf den vorgezeichneten Planetenbahnen kreisen. Seine zweite Prämisse begründet Aristoteles ausführlich in seiner *Physik*.[22] Sie lautet, dass es bei jeder dieser empirischen Bewegungen ohne Ausnahme drei Dinge geben muss, nämlich „Bewegtes, Bewegendes und das ‚womit es bewegt'“[23]. Im Falle der Ortsbewegung ist offensichtlich, dass es bei jeder Bewegung etwas geben muss, das bewegt wird, und außerdem etwas, das bewegt, und schließlich noch etwas, womit bewegt wird. Wenn sich ein Ruderboot in Bewegung setzen soll, muss es das Boot selbst und einen Ruderer und ein Ruder geben. Dasselbe Grundmuster kann Aristoteles jedoch auch für die Bewegung des Entstehens und Vergehens aufzeigen. Zwar hat das Entstehen im Bereich des Handwerks offensichtlich andere Gründe als das Entstehen im Bereich der Natur. Menschen und Meerschweinchen entstehen anders als Boote und Tische. In beiden Fällen aber gilt, dass das Entstehen eine Ursache hat. Jeder Mensch und jedes Meerschweinchen hat Eltern. Vergleichbar gibt es kein Boot, das nicht von einem Baumeister geplant und gebaut worden ist. Die dritte Prämisse lautet, dass es jenseits dieser zeitlich befristeten empirischen Bewegungen mindestens eine ewige Bewegung geben muss. Diese Prämisse beruht wiederum auf der Voraussetzung, dass Zeit und Bewegung nicht unabhängig voneinander gedacht werden können. Schließlich können wir Zeit nur wahrnehmen, wenn sich etwas bewegt. Umgekehrt können wir Bewegung nur in der Zeit wahrnehmen. Die Zeit wiederum kann nach Aristoteles keinen Anfang und kein Ende in der Zeit haben. Ansonsten müsste man nämlich von einem Zeitpunkt ‚vor' oder ‚nach' der Zeit reden, was unsinnig wäre, weil ein Zeitpunkt ‚vor' oder ‚nach' der Zeit wieder in der Zeit liegen würde. Wenn nun Zeit und Bewegung so eng zusammenhängen, und wenn die Zeit notwendig ewig sein muss, dann muss es notwendig eine ewige Bewegung geben.

Aus der zweiten und dritten Prämisse leitet Aristoteles seine erste Schlussfolgerung ab. Sie lautet, dass es notwendig etwas geben muss, das sich in ewiger Bewegung befindet. Die dritte Prämisse besagt schließlich, dass es eine ewige Bewegung geben muss. Die zweite Prämisse besagt unter anderem, dass es bei jeder Bewegung etwas geben muss, das bewegt wird bzw. das sich bewegt. Also muss es auch im Falle der ewigen Bewegung etwas geben, das sich in der ewigen Bewegung befindet. Glücklicherweise kennt das Aristotelische Weltbild mit dem Ersten Himmel (griech. πρῶτος οὐρανός) tatsächlich etwas, das sich in ewiger Bewegung befindet. Der erste Himmel ist das Himmelsgewölbe, auf dem die Planetengeister in ewiger Ortsbewegung kreisen, wodurch wiederum Tag und Nacht entstehen und die Jahres-

---

22 Aristoteles, Metaphysik XII, A.a.O. 1069b1. Vgl. im selben Sinne beispielsweise auch Aristoteles, Metaphysik, 1026a12.

23 Aristoteles, Physik, Übers. u. hrsg. v. H.G. Zekl, Hamburg 1988, Bd. 2, 256b14f.

zeiten und letztlich der ewige Kreislauf von Leben, Geburt und Tod. Wenn es nun aber die ewigen Bewegungen der Planetenwesen gibt – muss es dann nicht irgendetwas geben, das ihre Bewegung verursacht? Schließlich kennen wir keine einzige Bewegung, die keine Ursache hat. Ein Ball fliegt nur durch die Luft, wenn ihn jemand geworfen hat. Sollten etwa ausgerechnet die ewigen Bewegungen der Planetenwesen keine Ursache haben? Das hält Aristoteles für absolut ausgeschlossen: Auch die ewige Bewegung der Planetenwesen muss eine Ursache haben. So lautet die zweite Schlussfolgerung des Aristoteles. Der dritte und letzte Beweisschritt ist der subtilste: Er beweist nämlich, dass diese erste Bewegungsinstanz selbst unbewegt und damit von gänzlich anderer Natur sein muss als alles, von dem wir sonst umgeben sind. Dieser Beweisschritt beruht auf einer vierten Prämisse, die besagt, dass das Denken bei der Rekonstruktion der Bewegungsursachen „nichts ins Unendliche weitergehen“[24] darf, sondern im Gegenteil einen ersten Fixpunkt annehmen muss, weil sich das Denken ansonsten selbst ins Uferlose und Absurde führen würde. Es wäre sinnlos, wenn man für jede bewegte Bewegungsursache wiederum eine bewegte Bewegungsursache annehmen würde. Deshalb ist es nach Aristoteles der menschlichen Vernunft unbedingt geboten, ein erstes Bewegendes anzunehmen, das selbst unbewegt ist.[25] Damit ist der Beweisgang beendet: Nach Aristoteles muss es notwendig eine erste Ursache der ewigen kosmischen Bewegung geben, die selbst jedoch unbewegt ist. Aristoteles fasst sein Ergebnis in der Äußerung zusammen, dass es offensichtlich etwas geben muss, was den Ersten Himmel „in Bewegung hält“, was aber „bewegend ist, ohne zugleich selbst bewegt zu sein“[26].

Was lässt sich sonst noch über dieses Erste Unbewegte Bewegende sagen? Zunächst einmal muss das Erste Unbewegte Bewegende als Ursache einer ewigen Bewegung natürlich selbst ewig sein. Außerdem kann es als wesentlich unbewegte Instanz keinen Stoff haben, weil sich erfahrungsgemäß alles bewegt, was Stoff hat. Es muss vielmehr ‚reine Vernunft‘ (griech.: νοῦς) ohne jede Stoffbeimischung sein. Zudem muss es sich im bestmöglichen aller Zustände befinden, weil es sich ja ansonsten bemühen würde, seinen Zustand zu verbessern, wodurch es jedoch nicht mehr unbewegt wäre. Der beste Zustand, den Aristoteles kennt, ist nun der Zustand des Denkens. Als Mensch kennt Aristoteles selbst diesen Zustand nur für kurze Zeit, weil er ja irgendwann auch schlafen und essen muss. Das Erste Unbewegte Bewegende muss sich nach Aristoteles jedoch permanent im bestmöglichen Zustand des reinen Denkens befinden.

Wie aber kann es Ursache aller Bewegung sein, wenn es selbst unbewegt sein soll? Schließlich wissen wir aus Erfahrung, dass sich die Dinge nur in Bewegung setzen, wenn sich die Ursache der Bewegung selbst in Bewegung setzt. Tische und Meerschweinchen entstehen nur, wenn der Handwerker oder die Eltern des Meer-

---

24 Aristoteles, Physik, 242a53f.

25 In der Physik heißt es dazu, dass „notwendig ein Halt sein“ müsse „und nicht ein Fortgang ins Unendliche“, wenn es „etwas Bewegung weitergibt, das selbst bewegt ist“. Aristoteles, Physik, 256a28f.

26 Aristoteles, Metaphysik XII, 1072a24f.

schweinchens vorher in einschlägiger Weise tätig geworden sind. Gibt es jenseits dessen etwas, das bewegt, ohne dass es sich beim Bewegen selbst bewegen würde? Für Aristoteles ist das Erste Unbewegte Bewegende Ursache der Bewegung im Sinne eines Zieles. Wer etwas begehrt und liebt, wird von dem Geliebten in Bewegung versetzt, ohne dass das Geliebte selbst davon berührt werden muss. Der ganze Kosmos strebt nach Aristoteles nach Vervollkommnung. Das Vollkommenste überhaupt ist nun der Zustand des reinen Denkens, in dem sich das Erste Unbewegte Bewegende ja dauerhaft befindet. Als Ziel dieses kosmischen Strebens kann das Erste Unbewegte Bewegende nach Aristoteles Ursache aller Bewegung sein, ohne dass es selbst in Bewegung wäre. Es ist als der glückselige Zustand des reinen Denkens das höchste Seinsziel und das denkbar Beste, was im Kosmos zu erreichen ist.

An den wenigen Stellen, an denen vom bestmöglichen Zustand des reinen Denkens die Rede ist, in dem sich das Erste Unbewegte Bewegende notwendig permanent befinden muss, nennt Aristoteles das Erste Unbewegte Bewegende ‚Gott' (griech.: θεός). Deshalb wird der naturwissenschaftliche Beweis einer ersten unbewegten Bewegungsursache in der einschlägigen Literatur oft als ‚Der Gottesbeweis des Aristoteles' bezeichnet. Aber ist das Erste Unbewegte Bewegende des Aristoteles tatsächlich ein Gott, wie man es aus den Religionen kennt? Einerseits handelt es sich zweifelsohne um ein erstes Wesen, das Ursache aller Bewegung und damit allen Seins und Werdens im Kosmos ist. Anderseits kann der Mensch zum Ersten Unbewegten Bewegenden des Aristoteles nicht beten, weil es sich als vollkommene und unbewegte Instanz um niedere irdische Belange nicht kümmert. Ist das Erste Unbewegte Bewegende nun eine physikalische Instanz, oder spricht Aristoteles von seinem Gott? Wo könnten die Unterschiede zwischen dem Gott einer Religion und zwischen einer nur naturphilosophisch notwendigen ersten Instanz im Kosmos liegen? Und braucht man eine solche Instanz? Können wir uns nicht einfach damit abfinden, dass es den Kosmos und seine Ordnung nun einmal gibt? Warum fragen wir überhaupt nach ersten Ursprüngen und Anfängen? Mit solchen Fragen sind wir heute genauso konfrontiert wie Aristoteles vor mehr als 2000 Jahren.

(A) 1.1.3 Die Urknall-Theorie der modernen theoretischen Physik

Den Forschungen der modernen Astrophysik zufolge soll am Anfang unseres Universums der so genannte ‚Urknall' gestanden haben. Welche Beobachtungen dazu geführt haben, dass die moderne Astrophysik die ‚Urknall-Theorie' entwickelt hat, erklärt Günter Hasingers Artikel *Die Geschichte des Universums*.[27]

---

[27] Die jetzt folgenden Ausführungen basieren ebenfalls weitgehend auf Günter Hasinger, Die Geschichte des Universums, in: ... und Er würfelte doch! Von der Erforschung des ganz Großen, des ganz Kleinen und der ganz vielen Dinge, Hrsg. v. H. Müller Brumbhaar, H.F. Wagner im Auftrag des Bundesministeriums für Bildung und Forschung sowie der Deutschen Physikalischen Gesellschaft, Berlin 2001, S. 38–50. Günther Hasinger ist seit 1994 Direktor am Astrophysikalischen Institut Potsdam, ebenfalls seit 1994 Professor

Mit ihren hoch entwickelten Ferngläsern kann die Astrophysik heute verschiedene Anhäufungen von Sonnensystemen sehen, die als ‚Galaxien' bezeichnet werden. Jedes Sonnensystem besteht wiederum aus unzähligen einzelnen Planeten, die um die jeweilige Sonne kreisen. Unsere eigene Galaxis wird ‚Milchstraße' genannt. Unser eigenes Sonnensystem liegt am äußeren Rand dieser Galaxis. Der Name ‚Milchstraße' resultiert daraus, dass unsere Galaxis im Fernglas wie ein breites weißes Band aussieht, das in der Mitte allerdings eine ‚bauchige' Verdickung (den ‚Bauch' der Milchstraße) hat. Tatsächlich ist die ‚Milchstraße' nämlich gar kein straßenförmiges Nebeneinander von Sonnensystemen, sondern ein Gefüge, in dem verschiedene Sonnensysteme spiralförmig um den ‚Bauch' der Milchstraße als das Zentrum unserer Galaxis kreisen. Die einzigen beiden übrigen Galaxien, die man mit bloßem Auge bei sternenklarem Himmel sehen kann, heißen die ‚Magellan'schen Wolken'. Sie sind nach dem ersten Weltumsegler Fernao Magalhaes (1480–1521) benannt, der im Jahr 1521 berichtet, sich an diesen Himmelszeichen auf seiner Reise um die Welt orientiert zu haben. Von anderen Galaxien hat die Physik erst seit dem 20. Jahrhundert sicheres Wissen. Seit 1990 liefert nämlich das Weltraumteleskop ‚Hubble' (benannt nach dem amerikanischen Astronomen Edwin Powell Hubble) erstmals Aufnahmen von Galaxien, die so weit von uns entfernt sind, dass man sie mit bisherigen Ferngläsern nicht sehen konnte. Ausgewertet werden diese Aufnahmen durch eine von Carl Vogel aus Potsdam entwickelte Technik, mit der sich die Geschwindigkeit von Sternen bestimmen lässt. Vogels Technik basierte auf der Beobachtung, dass das Farbspektrum einer Lichtquelle, die sich zur Messinstanz hinbewegt, die Tendenz zur blauen Farbe aufweist, während eine sich wegbewegende Lichtquelle zur Farbe Rot tendiert. Die Farbspektren der Galaxien, die sich durch das Weltraumteleskop beobachten lassen, haben nun ausnahmslos eine Tendenz zur Farbe rot. Aus dieser ‚kosmologischen Rotverschiebung' lässt sich schließen, dass sich die Galaxien von uns wegbewegen. Hasinger vergleicht die Bewegung der Galaxien anschaulich mit der Bewegung von „Rosinen in einem Hefeteig, der während des Backens aufgeht"[28].

Aus dieser Beobachtung lassen sich nun zwei Schlüsse ziehen. Der erste Schluss lautet, dass irgendwann sämtliche Galaxien und damit sämtliche Materie des Universums auf einem einzigen Punkt zusammengedrängt gewesen sein müssen. Der zweite Schluss lautet, dass es einen ersten Zeitpunkt der Geschichte des Universums gegeben haben muss, an dem die kosmische Bewegung des Auseinanderstrebens des Universums und seiner Galaxien begonnen hat. Der Name ‚Urknall' bzw. ‚Big Bang' stammt von Fred Hoyle, einem Kritiker der Theorie vom auseinanderstrebenden Universum, der mit dem Namen ‚Big Bang' über diese Theorie spotten wollte. Gegen seinen Spott hat sich die so genannte ‚Urknalltheorie' in der Physik jedoch bis heute immer mehr durchgesetzt. Nach Hasinger gibt es bis heute zwar keine konsensfähigen Spekulationen darüber, was das seltsame Ereignis des Urknalls in

an der Universität Potsdam und seit 1998 Wissenschaftlicher Vorstand am Astrophysikalischen Institut Potsdam.

28 Hasinger, Die Geschichte des Universums, S. 41.

Gang gesetzt haben könnte. Allerdings könne man die weitere Entwicklung des Universums „schon etwa 10^{-32} Sekunden nach dem Urknall“ mit den Mitteln „der heutigen Standardphysik“[29] beschreiben. Man wisse beispielsweise, dass das Universum ursprünglich 10^{28} Grad Kelvin heiß gewesen sein muss, um dann kontinuierlich abzukühlen. Nach etwa 100 000 Jahren sei das Universum schon auf etwa 3000 Grad Kelvin abgekühlt. (Auf der Oberfläche der Sonne herrschen heute ca. 5000 Grad Kelvin und im Innern einer Kerze etwa 2000 Grad Kelvin.) Schon zu diesem frühen Zeitpunkt muss sich das Universum einschneidend verändert haben. Die Materie muss sich von der Strahlung ‚entkoppelt' haben. Seitdem sind nach Hasinger ca. 15 Milliarden Jahre vergangen, in denen sich das Universum immer weiter ausgedehnt hat. Seit 15 Milliarden Jahren strebt das Weltall auseinander – und unsere kleine Erde inmitten der Galaxie der Milchstraße befindet sich mittendrin in diesem Streben. In ihren Details ist die Urknall-Theorie natürlich nur nach einem Studium der Physik zu verstehen. Allerdings sollten die nackten Zahlen auch dem physikalischen Laien zeigen, dass die Geschichte des Universums vom menschlichen Vorstellungsvermögen zwar in Zahlen gepackt, aber nicht wirklich begriffen werden kann!

So betont Hasinger ausdrücklich, dass das Wissen der Physik erst *nach* dem Ereignis ‚Urknall' einsetzt. Damit bleibt die Frage offen, was den ‚Urknall' selbst verursacht haben könnte. Ja, es ist noch nicht einmal sicher, dass es überhaupt angemessen ist, vor der Entstehung unserer Wirklichkeit nach einer Ursache zu fragen. Es besteht schließlich die Möglichkeit, dass es so etwas wie ‚Ursachen' nur in unserer Wirklichkeit gibt, aber noch nicht vor dem Zeitpunkt, an dem unsere Wirklichkeit entstanden ist. Damit ist das nächste Problem angesprochen. Strittig ist nämlich auch, ob es eine Zeit vor dem Zeitpunkt gegeben haben kann, seit dem das Universum auseinanderstrebt. Gegen diese Annahme spricht nämlich, dass es Zeit nur in Verbindung mit Materie bzw. mit Bewegung zu geben scheint. Andererseits können wir uns nicht vorstellen, dass es irgendwann keine Zeit gegeben haben soll. Auch dieses Problem übersteigt die Grenzen unseres Vorstellungsvermögens. In engem Zusammenhang mit der Frage nach einer möglichen Entstehung der Zeit im Universum steht die Frage, ob das Universum vielleicht einen Zustand vor dem Zustand gekannt hat, aus dem es zum Urknall gekommen ist. In vergleichbare Paradoxien führen die Fragen, die mit der Kategorie des Raumes zu tun haben. Vor dem Urknall soll alles, woraus das Universum heute besteht, auf einem einzigen Punkt konzentriert existiert haben. Strittig ist nun, ob eine Konzentration auf einen einzigen Punkt tatsächlich eine Form von Raumausdehnung darstellt. Rätselhaft bleibt auch, was an der Stelle war, in die sich das Universum bis heute sukzessive ausdehnt. Wenig weiterführend ist die Antwort, es müsse sich um Nichts bzw. um einen leeren Raum handeln, weil schließlich nicht feststeht, ob der Ausdehnungshorizont des Universums tatsächlich Raumcharakter hat. In engem Zusammenhang damit steht die Frage nach der Existenz und der Beschaffenheit der Grenze unseres Universums. Unser Universum scheint eine Art Grenze zu haben, die sich sukzessive durch Ausdehnung

---

29 Hasinger, Die Geschichte des Universums, S. 42.

verschiebt. Was aber liegt hinter dieser Grenze? Und gibt es irgendwann einen Zeitpunkt, an dem die Bewegung des Universums zum Stillstand kommt? Was passiert dann mit dem Universum? Hasingers Aufsatz zeigt damit also letztlich nur das eine: Je tiefer die moderne Physik in die Entstehungsgeschichte des Universums eindringt, umso rätselhafter wird seine Existenz.

Der Aufsatz hat noch eine zweite Dimension, indem sie den Menschen in die Geschichte des Universums mit einbezieht. Der Idee seines Kollegen Peter Kafka folgend, bildet Hasinger die Entwicklung des Universums in einem Schema ab, das die gesamte Entwicklungszeit des Universums auf ein Jahr unserer Zeitrechnung abbildet. Das Schema „presst" die ca. 15 Milliarden Jahre, die der modernen Physik zufolge „zwischen Urknall und jetzt" in etwa vergangen sind, in den Zeitraum „zwischen 1. Januar und 31. Dezember". Die ersten Galaxien entstehen diesem Schema zufolge bemerkenswert schnell, nämlich schon bevor 1 Milliarde Jahre nach dem Urknall vergangen sind (19. Januar). Nach etwa 4 Milliarden Jahren scheint es zu einem regelrechten ‚Boom' der Sternentstehung gekommen zu sein (27. März). Dann passiert über mehrere Milliarden Jahre „nichts weiter, als dass immer neue Generationen von Sternen" entstehen, indem sich „immer mehr schwere Elemente zusammenbrauen, angeheizt durch Galaxienzusammenstöße und Verschmelzungen". Etwa nach 10 Milliarden Jahren entsteht unser Sonnensystem und mit ihm unsere Erde (9. September). Dann muss alles relativ schnell gegangen sein. „Erstaunlicherweise" scheint sich nämlich schon nach weniger als 1 Milliarde Jahren (Ende September) „das erste Leben – Blaualgen – auf der Erde" entwickelt zu haben, „möglicherweise befruchtet durch organische Moleküle aus interstellaren Wolken". Wie sich dieses erste Leben dann jedoch entwickelt und etabliert hat, das ist nach Hasinger bis heute „weitgehend unklar". Es gäbe jedoch „Spekulationen, dass das junge Leben auf der Erde mehrfach neue Anläufe unternehmen musste, weil es möglicherweise durch Kometeneinschläge oder das völlige Einfrieren der Erde wieder ausgelöscht wurde". Man weiß jedoch, dass es noch keine Milliarde Jahre her sein kann, dass „die ersten Wirbeltiere und Pflanzen"[30] entstehen. Dann dauerte es fast noch einmal eine Milliarde, bis schließlich die Lebewesen entstehen, die heute als die Vorfahren der Menschen gelten.

Es ist bemerkenswert, wie spät der Mensch die Bühne des Weltgeschehens betritt, wenn man bedenkt, wie viel der Mensch in der kurzen Zeit seiner Existenz schon bewirkt bzw. angerichtet hat. Die Menschen sind ein Wimpernschlag der Erdgeschichte – aber seit sie die Bühne des Weltgeschehens betreten haben, hat sich die Erde in einem rasanten Tempo in einschneidender Weise verändert. Die Gestaltungskompetenz scheint nun in der Natur der Menschen zu liegen: Als einzige Lebewesen können wir Menschen nur überleben, wenn wir in die Natur eingreifen. Gibt es jedoch eine Grenze des Eingreifens in die Zusammenhänge der Natur, die der Mensch nicht überschreiten darf, ohne diese Welt insgesamt oder ihre wesentlichen Ordnungen unwiederbringlich zu zerstören? Wir bauen Kraftwerke zur Gewinnung von Strom. Unsere Kultur braucht kaum etwas so dringend wie Energie. Ener-

[30] Hasinger, Die Geschichte des Universums, S. 42–48.

gie ist jedoch Wärme: Wer Energie verbraucht, erzeugt Wärme. Wenn sich die Erde aufheizt, beginnen die riesigen Eismassen an den Polen zu schmelzen. Das Eiswasser sucht sich seinen Weg ins Meer und von dort an die Küsten. Die Erde verliert Land an das sich ausbreitende Meer, weil die Menschen des 21. Jahrhunderts zuviel Energie verbrauchen. Wo müssen wir Halt machen, um unsere Erde nicht zu zerstören? Diese Frage stellt sich besonders drängend, wenn wir als Menschen tatsächlich die einzig vernünftigen Wesen im Kosmos sind – denn dann sind wir es, die die gesamte Verantwortung tragen. Wir können die Verantwortung nicht an einen göttlichen Schöpfer delegieren, und wir können nicht darauf hoffen, dass es ein Jenseits gibt, das nicht die Spuren unserer Zerstörungswut trägt. Wir müssen diese Erde für unsere Kinder bewahren – es gibt keine Alternative.

III.1.2 DIE TRANSZENDENTE WELT

(A) 1.2.1 GOTT IST TOT!

Friedrich Nietzsche wird am 15.10.1844 bei Lützen in Sachsen geboren. Sein Vater (der schon 1849 stirbt) übt wie schon sein Großvater den Pastorenberuf aus. Schon früh zeigt Nietzsche beachtliche intellektuelle und musikalische Fähigkeiten. Im Alter von nur 25 Jahren tritt er in Basel eine Professur für Altphilologie an. Allerdings muss Nietzsche diese Professur im Jahr 1878 schon wieder niederlegen, weil eine extrem schmerzhafte Krankheit ausgebrochen ist, die zur fast völligen Erblindung und ab 1888 sogar zu geistiger Umnachtung führt. Die Pflege des verwirrten Friedrich Nietzsche übernimmt seine Schwester Elisabeth Förster-Nietzsche. Sie kümmert sich auch um den Nachlass ihres Bruders, wobei sie allerdings leider ‚korrigierend' eingreift. Nietzsches erstes Buch *Die Geburt der Tragödie aus dem Geist der Musik erscheint* noch in Zeiten geistiger Klarheit im Jahr 1872. Dasselbe gilt für die zwischen 1873 und 1876 entstandenen *Unzeitgemäßen Betrachtungen*, für *Die Fröhliche Wissenschaft* von 1882 bzw. 1886 und für Nietzsches bekanntestes Buch *Also sprach Zarathustra*, dessen erster Teil im Jahr 1883 vollendet ist. Sein eigentliches Hauptwerk *Der Wille zur Macht – Versuch einer Umwertung aller Werte* konnte Nietzsche jedoch nicht mehr selbst vollenden. Es wird im Jahr 1906 unter dem Titel *Der Wille zur Macht* von Elisabeth Förster-Nietzsche und Peter Gast herausgegeben. Nietzsche selbst stirbt schon am 25.8.1900 in Weimar.
Der Text *Der tolle Mensch* gilt als eines der berühmtesten Dokumente von Nietzsches besonders kompromisslosen und leidenschaftlichen Atheismus. Er stammt aus *Die Fröhliche Wissenschaft* von 1882 und schildert eine Episode, in der ein ‚toller Mensch' die Menschen verzweifelt beschuldigt, Gott getötet zu haben. Das lässt nun zumindest diejenigen stutzen, die (wie es bei Nietzsches Zeitgenossen vorausgesetzt werden kann) mit dem christlich-jüdischen Gottesbild vertraut sind. Die Menschen sollen Gott getötet haben? Ist die Existenz Gottes denn nicht autonom? Des Rätsels Lösung lautet: Für Nietzsche gibt es keinen Gott, sondern nur die von Menschen

gemachten Gottesbilder. Und diese Gottesbilder verblassen und vergehen, sobald sie ihr Fundament in den Herzen der Menschen verlieren. Nach Nietzsche sind die Götter aller Religionen davon abhängig, dass es Menschen gibt, die an sie glauben. Sobald die Menschen jedoch zu der Einsicht kommen, dass es keine Götter gibt, vergehen die Gottesbilder. Dann werden die Gotteshäuser zu Grabmälern, die daran erinnern, dass es früher einmal Menschen gegeben hat, die an Götter geglaubt haben. Es ist ein Irrtum, dass die Menschen von Gott abhängig seien. Tatsächlich ist die Existenz Gottes von den Menschen und ihrem Glauben abhängig. Der ‚tolle Mensch' ist nach dem Muster des Hofnarren derjenige, der sich toll gebärdet, damit er diese Wahrheit verkünden kann, ohne dafür bestraft zu werden.

Der französische Philosoph Paul Ricœur (geb. 1913) wirft in seinem Aufsatz *Religion, Atheismus und Glaube* von 1969 einen weiteren Aspekt auf, indem er den Text *Der tolle Mensch* als Dokument von Nietzsches moralischem Nihilismus interpretiert. Der Begriff ‚Nihilismus' ist auf das lateinische Wort für ‚Nichts' zurückzuführen. Er bezeichnet eine Weltanschauung, der zufolge nichts Ideelles oder Jenseitiges oder Transzendentes existiert. Für den Nihilisten gibt es weder Götter noch eine dem Menschen spezifische, angeborene Moral noch ein Leben nach dem Tod. Er betrachtet das alles als die Erfindung von Menschen, die entweder andere Menschen beherrschen oder sich über das Gefühl der Leere und Absurdität ihrer eigenen menschlichen Existenz hinwegtäuschen wollen. Nietzsches moralischer Nihilismus lässt sich vor dem Hintergrund von Nietzsches Faszination an der griechischen Antike erklären. Durch seine altphilologischen Studien gewinnt der junge Nietzsche den Eindruck, dass die Menschen der griechischen Antike lebensbejahender, sinnesfroher und in einem vitalen Sinne bedenkenloser gelebt haben als die Menschen zu seiner Zeit. (Dass das so nicht zutrifft, tut hier nichts zur Sache.) Mit dem Eintritt des Christentums habe sich die Situation jedoch einschneidend verändert. Das Christentum ist in Nietzsches Augen nichts anderes als eine intelligente Erfindung von ‚Sklavenseelen'. Damit spielt Nietzsche nun nicht darauf an, dass das Christentum seine Anhänger im antiken Rom zunächst vor allem unter den Sklaven fand. Nein, in Nietzsches Terminologie bezeichnet der Begriff ‚Sklavenseele' den Typus des schwächlichen, ängstlichen, verklemmten und vital unterlegenen Menschen. Das Christentum ist in Nietzsches Augen eine geniale Erfindung von leibfeindlichen Schwächlingen. Im Zentrum der christlichen Moral stehen die Gebote der Nächstenliebe und des Mitleids. Der zentrale Satz dieser Moral lautet: „Du sollst Deinen Nächsten lieben wie Dich selbst". Nach Nietzsche haben sich die vital schwachen Menschen dieses Gebot ausgedacht, um alle starken Menschen zu unterdrücken und in ihrer Ausbreitung zu hindern. Die moralischen Kategorien von Gut und Böse sind für Nietzsche nur für die Schwachen überlebenswichtig. Ricœurs Nietzsche-Interpretation zufolge müssen die einengenden moralischen Kategorien von Gut und Böse den vitalen und lebensbejahenden Menschen hingegen gar nicht interessieren, weil er überleben kann, ohne sich selbst und alle anderen auf Moral zu verpflichten. So lautet Nietzsches moralischer Nihilismus im Kern.

Zum Verständnis des Textes *Der tolle Mensch* ist nun die Tatsache entscheidend, dass Nietzsches moralischer Nihilismus sein Pendant in einem religiösen Nihilismus hat, dem zufolge auch der biblische Gott eine Erfindung der vital Schwachen ist. Nietzsches religiösem Nihilismus zufolge haben sich die ‚Sklavenseelen' zur Absicherung ihrer moralischen Forderungen einen Gott ausgedacht, der am Ende aller Zeiten über die Menschen zu Gericht sitzen soll. Nach Ricœurs treffender Nietzsche-Interpretation ist der biblische Gott in Nietzsches Augen nur ein „Gott des Verbotes, von dem Untersagung und Verdammung ausgeht". Insbesondere im Paradies (welches den monotheistischen Religionen zufolge denen winkt, die die Gebote der Christenmoral befolgen) sieht Nietzsche lediglich „eine Illusion des Sklavenwillens, der sich aus Schwäche in den Himmel projiziert". Ricœurs Interpretation zufolge beschreibt der Text *Der tolle Mensch* den Eintritt dieses religiös-moralischen Nihilismus in die Geschichte, als dessen Sprachrohr sich Nietzsche versteht. Nach Ricœur verfasst Nietzsche den Text, weil er die Zeit gekommen sieht, in der die „Lebens- und Weltverachtung" der biblischen Religionen, „ihren Hass auf die Instinkte" sowie ihren Ursprung in einem „Ressentiment der Schwachen gegen die Starken" enthüllt werden müssen. Der Gott, dessen Tod vom ‚tollen Menschen' ausgerufen wird, ist Ricœurs Lesart zufolge also die Instanz, welche die Sklavenseelen erfunden haben, um die vitalen Menschen durch die Moral der Nächstenliebe zu unterdrücken und unschädlich zu machen. Wie Ricœur treffend schreibt, handelt es sich um den „Gott der Theologie", der der Legende nach „absolut gut und der Ursprung aller Werte" sein soll, der tatsächlich als „Gott der Anklage und Verdammung" des ungezügelten Willens zum Leben und zur Macht jedoch nur Ausdruck „eines lediglich partikularen Willens, nämlich des Willens der Schwachen" ist. Ricœur betrachtet den Text als Ausdruck eines „Kulturprozesses", in welchem mit dem Glauben an den biblischen Gott auch der Glaube an die Verbindlichkeit der christlichen Moral der Nächstenliebe so weit erschüttert wurde, bis sie schließlich alle Gültigkeit verloren hat.

Ricœur teilt diese Diagnose Nietzsches. Auch er ist der Ansicht, dass man heutzutage „nicht mehr zu einer Form des moralischen Lebens zurückkehren" kann, die „bloß in der Unterwerfung unter die Gebote eines fremden oder obersten Willens bestünden", nachdem erst der Gedanke Gestalt angenommen hat, dass die christliche Moral „nichts als eine Projektion unserer eigenen Schwäche" sein könnte. Damit wirft seine Interpretation drei Fragen auf. Die erste Frage muss natürlich lauten, ob die christliche Moral tatsächlich eine Moral von lebensuntauglichen Schwächlingen ist. Ist das Gebot der Nächstenliebe tatsächlich nur attraktiv, wenn man sich vor vital stärkeren Menschen schützen will? Anders ausgedrückt: Behält das Gebot Verbindlichkeit und Attraktivität auch dann, wenn man sich in der Situation des Überlegenen befindet? Die zweite Frage betrifft den Stellenwert des göttlichen Richters und Gesetzgebers hinter der christlichen Moral. Hat das Gebot der Nächstenliebe auch dann Plausibilität, wenn man einmal annimmt, dass es keinen Gott gibt, der am Ende aller Zeiten alle Zuwiderhandlungen gegen dieses Gebot bestraft und im Gegenzug jedes Befolgen reich belohnt? Die dritte Frage ist die wichtigste: Sie lautet, was an die Stelle der christlichen Moral treten könnte, wenn sie sich tatsächlich als kulturell überholt erweisen sollte? Was könnte das Vakuum füllen? Schließlich kann ein amoralischer Zustand nicht das Ziel unserer Kulturentwicklung sein. Ricœur visiert eine „Ethik des Wunsches zu sein oder der Bemühung zu existieren“[31] an. Was könnte sich näherhin hinter diesem Etikett verbergen? Worauf würde sich eine „Ethik des Wunsches zu sein“ verpflichten müssen, und was könnte sie gestatten? Vor allem aber: Worauf könnte sie ihre Verbindlichkeit begründen, da sie auf die Autorität eines gesetzgebenden Schöpfergottes ja dezidiert verzichten will? Nach Ricœur verkündet Nietzsches Text vom ‚tollen Menschen’ nicht nur den Tod des Christengottes, sondern auch den Vergangenheitscharakter der christlichen Moral der Nächstenliebe. Damit steht vor allem die Frage im Raum, was an die Stelle dieser Moral treten kann und sollte.

(A) 1.2.2 Wenn es eine göttliche Instanz gibt, ist sie weder gütig noch gerecht

Albert Camus wird am 7.11.1913 als französischer Staatsbürger im französisch besetzten Algerien geboren. In Algier absolviert er ein Philosophiestudium, das er im Jahr 1936 mit einer Diplomarbeit über den Neuplatonismus und das christliche Denken abschließt. Als er wegen einer Tuberkulose nicht für das Lehramt zugelassen wurde, entscheidet er sich für eine Laufbahn als Journalist und Autor. Camus' bekannteste Werke sind der Roman *L`Étranger* (1942. dt. *Der Fremde*), die philosophische Abhandlung *Le Mythe de Sysiphe* (1942. dt. *Der Mythos von Sisyphos. Versuch über das Absurde*), der Roman *La Peste* (1949, dt. *Die Pest*), das Theaterstück *Les Justes* (Erstaufführung 1947, dt. *Die Gerechten*) und die philosophische Abhandlung *L'Homme revoltè* (1951. dt. *Der Mensch in der Revolte*). Im Jahr 1957 erhält Camus den Nobelpreis für Literatur. Er stirbt am 4.1.1960 durch einen Autounfall auf dem Weg nach Paris. Obwohl Camus als politischer Schriftsteller gilt, ist er politisch nicht leicht einzuordnen. Als eingeschworener Gegner des Nationalsozialismus ist er Mitglied der Résistance (so heißt die französische Widerstandsbewegung gegen die nationalsozialistische Besetzung). Damit ist er grundsätzlich der französischen Linken zuzurechnen. Von der Kommunistischen Partei Frankreichs distanziert sich Camus allerdings öffentlich, wodurch es zum Bruch mit Jean-Paul Sartre (1905–1980) als einer der Galionsfiguren dieser Partei kommt. Bei dieser Zerrissenheit bleibt es. Als Journalist der Zeitung *Alger républican* engagiert sich Camus in Algerien für die arabische Bevölkerung Algeriens ebenso wie für die dort lebenden Franzosen, als diese von Aufständischen bedroht werden. Genauso setzt er sich für verurteilte griechische Kommunisten ebenso ein wie für die Aufständischen gegen das kommunistische Regime im ehemaligen Ostblock. Angesichts dieses weltanschaulich nicht festgelegten Engagements für alle Leidenden bezeichnet Jean

[31] Paul Ricœur, Religion, Atheismus und Glaube, in: Alasdair MacIntyre, Paul Ricœur, The Religious Significance of Atheism, Columbia University Press 1969. Im Text zit. nach: dies., Die religiöse Kraft des Atheismus, Übers. v. Rainer Ansén, Freiburg/München 2002, (S. 65–102) S. 70–82.

Paul Sartre in seinem Nachruf Albert Camus schließlich treffend als einen „eigensinnigen Moralisten“.

Der Roman *Die Pest* ist das berühmteste Werk von Camus. Schon der Titel des Romans skizziert seine Handlung: Erzählt wird die Geschichte einer Pestepidemie in einer algerischen Kleinstadt. Eines Tages sieht man auffällig viele Ratten, die ans Tageslicht kommen, um dort qualvoll zu verenden. Der Hauswart des Hauses, in dem der Arzt Dr. Bernard Rieux wohnt, entsorgt einige dieser Tiere. Erschreckenderweise zeigt der einige Tage später dieselben Krankheitssymptome wie die Ratten. Er bekommt hohes Fieber, seine Lymphknoten schwellen zu entzündeten Beulen an, und er wird von starkem Erbrechen gequält. Schließlich stirbt er. Der Tod des Hauswarts ist der Beginn einer unvorstellbaren Katastrophe. Die sterbenden Ratten waren nämlich Überträger des Pest-Erregers, der sich erst schleichend und dann immer schneller unter den Einwohnern der Stadt verbreitet. Es kommt zum Ausbruch einer Pestepidemie, vor der sich niemand schützen und niemand sicher fühlen kann. Jeder ist von der schrecklichen Krankheit bedroht, ganz egal, zu welchem weltanschaulichen Lager oder zu welcher sozialen Schicht er gehört. Überall lauern die Angst und das Misstrauen, dass der Mensch, mit dem man gerade spricht, Überträger der Krankheit sein könnte. Alles wird überlagert von der Furcht, dass man die Beulen bei sich entdecken könnte, die das erste Zeichen der Ansteckung sind. Man verliebt sich nicht mehr. Es ist unwichtig, ob man pünktlich zur Arbeit kommt. Es entsteht ein Klima der Lethargie, der Beliebigkeit und der Hoffnungslosigkeit. Endlich wird doch ein Serum gefunden. Es kann allerdings nur den Ausbruch neuer Krankheitsfälle verhindern. Es heilt nicht die Wunden, die die Pest schon geschlagen hat. Alle Bewohner der Stadt haben die Erfahrung des Ausgeliefertseins an ein blindes Schicksal gemacht. In der Stadt bleiben „Mütter, Gatten, Liebesleute“ zurück, „die mit einem Menschen, der jetzt in einem Massengrab“ ruht „oder sich in ein Häuflein Asche aufgelöst“ hat, „alle Freude verloren“ haben.[32] Auch nach der Entdeckung des Serums herrscht in der Stadt „immer noch die Pest“[33].

Der Ort der Handlung ist „eine ganz gewöhnliche Stadt, nichts mehr und nichts weniger als eine französische Präfektur an der algerischen Küste“[34]. Diese Ortsbeschreibung besagt, dass sich das Grauen, wie es sich hier abspielt, überall ereignen kann. Zeitlich wird das Geschehen vage in den vierziger Jahren des 20. Jahrhunderts verortet. Das stellt die Verbindung zu den Gräueltaten der nationalsozialistischen Verbrecher her. Wie die Pestkrankheit ohne Unterschied jeden Tag jeden treffen kann, so muss man in Frankreich zur Zeit der nationalsozialistischen Besetzung jeden Tag damit rechnen, verhaftet, in einen der Schreckenszüge in Richtung Osten gepfercht, gefoltert und ermordet zu werden. Gefährdet sind keineswegs nur die Juden Frankreichs, sondern letztlich jeder.

Die abgedruckte Szene hat über diese politische Dimension hinaus auch eine religionskritische Dimension. Einem Kind wird ein viel versprechendes Medikament

---

32 Camus, La Peste, S. 202.
33 Camus, La Peste, S. 193.
34 Camus, La Peste, S. 5.

gegeben, aber es stirbt nach mehreren qualvollen Tagen in einer Stellung, die an eine Kreuzeshaltung erinnert. Damit spielt die Szene auf den Karfreitag an. Das ist der Feiertag, an dem die Christen des Kreuzestodes von Jesus Christus, Gottes, gedenken. Für die Christen unterscheidet sich der Tod Jesu von allen anderen menschlichen Toden, weil sie glauben, dass Jesus als Sohn Gottes nicht an der Erbsünde teilhatte, an der alle Menschen teilhaben, seit Adam und Eva (wie das Buch Genesis berichtet) verbotenerweise vom Baum der Erkenntnis gegessen haben. Christen glauben, dass Jesus frei von dieser Schuld war, als er sich freiwillig dem Kreuzestod unterwarf, um die Menschheit wieder mit Gott zu versöhnen. Nun hat das sterbende Kind sicherlich keine schwerwiegenden Sünden begangen. Zudem kann es ebenfalls in gewissem Sinne als ‚Erlöser' gelten, weil man an ihm ja das Medikament ausprobiert, von dem die Stadt sich ‚Erlösung' von der Pest verspricht. Der Arzt Dr. Bernard Rieux als Vertreter eines dezidierten Atheismus stellt diese Frage gegenüber dem katholischen Priester Paneloux in den Raum. Dieser verweist (angesichts des Grauens selbst zögernd) auf das Gebot der Nächstenliebe: „Vielleicht sollen wir lieben, was wir nicht begreifen sollen". Dahinter steht der christliche Glaube daran, dass das menschliche Leiden einen tieferen, von Gott gewollten Sinn hat, der sich am jüngsten Tag offenbaren wird. Das kann der Atheist Rieux (dem Camus selbst hier wohl seine Stimme leiht) jedoch nicht glauben. Für ihn ist das menschliche Leiden ohne jeden Sinn: Er weigert sich „bis in den Tode hinein", eine „Schöpfung zu lieben, in der Kinder gemartert werden"[35].

Die dritte Dimension des Textes ist die existenzphilosophische Dimension. Der Ausgangspunkt der Existenzphilosophie ist die Tatsache, dass der Mensch das einzige Lebewesen ist, das weiß, dass es sterben muss. Deshalb sehnen sich die Menschen anders als die Tiere nach einem übergeordneten Sinn ihres Lebens. Gleichzeitig aber wissen sie, dass diese Sehnsucht sich nicht erfüllen wird, weil der Tod alle Hoffnungen dieser Art zunichte macht. Nach Camus ist das Leben des Menschen von dieser Erfahrung des Absurden geprägt (vgl. I.4 der *Gesamtdarstellung Atheismus* sowie weiter unten II./III.[A] 2.2). Der eigene Tod ist das schwarze Etwas am Ende jeder individuellen Biographie, von dem man weiß, dass es da ist, von dem man aber nicht weiß, was es konkret bedeutet. In Camus' Roman geht es nun vor allem darum, dass wir von unserer eigenen Sterblichkeit durch den Tod von anderen Menschen wissen. Der Tod eines geliebten oder vertrauten Menschen ist ein in seiner Endgültigkeit erschütterndes Ereignis, weil wir durch die schmerzliche Verlusterfahrung darauf gestoßen werden, dass unsere eigene Zeit im Vergehen begriffen ist. Allerdings kann uns nicht jeder Tod in dieser existentiellen Weise nahe gehen; das würden wir gar nicht aushalten. Wir müssen in gewisser Weise abstumpfen – auch das zeigt uns der Roman. So weiß Doktor Rieux beispielsweise, dass es schon immer Pestepidemien gegeben hat. Rieux weiß, „daß die etwa dreißig großen Pestepidemien der Geschichte an die hundert Millionen Tote gefordert" haben. Er weiß auch, dass Pestepidemien keineswegs der einzige Anlass sind, aus dem ganz plötzlich Tausende von Menschen sterben können. „Aber was bedeuten hundert Millio-

[35] Camus, La Peste, S. 143.

nen Tote?“ fragt er sich. „Wer den Krieg mitgemacht hat, weiß kaum noch, was ein Toter ist“. Ein toter Mensch „wiegt“ nur dann etwas, „wenn man ihn tot gesehen hat“. Deshalb sind „hundert Millionen über die Geschichte verstreute Leichen nichts als Rauch in der Einbildung“. Schließlich kann man sich hundert Millionen Tote gar nicht vorstellen. In Konstantinopel sollen tausend Menschen an einem einzigen Tag an der Pest gestorben sein. Tausend Menschen – das ist etwa die Anzahl, die fünf Kinos füllen würde. Wenn man die Besucher von fünf Kinos „an den Ausgängen“ zusammenfasst, sie „auf einen Platz in der Stadt“ führte, um sie dort „alle miteinander sterben“ zu lassen – dann könnte man sich den Tod von tausend Menschen nach Camus eventuell vorstellen, zumal vermutlich „ein paar bekannte Gesichter auf diesem namenlosen Haufen“[36] seien. Die Protagonisten der abgedruckten Passage sind jedoch in einer anderen Situation: Sie kennen das sterbende Kind und begleiten sein Sterben. Sie leiden unter seinem Leiden in ganz persönlicher und existentieller Weise. Der Tod eines vertrauten Menschen ist eben etwas ganz anderes für uns als ein anonymes Sterben.

(A) 1.2.3 Falls ein Gott die Welt geschaffen haben sollte, war er ein Stümper!

Der irisch-französische Schriftsteller Samuel Beckett wird am 13. Mai 1906 im katholischen Dublin geboren. Nach einem Studium der französischen und italienischen Sprache geht er als Lektor für Englisch nach Paris. Diese Stadt wählt er nach einigen Reisejahren ab 1937 auch zu seinem ständigen Wohnort. Beckett stirbt am 22. Dezember 1989 in Paris. Seinen Landsmann James Joyce (1882–1941), den Autor des Romans *Ulysses* (1922), verehrt er als Freund und Schriftsteller so sehr, dass er dessen Werke ins Französische übersetzte. Den Nobelpreis für Literatur bekommt Beckett im Jahr 1969.

Wie Camus, so ist auch Beckett grundsätzlich von der Absurdität der menschlichen Existenz überzeugt. Sein Leitmotiv ist ebenfalls die Sinnlosigkeit der menschlichen Existenz und die Vergeblichkeit aller Versuche, dem Bewusstsein der Sinnleere durch Geschäftigkeit und vermeintlich wichtige Verpflichtungen und Projekte zu entfliehen. Farbig werden seine Theaterstücke allerdings dadurch, dass es immer wieder Momente der Hoffnung, der Liebe und der Zärtlichkeit gibt – wenn auch nur als ‚Spiel im Spiel', das irgendwann abrupt abgebrochen wird. Die Menschen in Becketts Stücken sind tragische Komödianten, die lächerlich wirken, weil sie trotz der offensichtlichen Absurdität ihrer Unternehmungen die Hoffnung auf Sinn nicht aufgeben wollen. Wirkliche Handlungen im engeren Sinne gibt es nicht. Becketts Stücke bestehen in der Regel aus kleinen Episoden, in denen sich die Protagonisten in Pläne und Projekte verrennen und von denen der Zuschauer weiß, dass es völlig gleichgültig ist, ob sie realisiert oder zu Ende gebracht werden.

---

[36] Camus, La Peste, S. 27f.

Das gilt auch für Becketts wohl bekanntestes Theaterstück *En attendant Godot* (1952, dt. *Warten auf Godot*). Der deutsche Titel spielt deutlicher noch als der französische Originaltitel auf das Thema des Stückes an: Im Stück geht es darum, dass Menschen die Zeit totschlagen, in welcher sie auf Erlösung durch einen Gott (Godot) warten, der tatsächlich aber niemals kommt. Die Protagonisten der Handlung sind die beiden Vagabunden Wladimir und Estragon. Sie sind festen Glaubens, dass dieser Erlöser namens Godot bald kommen wird, um sie von ihrer Langeweile zu befreien und ihre Fragen nach dem Sinn ihrer Existenz ein- für allemal zu beantworten. Um die Zeit zu füllen, reden und plappern sie, ohne jedoch wirklich etwas zu sagen zu haben. Sie streiten sich, obwohl sie einander eigentlich gleichgültig sind. Oder sie geben vor zu arbeiten, indem sie geschäftig Schuhe und Hut immer wieder an- und ausziehen. Oder sie kokettieren mit dem Selbstmord, ohne sich dazu jedoch wirklich einmal durchringen zu können. Was sie genau tun, ist eigentlich egal. So plätschert die Handlung dahin, ohne wirklichen roten Faden und ereignislos: Der Zuschauer wartet mit den Protagonisten. Irgendwann tritt mit der Attitüde eines Macht- und Herrenmenschen peitschenknallend Pozzo auf, mit seinem Diener Lucky im Schlepptau. Während Wladimir und Estragon offensichtlich den gläubigen Menschentyp repräsentieren sollen, stehen Lucky und Pozzo für den atheistischen Menschentypus ohne den Glauben an einen Erlöser. Allerdings ist ihre Existenz nicht weniger absurd und nicht weniger lächerlich. Zwar sind Luckys und Pozzos Leben nicht von einem aussichtslosen Warten auf Godot geprägt. Dafür stehen sie jedoch in einer ausweglosen gegenseitigen Abhängigkeit, die ausgiebig zelebriert und vorgeführt wird. Lucky genießt es, ein Sklave zu sein. Er braucht einen Herrn, auf den er stolz ist und der ihm Befehle gibt. Mit derselben Dringlichkeit ist Pozzo jedoch auf Lucky angewiesen. Sein Gedächtnis lässt nach. Ohne Lucky wäre er nicht überlebensfähig. Ihr Daseinszweck besteht einzig in einem Überleben in gegenseitiger Abhängigkeit. Mit dem Paar Lucky und Pozzo gestaltet Beckett das, was Hegel in seiner *Phänomenologie des Geistes* von 1807 die Herrschafts-Knechtschafts-Dialektik genannt hat. Scheinbar ist nur der Knecht vom Herrn abhängig. Tatsächlich aber ist der Herr nur Herr, wenn es einen Knecht gibt, der ihn als Herrn anerkennt und ihm die Lebensweise eines Herren durch seine Dienste ermöglicht.

Die abgedruckte Passage entstammt dem Stück *Fin de partie* (1957, dt. *Endspiel*). Seine Protagonisten heißen Hamm und Clov. Schon die Namen zeigen an, dass es sich um verstümmelte Varianten von Pozzo und Lucky handelt, denn ‚Mensch' heißt auf Französisch ‚homme', während ‚Clov' lautmalerisch an das französische Wort ‚esclave' für ‚Sklave' erinnert. Auch die Charaktere sind gleich geblieben. Hamm ist ein egozentrischer Herrenmensch. Weil er jedoch blind ist, ist er auf den unterwürfigen Clov völlig angewiesen. Auch im Stück *Fin de partie* findet sich also ein Paar, das den hegelschen Gedanken der Herrschafts-Knechtschafts-Dialektik verkörpert. Wladimir und Estragon aus *En attendant Godot* finden ihre Entsprechung in Nagg und Nell. Bei diesem Paar handelt es sich um die Eltern von Hamm. Sie leben in Mülltonnen und machen so in besonders unmissverständlicher Weise deutlich, was bei näherer Hinsicht alle Protagonisten des Stückes machen: Sie warten auf ihr nahes Ende, auf den Tod. Wieder wird die Zeit bis dahin totgeschlagen mit grausam-sadistischen Spielen, mit Fantastereien und mit Plaudereien. Man wartet auf den Tod und vertreibt sich die Zeit bis dahin mit Geschichten. Eine dieser Geschichten ist die Geschichte vom Schneider. Die Mutter Nell kündigt ihrem Mann an, dass sie ihn bald verlassen würde. Vorher soll sie ihn aber noch kratzen, gegen den Juckreiz, wozu sie aber weder bereit noch in der Lage ist. Um das Gespräch nicht einschlafen zu lassen, will Nagg ihr die Geschichte vom Schneider erzählen. Nell kennt diese Geschichte schon: Zum ersten Mal hat Nagg die Geschichte bei ihrer Verlobung erzählt, und damals hat sie noch gelacht. Mittlerweile aber sind selbst die Geschichten langweilig geworden. Nagg erzählt die Geschichte trotzdem – und aus Gewohnheit lacht Nell trotzdem, als er ans Ende gelangt, und das sogar aus vollem Hals. Alles ist sinnloses Zeittotschlagen und Zerstreuung gegen die gähnende Sinnlosigkeit des Wartens auf den Tod, und alle Beteiligten wissen das eigentlich. Deshalb kann auch eine an sich amüsante Geschichte nicht mehr wirklich aufheitern.

Die Geschichte vom Schneider spielt auf das Buch Genesis an, das den Anfang sowohl der jüdischen Bibel als auch des Alten Testamentes des Christentums bildet. Das Buch Genesis erzählt vom ersten göttlichen Schöpfungsakt. Dieser Erzählung zufolge hat Gott den Kosmos in sechs aufeinander folgenden Tagen geschaffen, so dass er am siebten eine Ruhepause einlegen konnte. Der Witz spielt nun nicht auf den Ablauf der Schöpfungsgeschichte an, sondern auf die Tatsache, dass sich Gott am Abend jedes Schöpfungstages davon überzeugt haben soll, dass er etwas Gutes geschaffen hat. Becketts Protagonist erzählt nun die Geschichte von einem Schneider, der eine Hose nähen soll. Die Zeit drängt. Die neue Hose soll am Silvesterabend getragen werden – und der Schneider verspricht auch, die Hose in einem Zeitraum von vier Tagen fertig stellen zu können. Das sind zwar zwei Tage weniger, als Gott zur Schaffung der Welt gebraucht hat – aber es soll ja nur eine Hose genäht werden. Tatsächlich braucht er dann jedoch mehrere Monate. Darauf angesprochen, warum er für die Anfertigung einer schlichten Hose so viel Zeit braucht, während Gott immerhin den gesamten Kosmos in sechs Tagen geschaffen haben soll, verweist er gewitzt auf die Güte seiner Hose im Vergleich zur Güte des Kosmos. In dieser Antwort liegt die Pointe des Textes. Die Hose entspricht den Anforderungen, die man an eine Hose stellt. Aber gilt das auch für den Kosmos, wenn man ihn als Heimstatt und Lebensraum für die Menschen betrachtet? Wie kann man glauben, dass es einen gütigen Schöpfergott gibt, der seine Sache so gut wie eben möglich gemacht hat, wenn die Alten einer Gesellschaft ins Abseits (in die ‚Mülltonne') verbannt werden? Hätte ein solcher Schöpfergott nicht darauf achten müssen, dass man im Alter gesund und fit bleibt und niemals auf die gequälte Hilfe von anderen angewiesen ist? Warum werden die Menschen blind oder lahm oder taub oder dement, wenn sie älter werden? Warum gibt es überhaupt so etwas wie Verfall und Müll und Schmutz und Gestank in der Wirklichkeit? Die Juden und die Christen glauben, dass Gott die Welt in sechs Tagen geschaffen hat. Wenn man aber mal richtig hinguckt – drängt sich da nicht der Verdacht auf, dass dieser Gott ein erbärmlicher Stümper gewesen sein muss, falls es ihn tatsächlich gegeben haben sollte? Mit dieser Kritik regt die

Geschichte unter anderem auch zu dem Gedankenspiel an, wie die Welt aussehen würde, wenn wir sie nach unseren eigenen Bedürfnissen und Vorstellungen noch einmal erschaffen könnten. Auf Krankheiten aller Art, auf Hunger und auf Bosheit zwischen den Menschen würden wir sicherlich gern verzichten. Aber könnten wir auch auf das Sterben und den Tod verzichten? Irgendwann wäre kein Platz mehr auf der Erde.

III.1.3 Die Menschenwelt

(A) 1.3.1 Nur proletarische Ehen können auf Liebe gegründet sein

Friedrich Engels wird am 28. November 1820 in Wuppertal-Elberfeld als Sohn eines Textilfabrikanten geboren. Engels Vater bekennt sich zum reformierten Pietismus, einer Spielart des Protestantismus. Unter dem Einfluss des evangelischen Theologen David Friedrich Strauß (1808–1874), der in seinem Werk *Der alte und der neue Glaube* von 1840/41 für eine Ablösung der christlichen Dogmen durch eine philosophische Gotteslehre plädiert, distanziert sich Friedrich Engels jedoch schon früh vom Pietismus. Unter dem Einfluss der Feuerbach'schen Schriften über die Hegelsche Philosophie entfernt er sich dann ganz vom Christentum. Engels absolviert zwischen 1838 und 1841 in Bremen eine kaufmännische Lehre und knüpft erste Kontakte zur Bewegung *Junges Deutschland.* Das ist eine politisch oppositionelle literarische Bewegung des 19. Jahrhunderts, die im Jahr 1835 als staatsgefährdend verboten wird, und die sich für ein überkonfessionelles Weltbürgertum, für die Emanzipation der Frauen und für die Verbreitung sozialistischer Ideen einsetzt. Dieser Bewegung zugehörig, veröffentlicht Engels zwischen 1839–1842 unter dem Pseudonym ‚Oswald' erste religions- und sozialkritische Schriften, die deutlich von dem Eindruck des sozialen Elends der Kinderarbeit in seinem Heimatort Elberfeld geprägt sind. Im Jahr 1842 führt sein Weg ins englische Manchester, wo Filialen der väterlichen Fabrik stehen. Der Ort ist alles andere als unwichtig: Das Stichwort *Manchester-Kapitalismus* steht bis heute in Anspielung auf die schlechten sozialen Verhältnisse im englischen Manchester des 19. Jahrhunderts für einen extremen wirtschaftlichen Liberalismus ohne alle staatlichen Regelungen oder soziale Absicherungen. In Manchester wird Engels noch drastischer als im heimischen Elberfeld mit der bedrückenden sozialen Situation der Arbeiterschaft konfrontiert. Ein weiteres einschneidendes Ereignis findet im Jahr 1844 statt: Engels lernt während einer Parisreise den Philosophen und Ökonomen Karl Marx (s.u.) kennen. Es erwächst eine lebenslange Freundschaft, welche die Wurzel einer äußerst fruchtbaren Zusammenarbeit ist. Die vom Berliner *Institut für Marxismus-Leninismus* herausgegebenen Werke von Marx und Engels umfassen immerhin 42 dicke Bände. Während der Revolution von 1848 ist Engels als Redakteur der Neuen Rheinischen Zeitung in Köln tätig. Nach einer kurzen Beteiligung am Pfälzer Aufstand im Jahr 1849 geht er nach England zurück, um zwischen 1850 und 1869 eine Zweigstelle des väterlichen

Betriebs in Manchester zu leiten. Auf diese Weise kann er das soziale Elend seiner Arbeiter etwas lindern. Außerdem kann er Karl Marx finanziell unterstützen. Erst ab 1870 widmet sich Engels ausschließlich dem Verfassen von philosophischen und ökonomischen Schriften. Seine erste wichtige Schrift ist *Die Lage der arbeitenden Klasse in England* von 1845. Das Werk gilt heute noch als ein zentrales Werk der politischen Ökonomie des Marxismus. Weitere wichtige Werke sind *Der Ursprung der Familie, des Privateigentums und des Staats* von 1884 und *Ludwig Feuerbach und der Ausgang der klassischen deutschen Philosophie* von 1888.

Engels Schrift *Der Ursprung der Familie, des Privateigentums und des Staats* von 1884 erschließt sich am besten vor dem Hintergrund der politischen Philosophie des Berliner Philosophieprofessors Georg Wilhelm Friedrich Hegel (1770–1831). Dieser bezeichnet in seinen *Grundlinien der Philosophie des Rechts* von 1821 die Familie nämlich als die Keimzelle der bürgerlichen Gesellschaft und die bürgerliche Ehe wiederum als das „sittliche Verhältnis", auf dem die Familie beruht. Für Hegel hat die bürgerliche Ehe drei Aspekte. Sie stellt einmal die Vereinigung zweier Menschen dar, was nach Hegel seinen Grund sowohl in persönlicher romantischer Liebe als auch in Nützlichkeitserwägungen der Eltern als auch in der reifen sittlichen Entscheidung der beiden Ehepartner für die Lebensform der Ehe haben kann. Letzterem ist nach Hegel nun deutlich der Vorzug zu geben, während die von den Eltern geschlossene pragmatische Heirat und vor allem die romantische Liebesheirat in seinen Augen keine solide Basis bilden kann. Die gestiftete Ehe lehnt Hegel ab, weil „große Härten vorfallen" können, wenn „Rücksichten des Vermögens, der Konnexion, politische Zwecke" das einzig „Bestimmende" sind. Die Grundgedanken der Liebesehe, dass jeder nur „warten" müsse, „bis seine Stunde geschlagen hat", und dass man „nur einem bestimmten Individuum seine Liebe schenken" könne, hält Hegel für völlig kindisch und abwegig. Ein zweiter, für die Entstehung eines sittlich verfassten Staates ungleich wichtigerer Aspekt der bürgerlichen Ehe ist nach Hegel die Bewahrung und Mehrung des Eigentums der Individuen, die die Ehe eingehen. Der dritte Aspekt der Ehe ist schließlich das Zeugen bzw. Gebären sowie das Erziehen von Kindern. Ohne jeden Zweifel hat Hegel hier jedoch ausschließlich leibliche Kinder im Blick, wenn es heißt: „Die Mutter liebt im Kinde den Gatten, dieser darin die Gattin; beide haben in ihm ihre Liebe vor sich".[37] Vor der Folie dieses Textes ist Engels' Plädoyer für die proletarische Ehe zu lesen.

Engels Ausführungen knüpfen inhaltlich an die Arbeiten des amerikanischen Ethnologen Lewis H. Morgan (1818–1881) und des schweizerischen Anthropologen Johann Jacob Bachofen (1815–1887) an. Den Ausgangspunkt von Bachofens Werk *Das Mutterrecht* von 1861 bildet die These, dass das Matriarchat (d.i. eine Gesellschaftsform, in der die Frauen die Herrschaft ausüben und Garanten der Erbfolge sind) historisch gesehen vor dem monogamen Patriarchat war, das die bürgerliche Gesellschaft konstituiert. Morgan unterteilt aufgrund von Untersuchungen bei dem Indianerstamm der Irokesen die Kulturgeschichte der Menschheit in die drei Stadien

[37] Vgl. Georg Wilhelm Friedrich Hegel, Die Familie, in: Grundlinien der Philosophie des Rechts, Berlin 1821. Im Text zit. nach: Frankfurt a.M. 1970 (1976), S. 292–339.

der Wildheit, der Barbarei und der Zivilisation. Besonderes Interesse widmet Engels Morgans Ausführungen zu den Familienstrukturen der Irokesen, denen zufolge diese Indianer nicht nur ihre leiblichen Kinder ‚Söhne und Töchter' nennen, sondern alle Kinder, die im Sippenverband geboren werden. Es erweckt seine Aufmerksamkeit, dass familiäre Sorge- und Verantwortungsverhältnisse hier nicht auf der Zweierbeziehung der Ehe zu basieren scheinen wie im europäischen Kulturraum. Weil Engels die Lebensform der Indianer gleichzeitig als eine besonders ‚natürliche' Lebensform betrachtet, stellt sich ihm die Frage, aus welchen Gründen die bürgerliche Ehe in der europäisch-christlich geprägten Kultur des 18. Jahrhunderts als die einzig legitime Basis der Familie gilt.

Als Antwort reformuliert Engels die Hegelsche Auffassung von der bürgerlichen Ehe mit kritischem Duktus. Engels stimmt Hegel vor allem darin zu, dass die bürgerliche Ehe im Kapitalismus ökonomischen Interessen dient. Weil sie allerdings ausschließlich ökonomischen Interessen diene, sei für die Liebe zwischen den Ehepartnern kein Raum mehr. Während Hegel in der bürgerlichen Ehe eine Einrichtung sieht, die zwei mündige und sittlich reife Erwachsene nach gründlicher Überlegung zum Wohl und zur Stabilisierung der bürgerlichen Gemeinschaft eingehen, betrachtet Engel die bürgerliche Ehe kritisch. Für Engels dient die bürgerliche Ehe ausschließlich dem ökonomischen Interesse der Wahrung des Besitzes, der ausschließlich an leibliche Erben weitergegeben werden soll, die darüber hinaus in aller Regel von männlichem Geschlecht sind. Eine unmittelbare Folge dieser Interessengebundenheit der bürgerlichen Ehe ist nach Engels die Abwertung der Frau. Wenn die Ehefrauen ausschließlich nach ökonomischen Gesichtspunkten ausgesucht werden, und wenn sie anschließend von der Gesellschaft sorgsam überwacht werden, damit sie nicht doch einen Seitensprung begehen, durch den wohlmöglich ein so genannter ‚Bastard' in die Erbfolge eingesetzt werden könnte, wird die Frau nicht durch ihre Persönlichkeit zur Ehefrau, sondern einfach nur deshalb, weil sie genügend eigenes Vermögen mit in die Ehe bringt, und weil sie sich die Treue-Vorstellungen der bürgerlichen Gesellschaft zu eigen gemacht hat. Die einzig mögliche Alternative sieht Engels in der proletarischen Ehe, weil diese unter den Bedingungen seiner Zeit die einzige Form der Ehe sei, die aus freien Stücken und jenseits aller ökonomischen Nutzenerwägungen aus Liebe geschlossen werden kann. Schließlich besitzt der Proletarier ja per definitionem keine Produktionsmittel, die er an leibliche Kinder vererben könnte. Weil solche ökonomischen Interessen wegfallen, kann die proletarische Ehe nach Engels aus freien Stücken und aus Liebe zwischen den Ehepartnern geschlossen werden. Engels wertet die Liebe zwischen den Ehepartnern also deutlich auf gegenüber Hegel. Vor allem aber könnten nichtehelich geborene Kinder mit ehelich geborenen Kindern gleichgestellt werden. Es gäbe keine Kinder mehr, die nur deshalb keine Chance auf ein gelungenes Leben haben, weil sie nicht in einer bürgerlichen Ehe geboren wären. Vor allem das hätte zu Engels Zeiten einen ganz enormen sozialen Fortschritt bedeutet.

Engels provozierende Schrift wirkt im Europa seiner Zeit wie ein Brandsatz. Sie wird in viele europäische Sprachen übersetzt und findet enorme Verbreitung. Daran kann auch das so genannte ‚Sozialistengesetz' nichts ändern, das nach zwei Attentaten auf Wilhelm I., die Reichskanzler Otto von Bismarck den Sozialisten anlastete, am 21. Oktober 1878 im Reichstag verabschiedet wird. Das Gesetz ist bis 1890 in Kraft. Es verhängt unter Androhung von Polizeigewalt und Gefängnisstrafen ein Versammlungs-, Publikations- und Organisationsverbot gegen alle sozialdemokratischen Parteien und Gruppierungen. Auch dieses Gesetz kann es nicht verhindern, dass Engels beeindruckender Appell zur Aufwertung der Ehefrauen, der nicht ehelich geborenen Kinder und der romantischen Liebe bis ins 20. Jahrhundert hinein von immer mehr Menschen gehört wird.

(A) 1.3.2 Die Entstehung des Staates aus dem Krieg aller gegen alle

Thomas Hobbes wird am 5.4.1588 in Malmesbury (Westport) als Sohn eines einfachen Landvikars und einer Bauerntochter geboren. Im zarten Alter von 14 Jahren übersetzt er das Theaterstück *Medea* des griechischen Dichters Euripides aus dem Griechischen in lateinische Jamben. In dieser Weise als ‚Wunderkind' aufgefallen, erhält er im Jahr 1603 ein Stipendium zum Studium an der renommierten Universität von Oxford. Hier betreibt er naturwissenschaftliche und mathematische Studien. Außerdem befasst er sich mit den politischen Schriften des Renaissance-Philosophen Machiavelli (1469–1527): Das Etikett ‚Machiavellismus' ist bis heute (nicht ganz zu Recht) ein Schimpfwort für eine skrupellose Macht- und Wirtschaftspolitik. Nach seinem Studium wird Hobbes im Jahr 1608 Hofmeister des Sohns von Baron Cavendish, mit dem ihm eine lebenslange Freundschaft verbindet und den er zwischen 1610 und 1613 auf seinen Reisen auf dem europäischen Kontinent begleitet. Im Jahr 1640 muss Hobbes jedoch für zehn Jahre aus England fliehen, weil man ihn des Atheismus bezichtigt. Aufnahme findet er in der französischen Hauptstadt Paris, wo neben wichtigen musiktheoretischen Schriften im Jahr 1651 sein Hauptwerk *Leviathan, or the Matter, Forme, and Power of a Commonwealth, Ecclesiasticall and Civill* (dt. *Leviathan, oder von Materie, Form und Gewalt des kirchlichen und bürgerlichen Staates*) erscheint. Zuvor hatte Hobbes seine politische Philosophie schon in den Schriften *Elements of Law* von 1640 und *De Cive* von 1642 dargelegt.

Als Hobbes mit dem *Leviathan* seine Theorie von der Bildung von Staatengemeinschaften veröffentlicht, hat England gerade bewegte Zeiten hinter sich. Die Könige Jakob I. (1603–1625) und Karl I. (1625–49) von England, Schottland und Irland hatten jahrzehntelang versucht, gegen das englische Parlament eine absolutistische Regierungsform durchzusetzen. Darunter versteht man eine Herrschaftsform, die den König als ‚absoluten' Alleinherrscher versteht und die Mitsprache eines Parlamentes o.ä. nicht duldet. Seine extremste Ausprägung findet diese Herrschaftsform in Frankreich mit dem so genannten ‚Sonnenkönig' Ludwig XIV. (1661–1715). Sein Ausspruch ‚Der Staat bin ich' gilt als Quintessenz des absolutistischen Staatsverständnisses. Gegen das Machtgebaren der englischen Könige kommt es unter der Führung von Oliver Cromwell (1599–1658) zu blutigen Aufständen, die mit der

Hinrichtung von Karl I. im Januar 1649 und der vorläufigen Abschaffung der Monarchie im März 1649 enden. Viel gewonnen ist damit allerdings nicht. Zwar schreibt sich Cromwell den Satz „Die höchste Gewalt liegt beim Volke, ihm gehört sie von allem Ursprung an, und von dem Volk wird sie auf seine Vertreter übertragen" auf seine Fahnen. Tatsächlich an die Macht gekommen, errichtet er jedoch eine kompromisslose Militärdiktatur. Im Jahr 1663 ernennt er sich zum ‚Lordprotektor'. Hinter diesem Titel verbirgt sich ein absoluter Alleinherrschaftsanspruch. Von seiner Herrschaftsführung (die der Sache nach natürlich ebenfalls absolutistisch ist, auch wenn Cromwell kein König war) abgeschreckt, beruft das englische Parlament nach Cromwells Tod im Jahr 1660 den Sohn von Karl I. als Karl II. (1685–1688) zurück auf den Thron. Gegen dessen erneute absolutistische Bestrebungen kann sich das Parlament nun endlich durchsetzen. Im Jahr 1679 muss Karl II. die *Habeas-Corpus-Akte* unterzeichnen, die der absolutistischen Alleinherrschaft durch die Einführung einer Gerichtsbarkeit einen ersten Kontrapunkt setzte. Hobbes *Leviathan* gilt vielerorts als das wichtigste Dokument der politischen Philosophie aus dem ‚Zeitalter des Absolutismus'. Ob die Schrift jedoch tatsächlich für die absolutistische Herrschaftsform plädiert, oder ob sie nicht vielmehr Wegbereiter einer modernen, liberalistischen und vertragstheoretischen Auffassung vom ‚Staat' ist – darüber streiten sich die Politologen und Philosophen bis heute.

Die Schrift besteht aus insgesamt vier Teilen. Der erste Teil skizziert Hobbes Theorie von einem fiktiven ‚Urzustand' der Menschheitsgeschichte, in der die Menschen ohne alle Regeln und Rücksichten ihre individuellen Interessen nach dem Recht des jeweils Stärkeren verfolgen. Es gilt allein das Faustrecht nach dem Prinzip ‚Fressen und gefressen werden'. Wer sich nicht durchsetzt, hat Pech gehabt. Es gibt keine Instanz, die den jeweils Schwächeren beschützen würde. Das diesen Ausführungen zugrunde liegende Menschenbild bringt Hobbes schließlich auf die prägnante Formel *Homo homini lupus est.* Das bedeutet frei übersetzt in etwa, dass sich die Menschen im Urzustand untereinander wie Wölfe verhalten. Die stärksten Wölfe können Nachkommen zeugen und so viel fressen, wie sie wollen. Die alten, kranken und schwachen Wölfe werden hingegen weggebissen oder sogar ganz ausgestoßen aus dem Rudel, was einer Verurteilung zum Tode gleich kommt. Wohlgemerkt: Hobbes beschreibt hier keine historisch-konkrete Urgesellschaft von Steinzeitmenschen etwa. Er entwickelt lediglich ein theoretisches Bild davon, wie das menschliche Miteinander ohne alle Regeln und ohne jeden staatlich kontrollierten Zwang vermutlich aussehen würde. Ihre eigentliche Pointe entwickelt die Schrift im zweiten Teil, welcher den Übergang aus dem Naturzustand in den vertraglich geregelten Zustand einer staatlichen Ordnung beschreibt. Dieser Übergang findet zu einem fiktiven Zeitpunkt statt, an dem die Menschen begreifen, dass sie von der Gewalt, die sie gegenüber anderen ausüben, irgendwann selbst betroffen sein werden und dass unter den Bedingungen ständiger Bedrohung weder Ackerbau noch Handel möglich sind. Sie besinnen sich und beschließen, ihre Macht zu delegieren – entweder an einen einzelnen Menschen (im Sinne des Absolutismus) oder an eine Versammlung von Menschen (im Sinne des Parlamentarismus). Besiegelt und bekräftigt wird dieses Unternehmen mit einem Vertrag, der im Wesentlichen besagt, dass die einzelnen

Individuen ihre Rechte und ihre Machtmittel an den oder die Herrscher abtreten, um im Gegenzug dafür vor willkürlichen Übergriffen, vor Unrecht und vor Gewalt beschützt zu werden. Die unverzichtbare Basis des Vertrags besteht nach Hobbes allerdings darin, dass sich jeder an den Vertrag hält und gebunden fühlt – bis auf die herrschende Instanz, die jenseits des Vertrages und damit auch jenseits des Rechtes steht, das sie zu gewährleisten hat. Gewaltenteilung gibt es bei Hobbes noch ebenso wenig wie das Recht des Aufstandes gegen einen unfähigen oder grausamen Herrscher. Es gibt aber immerhin schon die Idee eines Vertrages, der zu einem fiktiven Zeitpunkt vor Inkrafttretung des Vertrages von allen Vertragspartnern freiwillig geschlossen wird. Aus dieser freiwilligen Abtretung entsteht nach Hobbes eine umfassende Gemeinschaft, in der der Einzelne aus der Allmacht der herrschenden Instanz heraus Gerechtigkeit und Schutz zumindest vor den anderen Mitgliedern der Gemeinschaft erwarten kann. Hobbes nennt diese Gemeinschaft, die „das Wesen des Staates" ausmacht, auch einen *Leviathan.* Gemeint ist eine Art ‚Über-Person', in der sich die personalen Kräfte und Willensäußerungen von vielen Einzelmenschen vereinigen. Im III. Teil versucht Hobbes dann, seine Theorie in Einklang mit der Bibel zu bringen. Im Zentrum steht eine Kritik an der Praxis der Exkommunizierung des Herrschers durch den Papst, wie sie im Investiturstreit (vgl. Gesamtdarstellung Atheismus) beispielsweise wirkmächtig angewandt worden ist. Seiner Ansicht nach lassen sich solche Maßnahmen gegen den vom Volk eingesetzten Staatsherrscher mit der Bibel nicht rechtfertigen. Der vierte Teil verwirft dann generell jede Vermischung von weltlicher und geistlicher Herrschaft.

Bemerkenswert ist die Prämisse von Hobbes Theorie: Würden wir uns ohne jede gesellschaftliche Regelung tatsächlich wie Wölfe verhalten und uns gegenseitig so aggressiv wie möglich um kleiner Vorteile willen bekämpfen? Stimmt Hobbes' Menschenbild mit unseren Erfahrungen überein? Wirkmächtig aufgegriffen wurde Hobbes' Theorie vom Übergang aus einem anarchischen Naturzustand in einen vertraglich geregelten staatlichen Zustand beispielsweise von Immanuel Kant in seiner Schrift *Zum Ewigen Frieden* von 1795. Diese Schrift überträgt die von Hobbes analysierten zwischenmenschlichen Verhältnisse auf die Verhältnisse von Staaten untereinander. Kant nimmt ebenfalls einen kriegerischen Urzustand zwischen den Staaten an, der dann aus vernünftiger Einsicht heraus in einen vertraglich geregelten friedlichen Zustand überführt. Ein ganz wichtiger Unterschied ist allerdings hervorzuheben: Während die herrschende Instanz bei Hobbes völlig autark gedacht wird, müssen die Staaten nach Kant nach dem Prinzip der Gewaltenteilung organisiert sein. Hervorzuheben ist außerdem, dass Kant für jeden Menschen unabhängig von seinem Stand bestimmte unveräußerliche Rechte einfordert, die von nichts und niemandem angetastet werden dürfen – von keinem Herrscher und noch nicht einmal vom Träger der Grundrechte selbst! (Ein Beispiel: Nach Kant darf man sich beispielsweise nicht selbst in die Sklaverei verkaufen, weil Freiheit ein solches unveräußerliches und unantastbares Grundrecht ist.) Im Gegensatz dazu ist Hobbes' Herrscher im Idealfall wie ein Vater, der absolute Autorität für sich beansprucht und im Gegenzug seine ‚Untertanen' wie seine eigenen Kinder beschützt und versorgt. Das wirft nun die Frage auf, ob man tatsächlich sein Leben lang wie ein Kind in Unmündigkeit leben will? Des Weiteren muss das Problem geklärt werden, wie es gewährleistet werden kann, dass kein Sadist oder kein Dilettant zum Herrscher gemacht wird? Hobbes' Staatsmodell ist eine der ersten vertragstheoretischen Gesellschaftstheorien überhaupt, und insofern ist es vorwärtsweisend. Im Vergleich mit unseren demokratischen Vorstellungen von einer guten Gesellschaftsform entwirft es jedoch ein Zwangsmodell der Unmündigkeit. Wie sind Sicherheit und Frieden gegenüber persönlicher Freiheit und der Möglichkeit politischer Mitbestimmung zu bewerten, falls man sich für eine der beiden Optionen entscheiden müsste? Und wie sind die Chancen zu bewerten, unter den gegebenen politischen Bedingungen vielleicht beides gleichzeitig zu realisieren und zu bewahren? Wo könnten Gefahren liegen?

(A) 1.3.3 Die Einheit der Völker im Klassenkampf

Karl Marx wird am 5.5.1818 in einer jüdischen Rabbinerfamilie in Trier geboren. Um seinen Beruf als Rechtsanwalt ausüben zu können, tritt der Vater im Jahr 1824 zum Protestantismus über. Obwohl Marx ab 1835 an den Universitäten von Bonn und Berlin ebenfalls für das Studium der Rechtswissenschaft eingeschrieben ist, wendet sich sein Interesse bald der Philosophie zu. Die Philosophie Hegels (1770–1831), der an der jetzigen Humboldt-Universität zu Berlin von 1818 bis zu seinem Tod im Jahr 1831 gelehrt hatte, fasziniert ihn besonders. Unter ihrem Eindruck schließt sich Marx den so genannten ‚Linkshegelianern' an, was seine Hoffnungen auf eine universitäre Karriere in Deutschland allerdings zunichte macht. Deshalb entschließt er sich im Jahr 1842 für eine Laufbahn als Journalist bei der *Rheinischen Zeitung*. Als die Zeitung aufgrund ihres kritischen Grundtenors von der preußischen Regierung verboten wird, geht Marx mit seiner Frau Jenny von Westphalen (1814–1881) nach Paris. Hier lernt Marx die französischen Sozialisten um Pierre-Joseph Proudhon (1809–1865) und Louis Blanc (1811–1882) sowie den Dichter Heinrich Heine (1797–1856) kennen. Vor allem aber begegnet er dem Fabrikantensohn Friedrich Engels, mit dem es zu einer lebenslangen Freundschaft und zu lebenslanger fruchtbarer Zusammenarbeit kommt (vgl. II./III.[A] 1.3.1). In Paris schreibt Marx die Texte *Zur Judenfrage* und *Zur Kritik der Hegelschen Rechtsphilosophie*, die im Jahr 1844 erscheinen. In Zusammenarbeit mit Engels entstehen außerdem die *Thesen über Feuerbach*, in denen sich der berühmte Satz findet: „Die Philosophen haben die Welt nur verschieden interpretiert, es kömmt darauf an, sie zu verändern". Im Jahr 1845 wird Marx wegen seiner politischen Aktivitäten aus Paris ausgewiesen. Sein Weg führt ihn zunächst nach Brüssel, wo er im Auftrag des Londoner *Bundes der Kommunisten* seine Arbeit am *Manifest der Kommunistischen Partei* beginnt, das im Februar 1848 veröffentlicht wird. Als er im März 1848 nach der Februarrevolution (das ist der am 24.2.1848 in Frankreich ausgebrochene Aufstand, der mit dem Sturz der französischen Monarchie und der Einrichtung der Zweiten Republik in Frankreich endet) auch aus Belgien ausgewiesen wird, wählt Marx nach kurzen Umwegen über Deutschland und Paris schließlich London als endgültiges

Exil. Von Engels finanziell unterstützt, entstehen hier das Buch *Zur Kritik der politischen Ökonomie* von 1859 und der erste Band des insgesamt dreibändigen Werks *Das Kapital* von 1867. Die letzten beiden Bände werden 1885 bzw. 1894 von Engels herausgegeben, nachdem Marx am 14. März 1883 stirbt.
Karl Marx wird in das Europa der Restauration hineingeboren. Nachdem Napoleon I. seine Eroberungskriege verloren hat, versuchen die konservativen Kräfte in Europa in der ersten Hälfte des 19. Jahrhunderts, das Rad der Geschichte zurückzudrehen und politisch-soziale Verhältnisse zu etablieren, wie sie vor der Französischen Revolution im Jahr 1789 geherrscht haben. Die freiheitlichen Bestrebungen, die nach der Französischen Revolution auch in Deutschland Raum gegriffen haben mit dem Ruf nach der Einheit der deutschen Nation und der Gewährleistung von bürgerlichen Freiheiten, werden durch die *Karlsbader Beschlüsse* (6.-31.8.1819) und durch die *Heilige Allianz* (26.9.1815) zwischen Österreich, Preußen und Russland unterdrückt. Die so genannte ‚Demagogenverfolgung' erstickt im Deutschland der zwanziger Jahre das politische Leben nahezu ganz. Als Reaktion beginnt die Zeit des Biedermeier. Man macht es sich in den eigenen vier Wänden gemütlich; man sehnt sich nach Ruhe und Ordnung; vor allem kümmert man sich möglichst wenig um die große Politik. Die Situation ändert sich schlagartig mit dem Jahr 1848, das fast den ganzen europäischen Kontinent mit Revolutionen überzieht. Die Aufstände beginnen im Februar in Frankreich und finden im März ihre Fortsetzung in Preußen, Österreich, Ungarn, Polen, Italien und in einigen deutschen Kleinstaaten wie Baden und Sachsen.
Das *Kommunistische Manifest* von 1848 ist in gewissem Sinne eine Reaktion auf die Februar-Revolution in Frankreich. Allerdings will Marx diese Revolution keineswegs unterstützen. Das *Kommunistische Manifest* ist vielmehr der Aufruf zu einer Revolution, welche die Revolution von 1848 schon wieder zur Geschichte machen würde. Es behandelt die bürgerliche Revolution von 1848 nämlich als bloßes Durchgangsstadium der Geschichte, auf das den Mechanismen der Geschichte zufolge notwendig die Revolution der so genannten ‚Arbeiterklasse' als die eigentliche Revolution folgen muss. Damit provoziert Marx die bürgerlichen Revolutionäre in mindestens dreierlei Hinsichten.

Zunächst einmal bringt das Manifest die Interessen einer Bevölkerungsschicht zu Gehör, die weder in der Französischen Revolution von 1789 noch in den Revolutionen von 1848 in den Blick geraten war. Die Revolution von 1848 ist eine Revolution des europäischen Bürgertums (bzw. ‚der Bourgeoise', wie es bei Marx abfällig heißt), das aufgrund seiner materiellen Besitzstände und seiner Bildung selbstbewusst geworden ist. Es lehnt sich als ‚dritter Stand' gegen die Bevormundungen durch Klerus und Adel auf, indem es bestimmte Freiheitsrechte wie die Presse-, die Religions- und die Umzugsfreiheit fordert und außerdem eine bürgerliche Verfassung, die Einrichtung von parlamentarischen Volksvertretungen und von Geschworenengerichten sowie das Recht auf die Bildung von Vereinen. Dagegen bringt Marx die nahezu recht- und besitzlosen Industriearbeiter und ihre Familien als ‚vierten Stand' ins Spiel, die in den Fabriken unter erbärmlichen Verhältnissen den Unterhalt für ihr nacktes Überleben verdienen. Im frühen 19. Jahrhundert werden insbesondere in England die bäuerlichen und handwerklichen Strukturen des vorindustriellen Europas immer mehr zerstört. Im Zuge dessen nimmt die Zahl potentieller Industriearbeiter so zu, dass die großbürgerlichen Fabrikbesitzer die Löhne so weit drücken können, dass die Arbeiter ihre Frauen und Kinder ebenfalls in die Fabriken schicken müssen. Das Ausmaß des sozialen Elends der europäischen Industriearbeiter in der ersten Hälfte des 19. Jahrhunderts veranschaulichen einige nackte Zahlen. Die tägliche Arbeitszeit beträgt auch für Frauen und Kinder etwa 15 Stunden täglich, und das (mindestens) sechs Tage in der Woche. Vom 10. Lebensjahr an dürfen Kinder im Bergwerk unter Tage beschäftigt werden, wo sie auf allen vieren wie Hunde die schweren Kohlenwagen durch die kaum hüfthohen Schächte von der Abraumstätte zum Förderschacht ziehen. Erst 1833 wird in England ein Gesetz erlassen, welches die Arbeitszeit für 9–12jährige Kinder auf 9 Stunden beschränkt, und die Arbeitszeit von 13–18jährigen Kindern auf 12 Stunden. Das Elend ist schier unbeschreiblich. Kranken- und Altersversicherungen gibt es nicht. Wer nicht arbeiten kann, hat nichts zu essen. Wasser- und Abwasserversorgungen gibt es ebenfalls nicht – geschweige denn Schulen für die Kinder. Für diese Menschen sind die bürgerlichen Forderungen nach Freiheitsrechten der reinste Hohn. Ihnen geht es um das viel basalere Recht, unter menschenwürdigen Bedingungen arbeiten und mit der Arbeit auch die eigene Familie ernähren zu können. Gegen die besitzende bürgerliche Klasse artikuliert das *Kommunistische Manifest* die Interessen der Proletarier-Klasse: Proletarier sind dem lateinischen Wortursprung zufolge Menschen, die nichts als ihre Kinder besitzen.

Die zweite Provokation des Manifestes besteht darin, dass es die Vereinigung der Proletarier ‚aller Länder' fordert. Eine zentrale Forderung der bürgerlichen Revolution von 1848 ist die Bildung von Nationalstaaten. Diese Forderung richtet sich gegen die Herrschaftsansprüche des durch Verträge und Heiraten im gesamten Europa miteinander vernetzten Adels. Das Bürgertum versteht sich national und will dementsprechend national geprägte Regierungen und Verfassungen. So tritt im Juni 1848 in Prag ein Kongress zusammen, der slawische Staatenbildungen gegen die Vorherrschaft der österreichischen Habsburg-Monarchie fordert. In Deutschland versammeln sich am 18.5.1848 Abgeordnete des bürgerlichen Lagers in der Frankfurter Paulskirche, um mit einer bürgerlichen Verfassung die Grundlage für einen freien deutschen Nationalstaat zu schaffen. Gegen diese nationalen Bestrebungen setzt Marx nun einen deutlichen Kontrapunkt, wenn er nicht etwa die Nation, sondern die Klasse zum Handlungsmotor der Geschichte erklärt: Eine Klasse konstituiert sich nach Marx völlig unabhängig von jeder nationalen Tradition einzig nach ökonomisch-materiellen Kriterien. Eine zweite Pointe des Textes besteht in dem Aufruf zur Vereinigung der Proletarier *aller* Länder jenseits der von der bürgerlichen Revolution gerade erst errichteten nationalen Schranken.

Eine dritte Provokation besteht darin, dass Marx mit dem Untergang der Bourgeoisie den Untergang einer Klasse prophezeit, die sich gerade emanzipiert hat. Das Manifest behauptet nach dem Vorbild Hegels einen dialektischen Umschlag der bürgerlichen Revolution in eine Revolution der Proletarierklasse. Nach Hegel hat eine Entwicklung eine dialektische Struktur, wenn das jeweils vorangehende Entwicklungsstadium schon den Keim in sich trägt, aus sich selbst heraus den gegenteiligen Zustand hervorgehen zu lassen. Dieses Interpretationsraster (mit dem Hegel die Geistesgeschichte der Menschheit und insbesondere die Geschichte der Religionen deutet) wendet Marx auf den politisch sozialen Bereich an. Die bürgerliche Gesellschaft ist entstanden, weil die vorangegangene Feudalgesellschaft Bedingungen geschaffen hat, mit denen das Bürgertum nicht mehr leben kann. Dasselbe geschieht nun aber unter den Bedingungen der bürgerlichen Gesellschaft: Durch ihre Fokussierung auf materiellen Besitz und durch die skrupellose Ausbeutung der besitzlosen Massen der Industriearbeiter schafft die bürgerliche Klasse selbst die Bedingungen, die zu ihrer Aufhebung führen müssen. Sie schafft Bedingungen, in denen offensichtlich wird, dass das Privatkapital abgeschafft werden muss, weil es nicht zum Wohl von Vielen, sondern lediglich für die partikularen Interessen einiger weniger Großbürger eingesetzt wird. Die gerade erst entstehende bürgerliche Gesellschaft wird nach Marx bald selbst wieder Geschichte werden, weil das Privateigentum sich gegen die Bedürfnisse der Massen nicht halten lässt. Vor allem mit dieser Utopie provoziert Marx das Bürgertum seiner Zeit.

Obwohl das *Kommunistische Manifest* seiner Zeit weit voraus ist, war es im ausgehenden 19. Jahrhundert in den verschiedenen sozialistischen Parteien und Strömungen extrem wirkmächtig. Mit Sicherheit sind soziale Errungenschaften wie die Sozial- und Altersversicherung, wie der Verbot der Kinderarbeit und das moderne Arbeitsrecht auf Bemühungen zurückzuführen, wie sie das *Manifest* widerspiegelt. Damit behält der Text seine Aktualität, auch wenn es die strikte Trennung von feudaler Klasse, bürgerlicher Klasse und Proletarierklasse im heutigen Europa zumindest so nicht mehr geben mag. Irritieren sollte allerdings, dass der Text zum „gewaltsamen Umsturz“ aufruft. Das ist zwar sicherlich damit zu erklären, dass der Text in der von Revolutionen geprägten ersten Hälfte des 19. Jahrhunderts entstanden ist. Heute sollten allerdings andere Wege des gerechten Ausgleichs von Interessen gefunden und begangen werden.

III.1.4 Das Menschenbild

(A) 1.4.1 Die Stellung des Menschen in der Hierarchie des Lebendigen

Jahrhundertlang besteht im europäischen Kulturraum der Konsens, dass das Menschengeschlecht genauso entstanden ist, wie es im Buch Genesis der Bibel beschrieben wird. Dieser Erzählung zufolge hat Gott am sechsten Tag den Menschen geschaffen, ihm den Atem eingehaucht, mit Namen benannt und ihn zum Herrscher über die Tiere und die Pflanzen bestimmt. Zwar hat es immer wieder Forscher gegeben, die diese Version der Entstehung des Menschengeschlechts mit dem Argument bezweifelt haben, dass die Menschen den Tieren in vielerlei Hinsichten so ähnlich sind, dass sich eine Sonderstellung des Menschen im Kosmos zumindest mit dem Hinweis auf die körperliche Ausstattung des Menschen kaum wirklich rechtfertigen lässt. Die meisten dieser Forscher konnten mit ihren provozierenden Thesen jedoch kein Gehör finden.

Eine der prominenten Ausnahmen bildet die Naturphilosophie des Dichters Johann Wolfgang von Goethe (1789–1839). Im Jahr 1790 erscheint seine Schrift *Versuch, die Metamorphose der Pflanze zu erklären*, die aus Goethes Studien bei Naturwissenschaftlern der Universität Jena hervorgegangen ist. Der Begriff ‚Metamorphose' stammt aus dem Griechischen und bedeutet in etwa soviel wie ‚Umwandlung'. In der Botanik und der Zoologie des 19. Jahrhunderts beschreibt er die Umwandlung von Pflanzenteilen oder Körperteilen von Tieren. So liegt eine ‚Metamorphose' vor, wenn sich eine Larve nach einer Zeit der Verpuppung in einen Schmetterling verwandelt, oder wenn aus der Blüte eines Kirschbaumes eine Kirsche entsteht. Mit diesem Leitbegriff will Goethe plausibilisieren, dass sich die verschiedenen Pflanzentypen trotz einiger Unterschiede im Detail grundsätzlich gleich entwickeln. Dasselbe zeigt er auch für die Tiere und insbesondere für die Wirbeltiere, zu denen Goethe provokanterweise auch den Menschen zählt.

Der französische Naturforscher Jean-Baptiste de Monet Lamarck (1744–1829) treibt die Debatte weiter. Sein Hauptwerk *Philosophie zoologique* von 1809 bezweifelt, dass am Beginn der Geschichte irgendwann einmal eine bestimmte Anzahl von Arten geschaffen wurde. Es behauptet statt dessen, dass die Artenvielfalt durch Vernetzung und Ausfaltung einiger weniger Arten entstanden ist. Den Mechanismus, mit dem sich die Arten aus ihren jeweiligen Vorläuferarten entwickelt haben sollen, kann Lamarck jedoch noch nicht benennen.

In diese Bresche springt der britische Naturforscher Charles Darwin (1809–1882) mit seinem Werk *The Descent of Man, and Selection in Relation to Sex (*dt. *Die Entstehung der Arten durch natürliche Zuchtwahl*) von 1859. Diese Schrift liefert im Rahmen einer umfassenden Theorie der Evolution erstmalig eine plausible Erklärung für die schon lange grassierende These von der ‚Abstammung des Menschen von einer tiefer stehenden, tierischen Form'. Das lateinische Verb ‚evolere' bedeutet ‚herausbrechen, hervorgehen aus'. Darwins Evolutionslehre geht von dem Grundgedanken aus, dass es einige wenige Urstadien des Lebens gegeben haben muss, aus denen die Vielfalt der Arten durch Anpassungsprozesse hervorgegangen ist. Im Zuge dieser Prozesse seien jeweils die Arten von der Erdoberfläche verschwunden, die nicht gut genug ausgestattet waren, um sich an bestimmte neue Umweltbedingungen anzupassen, während flexiblere Arten überleben und sich in immer mehr Unterarten ausfalten konnten. Der zentrale Begriff von Darwins Evolutionstheorie ist somit der Begriff der ‚Anpassung'. Weil sich Lebewesen mit bestimmten Merkmalen an die jeweiligen Umweltgegebenheiten besser anpassen konnten als andere, haben sich bestimmte Lebewesen fortpflanzen können und andere nicht. Das wohl populärste Beispiel für eine ausgestorbene Tierart sind die Dinosaurier: Wegen ihrer Größe oder wegen der speziellen Nahrung, die sie brauchten, konnten sie verschiedene Erwärmungsperioden der Erde nicht überleben. Ihre besondere Pointe erhält Darwins Evolutionstheorie dadurch, dass sie auch den Menschen nicht ausnimmt. Gestützt auf Primatenfunde der Archäologie einerseits und auf Ergebnisse experimenteller Verhaltensforschung andererseits kann Darwin auf so deutliche Parallelen sowohl zwischen den körperlichen Ausstattungen als auch dem Verhalten von Affen und Menschen hinweisen, dass es fortan an seiner These von einem gemeinsamen Ursprung von Affen und Menschen keinen vernünftigen Zweifel mehr geben kann.

Der dritte im Bunde ist der englische Zoologe Thomas Henry Huxley (1825–1895). Sein zoologisches Hauptwerk *Zeugnisse für die Stellung des Menschen in der Natur* von 1863 unterstützt die Thesen Darwins zur tierischen Abkunft des Menschen. Aus heutiger Sicht interessanter ist jedoch vermutlich seine Ethik *Evolution and Ethics* von 1893. Diese Ethik betont nämlich, dass die spezifisch menschliche Fähigkeit, das Verhalten an Gerechtigkeitsregeln ausrichten zu können, einen sehr viel höheren Anpassungsvorteil darstellt als das bloße ‚Recht des Stärkeren', wie es in populär-falschen Abhandlungen zum Darwinismus gern behauptet wird.

Ernst Haeckel (1834–1919) wird am 16.2.1843 in Potsdam als Sohn eines Beamten geboren. Im Jahr 1857 promoviert er zum Dr. med., um sich dann jedoch der Zoologie zuzuwenden. Im Jahr 1861 wird er von der Universität Jena habilitiert und ein Jahr zum außerordentlichen Professor für Zoologie ernannt. Ab jetzt widmet er seine Bemühungen der Aufgabe, die Evolutionstheorie in populärer Weise einem breiten Publikum zu präsentieren. Um Haeckels Beitrag zu veranschaulichen: Eine seiner ‚Marketing' Ideen bestand darin, die Abstammungslinien von Tier- und Pflanzengruppen in Form von Stammbäumen darzustellen. Diese Idee kommt zum ersten Mal in Haeckels zweibändigem Werk *Generelle Morphologie der Organismen* von 1866 zum Zuge. Im Zentrum steht erstens die These, dass die Biologie eine historische Wissenschaft sei, weil es in der Geschichte des Lebens verschiedene Stadien der Organisation von Lebewesen gibt. Eine weitere zentrale These lautet, dass die wichtigsten Überlebensfaktoren die Vielfalt der Ernährungsmöglichkeiten und die Zuverlässigkeit der Fortpflanzungsmechanismen seien: Das Beispiel der Ratten kann es heute noch veranschaulichen, dass Ratten als Allesfresser mit einem extrem wenig störanfälligen und regen Fortpflanzungsverhalten zu den ganz besonders überlebensfähigen Tierarten gehören. Darüber hinaus enthält das Buch noch eine Vielzahl von Detailthesen, die im 19. Jahrhundert ungeheuer provozierend wirken. So schildert es beispielsweise, dass der menschliche Embryo ein Entwicklungsstadium durchläuft, in dem er Kiemen wie ein Fisch aufweist. Das gilt dem Darwinismus als schlagender Beweis für seine Grundthese, dass alle Lebensformen einschließlich der menschlichen aus einigen wenigen Urformen des Lebens entstanden sind.

Nicht nur Darwins Theorie, sondern auch Haeckel selbst wird durch sein Bemühen um die Evolutionstheorie in den siebziger Jahren des 19. Jahrhunderts populär. Aus aller Welt kommen Hörer nach Jena, wo Haeckel ab 1865 einen ordentlichen Lehrstuhl für Zoologie innehat. In dieser Zeit entsteht aus einer Reihe von Vorträgen das Buch *Natürliche Schöpfungsgeschichte* von 1868. Besonders populär wird das Buch *Die Welträtsel* von 1899. Der Titel knüpft an die sieben Welträtsel an, von denen Emil du Bois-Reymond im Jahr 1880 gesprochen hatte. Haeckel behauptet, diese sieben Welträtsel mit Rekurs auf die Evolutionstheorie lösen zu können. Er geht von der materialistischen Prämisse aus, dass die Welt aus einheitlichen Substanzen besteht, die nach allgemeinen Kausalgesetzen geordnet sind. Ausgehend von dieser Prämisse und von der Evolutionstheorie gibt Haeckel Erklärungen zu Fragen nach den menschlichen Empfindungen, nach dem menschlichen Bewusstsein und der spezifisch menschlichen Fähigkeit zum Denken. Gleichzeitig wird die Geschichte der Menschheit in einer allgemeinen Geschichte der Universums eingebettet, die aber ausdrücklich nicht theistisch und erst recht nicht christlich, sondern dezidiert materialistisch ausgerichtet ist. Haeckels Gegner versammeln sich in dem evangelischen ‚Keplerbund'. Seine Anhänger gründen im Jahr 1806 den so genannten ‚Monistenbund', dessen Ehrenvorsitz Haeckel übernimmt. Auch W.L. Lenin ist ein großer Bewunderer Haeckels: Auf sein Betreiben bildete Haeckels Theorie schließlich eines der Fundamente des Sozialismus, obwohl die Menschenbilder von Lenins Sozialismus und Haeckels monistischem Materialismus bei näherer Hinsicht nicht in allen Details kompatibel sind. Haeckel selbst gründet im Jahr 1906 den *Deutschen Monistenbund*, in dem sich über den Sozialdarwinismus hinausgehend rassistische Anschauungen entwickelten, die im Nationalsozialismus zwischen 1933 und 1945 dann die bekannten furchtbaren Folgen haben sollten.

Heute hat sich die von Haeckel als ‚Pitheokoidentheorie' bezeichnete Lehre von der Abstammung des Menschen durch entsprechende archäologische Funde weitgehend bestätigt. Allerdings geht man nicht von einer direkten Abstammung des Menschen vom Affen aus, sondern von einem gemeinsamen Vorfahren von Affen und Menschen. Die ersten, noch affenähnlichen ‚Vormenschen' (Ramapithecinae) lebten vor ca. 5–2 Millionen Jahren, wie entsprechende fossile Funde in Indien belegen. Das Übergangsstadium zwischen Mensch und Tier bildeten nach heutigem Forschungsstand dann die so genannten ‚Urmenschen' (Australopithecinae), die zwar noch ein relativ kleines Gehirn im Verhältnis zum Körpervolumen hatten, die aber schon aufrecht gingen und ein menschenähnliches Gebiss hatten. Als Prototyp dieses Urmenschen gilt der so genannte Australopithecus afarensis, der vor ca. 3500000 Jahren gelebt haben muss, wie die im Jahr 1974/75 in Äthiopien gefundenen Überreste belegen. Ihm folgte der Australopithecus africanus, der den afrikanischen Kontinent etwa vor 2 500 000 Jahren besiedelt haben muss. In Linien, die heute noch nicht eindeutig rekonstruiert werden können, entwickelte sich aus diesem afrikanischen Urmenschen die Gruppe der so genannten ‚Echtmenschen' (Homininen). Zunächst traten die so genannten Frühmenschen auf den Plan (homo erectus; lat. Mensch mit aufrechtem Gang). Überreste von Frühmenschen fand man in der Nähe der chinesischen Stadt Peking (Peking-Mensch) und der deutschen Stadt Heidelberg (Heidelberg-Mensch). Die Frühmenschen lebten ca. 500000 v. Chr. Sie hatten (wie der Name schon sagt) einen aufrechten Gang. Vor allem aber konnten sie einfache Werkzeuge gebrauchen. Der Peking-Mensch scheint sogar schon das Feuer beherrscht zu haben. Ihnen folgten ca. 300000 v. Chr. die wirklichen Menschen (homo sapiens; lat. der mit Weisheit begabte Mensch). Diese Gruppe unterteilt sich wiederum in die so genannten ‚Neanderthaler' (homo sapiens neanderthalensis) und die ‚Jetztmenschen' (homo sapiens sapiens). Überreste des ‚Neanderthalers' wurden erstmalig im Neanderthal in der Nähe von Düsseldorf entdeckt. Als unsere direkten Vorfahren gelten die Neanderthaler heute nicht mehr, sondern nur noch als Seitenlinie in der Entwicklung der Menschheit. Vom ‚Jetztmenschen' spricht man erst seit etwa 40 000 Jahren vor Christus. In Westeuropa wurden Überreste dieses Menschentypus gefunden. Das entscheidende Kriterium, diesen Homininen-Typus von seinen Vorläufern zu unterscheiden, sind bezeichnenderweise erste Anzeichen für Kultur, Religion und Kunst.

(A) 1.4.2 Das menschliche Gehirn als das Spezifikum des Mensch-Seins

Immer schon war es wichtig, den Tod eines Menschen genau feststellen zu können. Schließlich muss vermieden werden, dass jemand lebendig begraben wird. Jahrhundertelang griffen die Ärzte zu einer Feder. Sie wurde vor den Mund des Patienten gehalten, und wenn sie durch keine Atembewegung mehr zum Zittern gebracht wurde, erklärte man den Patienten für tot und übergab ihn den Leichenbestattern. Aber natürlich wusste man, dass es zu Irrtümern kommen konnte. Man kannte das Phänomen des vorübergehenden Atemstillstandes und wusste, dass die Prozedur mit der Feder nicht wirklich sicher ist. Aus Erfahrung wusste man auch, dass sich so mancher Mensch wiederbeleben lässt, wenn seine Atmung schon ausgesetzt hat, nachdem er beispielsweise eine zu lange Zeit unter Wasser verbracht hat. Deshalb wurde das Atem-Kriterium irgendwann durch das Kriterium des Herzstillstandes abgelöst. Dieses Kriterium geht davon aus, dass ein Mensch endgültig tot ist, wenn sich kein Herzschlag mehr feststellen lässt. Der Herzstillstand galt lange als ‚todsicheres' Kriterium, bis sich herausstellte, dass es das Phänomen des vorübergehenden Herzstillstandes ebenso gibt wie das Phänomen des vorübergehenden Atemstillstandes. Heute gibt es Maschinen, die die Herztätigkeit ersetzen können. Wenn das Herz nicht mehr funktioniert, muss der Mensch nicht zwangsläufig tot sein. Deshalb wurde das Kriterium des Herzstillstandes schließlich vom Hirntod-Kriterium zur Feststellung des Todes eines Menschen abgelöst. Es hat sich heute weltweit etabliert. Sobald sich keine Hirnströme mehr messen lassen, wird der Mensch in nahezu allen Kliniken der Welt für tot erklärt.

Diese Gepflogenheit geht auf ein 1968 veröffentlichtes Gutachten des Ad-Hoc-Committees der Harvard Medical School zurück.[38] Dieses Gutachten verfolgt das „Hauptanliegen", das „irreversible Koma als ein neues Todeskriterium festzulegen". Für dieses Ansinnen werden zwei Gründe ins Feld geführt. Zum einen gäbe es durch die moderne Technik heute die Möglichkeit, die Herz- und Atemtätigkeit von Menschen mit irreversiblen Hirnschäden durch entsprechende Maschinen aufrecht zu erhalten, was aber lediglich eine „Belastung für den Patienten" selbst, für die „Familien, für die Krankenhäuser" und für diejenigen sei, die „dringend auf eines der noch von den Komatösen belegten Krankenhausbetten warten". Der zweite Grund lautet,

---

[38] Vgl. Johann S. Ach, Georg Marckmann, Einführung zum Kapitel Todesbegriff und Hirntodkriterium, in: Ethik der Medizin. Ein Reader, Hrsg. v. U. Wiesing unter Mitarbeit von J.S. Ach, M. Bormuth, G. Marckmann, Stuttgart 2000, (S. 300–308) S. 300.

dass „veraltete Kriterien für die Definition des Todes“ immer wieder zu „Kontroversen bei der Gewinnung von Organen für die Transplantation“[39] führen würden.

Mit dieser Bemerkung ist angesprochen, worum es in der gegenwärtigen Debatte um ein sicheres Todeskriterium eigentlich geht: Es geht um die Frage, zu welchem Zeitpunkt man einem Patienten seine Organe entnehmen darf, um sie einem anderen Patienten einzupflanzen. Die Debatte um ein sicheres Todeskriterium wurde zu allen Zeiten geführt. In unserem Jahrhundert hat sie jedoch eine fundamental neue Dimension gewonnen. Es geht nicht mehr nur darum, dass man ein lebendiges Begraben vermeiden will. Weil mittlerweile ein Transplantieren von lebenswichtigen Organen wie Nieren, Lebern und Herzen möglich geworden ist, stellt sich die Frage nach dem Todeszeitpunkt mit neuer Brisanz. Schließlich kann es auf keinen Fall erlaubt werden, dass lebenswichtige Organe aus einem Körper entfernt werden, der noch nicht sicher tot ist, um sie einem anderen Organismus zu seiner Lebenserhaltung einzupflanzen. Dann würde man ja den Tod des einen Menschen willentlich herbeiführen, um das Leben eines anderen Menschen verlängern zu können! Das Hirntod-Kriterium ist ohne jeden Zweifel das sicherste Kriterium, das wir zur Zeit überhaupt zur Verfügung haben. Darauf weisen Autoren wie Quante und Ach beispielsweise hin.[40] Dennoch kann kein Arzt in einem absoluten Sinne sicher sein, dass sich das Hirntodkriterium nicht eines Tages als genauso unsicher erweist wie die alten Kriterien des Atem- und des Herzstillstandes. Gegner des Hirntodkriteriums geben außerdem zu bedenken, ob sich das Hirntodkriterium nicht vielleicht nur deshalb weltweit so sicher etablieren konnte, weil man heutzutage dringend ein deutlich messbares Todeskriterium braucht, um den Zeitpunkt bestimmen zu können, an dem man die Organe eines todkranken Patienten entnehmen kann. So stellt der Philosoph Hans Jonas beispielsweise Spekulationen darüber an, ob das Hirntod-Kriterium nicht deshalb so schnelle Akzeptanz gefunden haben könnte, weil „seine Empfehlung“ dem „Interesse“ der „Transplantatchirurgen“ und ihren Patienten entgegenkommt. Jonas spricht von einer „Zone wesentlicher Ungewißheit“ in der Anwendung des Hirntodkriteriums. Gleichzeitig plädiert er für ein unbedingtes Recht des Patienten „auf seinen eigenen Leib mit allen seinen Organen“, das zu verletzten kein Arzt durch ein Gesetz ermächtigt werden sollte.[41]

---

39 The Ad Hoc Committee of the Harvard Medical School. A Definition of the Irreversible Coma, in: Journal of the American Medical Association, Nr. 205 (1968), S. 337–340. Im Text zit. nach: Ethik der Medizin, S. 308.

40 Vgl. stellvertretend Michael Quante, Wann ist der Mensch tot? Bemerkungen zum Streit um den menschlichen Tod, in: Zeitschrift für philosophische Forschung, Nr. 49 (1995), S. 167–193.
Vgl. auch ders., Todesdefinition, Hirntodkriterium und Organentnahme: eine philosophische Skizze, in: Transplantationsmedizin, Nr. 9 (1997), S. 211–216; sowie ders., Personales Leben und menschlicher Tod, Frankfurt a.M. 2002, Kapitel 2–4.

41 Vgl. stellvertretend Hans Jonas, Gehirntod und menschliche Organbank. Zur pragmatischen Umdefinierung des Todes, in: ders., Technik, Medizin, Ethik, Frankfurt a.M. 1985, S. 220–223. Im Text zit nach: Ethik in der Medizin, (S. 310–313) S. 313.

Angstwurms Text ist zunächst einmal in diese Debatte um die Angemessenheit des Hirntodkriteriums im Kontext der Problematik der Organentnahme zum Zweck der Transplantation einzubetten. Wie der Titel schon sagt, vertritt Angstwurm die Auffassung, dass ein „vollständiger und endgültiger Hirnausfall“ tatsächlich als „sicheres Todeszeichen“ zu werten ist. Damit wirft Angstwurms Text das generelle Leitproblem der Debatte um das Für und Wider der Organtransplantation auf. Welche Risiken dürfen eingegangen werden, wenn es darum geht, einem Sterbenden Organe zu entnehmen, um einem anderen Menschen das Leben zu retten oder wenigstens für eine gewisse Zeit zu erleichtern? Und haben todkranke Menschen vielleicht sogar ein Recht darauf, dass ihnen die Organe von Menschen zur Verfügung gestellt werden, die unmittelbar vor dem Tod stehen? Ist es angesichts der Qual, die der Funktionsausfall eines lebensnotwendigen Organs für den Betroffenen bedeutet, nicht moralisch geboten, alle irrationalen Vorbehalte gegen das Hirntodkriterium und seine Anwendung durch die Ärzte über Bord zu werfen und schleunigst einen Organspendeausweis zu beantragen?

Angstwurm plädiert für das Hirntod-Kriterium nun vor allem mit dem Argument, dass „der einzelne Mensch“ durch „den Tod seines Gehirns die Merkmale seines Daseins als geistbegabter Organismus“ verlieren würde. Mit diesem Argument wird sein Text auch in einer weiteren Rücksicht bemerkenswert. Es demonstriert nämlich, dass heute das menschliche Gehirn den Platz einnimmt, der jahrhundertelang von der menschlichen Seele besetzt worden ist. Jahrhundertelang war es die menschliche Seele und nicht das menschliche Gehirn, durch das der Menschen gegenüber den Tieren als besonders ausgezeichnet und als in besonderem Maße schützenswert galt. Im europäischen Kulturraum, der sowohl von der griechischen Antike als auch vom biblischen Monotheismus maßgeblich geprägt ist, gilt jahrhundertelang die menschliche Seele als dasjenige, was den Menschen vom Tier unterscheidet. So erzählt Platon im 10. Buch seines Hauptwerks *Der Staat* beispielsweise einen Mythos, dem zufolge die Seelen nach ihrem Tod in der Unterwelt an einen Ort geführt werden, an dem sie je nach Charakter ein Lebensbild auswählen, das zu ihnen passt, und in dem sie dann im nächsten Leben wiedergeboren werden. Aristoteles legt dann besonderes Gewicht darauf, dass die menschliche Seele anders als alle tierischen Seelen mit Vernunft begabt sind, was den Menschen der reinen Vernunft des Ersten Unbewegten Bewegenden (s.o.) in besonderer Weise ähnlich macht.[42] Ein vergleichbarer Gedanke findet sich in der *Summa Theologica* des christlichen Theologen Thomas von Aquin: Nach Thomas ist der Mensch wegen der in der menschlichen Seele verorteten Vernunftbegabung des Menschen das Ebenbild Gottes und die Krone der Schöpfung. In der Geschichte der Philosophie ist es dann zu den wildesten Spekulationen über den Sitz der Seele gekommen. Aristoteles verortet die Seele direkt unter dem Brustbein. Descartes verweist sie in die Zirbeldrüse im Nacken. Trotz intensi-

---

Vgl. auch Michael Quante, Hirntod und Organverpflanzung, in: Hirntod und Organverpflanzung, J.S. Ach, M. Quante (Hg.), Stuttgart ^{2}1999, S. 21–47.

42 Aristoteles, Nikomachische Ethik. Über den Menschen, in: Diskurs Mensch.,W. Oehlmüller (Hg.), Paderborn 1985, S. 84–91.

ver Suche konnte jedoch bis heute weder die Seele selbst noch der genaue Sitz der Seele gefunden werden. Zudem hat sich die Einsicht durchgesetzt, dass die Vernunftfähigkeit des Menschen an ein intaktes Gehirn gebunden ist, während es bei Schädigungen des Gehirns oder bestimmter Gehirnregionen zu einer Beeinträchtigung der menschlichen Vernunftfähigkeit, wenn nicht sogar einem völligen Erliegen der Vernunfttätigkeit kommt. Mit dieser Einsicht hat sich die Auffassung durchgesetzt, dass das Spezifische des Mensch-Seins durch das menschliche Gehirn und seine besonderen Leistungen bedingt ist und nicht durch eine geheimnisvolle menschliche Seele. Dieser Auffassung, die bei Angstwurm deutlich anklingt, haben sich mittlerweile auch die Kirchen angeschlossen, insofern es um die Frage nach dem Ende des menschlichen Lebens geht. So heißt es in einer gemeinsamen Verlautbarung der deutschen katholischen Bischöfe und des Rates der evangelischen Kirche von 1990 beispielsweise unmissverständlich, dass „das irdische Leben eines Menschen" mit der „Feststellung" des Hirntodes „unumkehrbar zu Ende" sei und dass zu diesem Zeitpunkt die Organe zu Transplantationszwecken entnommen werden dürften, weil „bei unserem Tod mit unserem Leib auch unsere Organe alsbald zunichte werden"[43].

Ist das menschliche Leben allerdings tatsächlich nur unter der Bedingung eines intakten Gehirns schützenswert? In seinem Artikel *Wann beginnt das menschliche Leben* vom 30. November 1990 macht Hans Sass den Vorschlag, das Kriterium der Hirnleistungsfähigkeit nicht nur zur Bestimmung des Endes, sondern auch des Anfangs des menschlichen Lebens in der Abtreibungsdebatte beispielsweise heranzuziehen. Sass vertritt die These, dass man in Analogie zum Hirntodkriterium erst „vom 70. Tage nach der Empfängnis dem werdenden menschlichen Leben den vollen rechtlichen Schutz und die ungeteilte ethische Solidarität und Achtung"[44] entgegenbringen sollte, weil erst ab dem 70. Tage das embryonale Gehirn so weit entwickelt ist, dass man von einem leistungsfähigen menschlichen Gehirn sprechen kann. Aber ist ein *noch nicht* leistungsfähiges menschliches Gehirn tatsächlich genauso zu behandeln wie ein irreversibel *nicht mehr* leistungsfähiges menschliches Gehirn? Und wie gehen wir mit Menschen um, die unter schweren Hirnschäden leiden? Auch solche Fragen stellen sich, wenn wir das Menschsein in unserer Kultur vor allem an das menschliche Gehirn und seine spezifischen Leistungen koppeln.

---

43 Deutsche Bischofskonferenz / Rat der Evangelischen Kirche in Deutschland: Organtransplantationen. Erklärung der Deutschen Bischofskonferenz und des Rates der Evangelischen Kirche in Deutschland. Gemeinsame Texte, Hrsg. v. Sekretariat der Deutschen Bischofskonferenz, Bonn/Hannover 1990, Bd. 1, S. 7–9. Im Text zit. nach: Ethik in der Medizin, S. 309f.

44 Hans Martin Sachs, Wann beginnt das menschliche Leben?, in: Die Zeit, Nr. 49, 30. November 1990, S. 104. Im Text zit. nach: Ethik in der Medizin, S. 164f.

(A) 1.4.3 Die Geisteskrankheit als die grösste Bedrohung der ideellen Existenz des Menschen

Der amerikanische Neurologe und Psychiater Oliver Sacks wird im Jahr 1933 in London geboren. Nach einem Medizinstudium in Oxford übersiedelt er in die U.S.A. Hier arbeitet er in verschiedenen Kliniken als Neurophysiologe, bis er einen Ruf als Professor für Klinische Neurologie am Albert Einstein College of Medicine in New York erhält. Weltweit berühmt wird Oliver Sacks, als sein Buch *Awakenings* (dt. *Zeit des Erwachens*) von 1973 im Winter 1989 mit den grandiosen Hauptdarstellern Robert De Niro und Robin Williams verfilmt wird. Weitere Werke sind *A Leg to Stand On* (dt. *Der Tag, an dem mein Bein fortging*) von 1984 und *The Man Who Mistook His Wife For a Hat* (dt. *Der Mann, der seine Frau mit einem Hut verwechselte*) von 1985.

Das Buch *Zeit des Erwachens* erzählt die Geschichte von Patienten, die an der so genannten ‚Schlafkrankheit' (Encephalitis lethargica) erkrankt sind. Diese Krankheit tritt epidemisch auf. Sie beginnt mit einer Hirn-Entzündung, die dann scheinbar folgenlos abheilt. Jahre später zeigen sich jedoch die Symptome der Schlafkrankheit: Die Patienten werden immer teilnahmsloser und apathischer. Immer mehr ziehen sie sich in ihre eigenen Innenwelten zurück. Irgendwann können sie kein selbstständiges Leben mehr führen. Im Endstadium sind sie nicht mehr in der Lage, jemanden zu erkennen oder zu kommunizieren. Oliver Sacks ist mit Patienten befasst, die während einer Epidemie im Jahr 1927 erkrankt sind und in das Mount-Carmel-Hospital eingeliefert wurden, als sie die schweren Symptome der Schlafkrankheit zeigen. Im Jahr 1967 scheint es plötzlich Hoffnung für diese Patienten zu geben, die teilweise schon mehrere Jahre vor sich hin dämmern: Es kommt das Medikament L-Dopa auf den Markt. Es zeigt zunächst einmal ganz erstaunliche Erfolge. Die Patienten scheinen nämlich aus ihrem tranceartigen Zustand zu erwachen und ihre Umgebung wieder wahrzunehmen. Schließlich können sie sogar kommunizieren und Freundschaften mit dem Krankenhauspersonal schließen. Der Protagonist des Films verliebt sich sogar. Allerdings hält die Wirkung des Medikamentes nicht lange an. Irgendwann fallen die Kranken zurück in ihren debilen Zustand– und dann kann sie nichts und niemand mehr aus ihrer anderen Welt zurückholen. Für die Ärzte und Schwestern des Krankenhaus bleibt nur ein Körper, den es zu pflegen und zu versorgen gilt – und die Erinnerung an die teilweise beeindruckenden Persönlichkeiten, die unter der Wirkung des Medikamentes aus der Hülle des apathischen Körpers plötzlich wieder hervortreten konnten.

Das Buch *Der Tag, an dem mein Bein fortging* hat autobiographischen Charakter. Oliver Sacks erzählt von einem Unfall, nach dem er gezwungen war, den Krankenhausalltag für mehrere Monate nicht aus der vertrauten Perspektive des Arztes, sondern des Patienten zu erleben. Sacks beschreibt hier fast erstaunt die Gefühle der Ohnmacht, der Angst und der Hilflosigkeit, die er als Patient durchlebt.

In dem Buch *The Man Who Mistook His Wife For a Hat* berichtet Oliver Sacks schließlich von 24 Fällen neurologischer Erkrankungen, die teilweise komisch, teilweise grotesk, in jedem Falle aber erschreckend wirken. Dem *Vorwort* zufolge sollen ‚Krankengeschichten' erzählt werden, in denen auch von der Persönlichkeit und den Erlebnissen der Patienten die Rede ist. Der langjährigen Erfahrung von Oliver Sacks zufolge gibt es in den „knappen Krankengeschichten“ der Arztpraxen und Krankenhäusern unserer Zeit nämlich keine „Subjekte“ mehr, weil der Patient „in der modernen Anamnese nur mit einer oberflächlichen Beschreibung erfaßt“ würde, die „ebenso auf eine Ratte wie auf einen Menschen zutreffen könnte“. Als ‚Anamnese' wird der Vorgang bezeichnet, in dem aus der Vorgeschichte des Patienten, der Schilderung seiner Symptome und der Untersuchungsbefunde eine Hypothese über die mögliche Erkrankung gebildet wird. Um „den leidenden, kranken und gegen die Krankheit ankämpfenden Menschen“ in den „Mittelpunkt“ der Krankengeschichte zu stellen, weitet sein Buch *The Man Who Mistook His Wife For a Hat* die jeweiligen Krankheitsgeschichten über den bloßen neurologischen Befund hinaus „zu einer wirklichen Geschichte“[45] aus, in der es um einen lebendigen Menschen und um ein konkretes Schicksal geht. Die abgedruckte Geschichte ist die vierte von insgesamt vierundzwanzig Geschichten.

In die Klinik von Oliver Sacks wird ein Mann eingeliefert, der nicht glauben kann, dass das Bein, das da mit ihm in seinem Bett liegt, sein eigenes Bein ist. Er empfindet das Bein als Bedrohung und will es loswerden. Im Jahr 1994 setzt der Regisseur Peter Brook das Buch für die deutschen Theater in Szene. Die vorliegende Episode spielt der Schauspieler David Bennet, der in der Rolle des ‚Oscar' in dem Film *Die Blechtrommel* bekannt geworden ist. Bennet spielt die Szene, indem er ständig an seinem Bein herumreißt. Die Situation wird immer grotesker. Ein Mann versucht verzweifelt, sein eigenes Bein ins Publikum zu werfen. Er realisiert weder, dass das Bein angewachsen ist, noch dass er das Bein unbedingt zur Fortbewegung braucht. Den Zuschauern bleibt das Lachen im Hals stecken. Dieser Effekt verstärkt sich, sobald der Arzt versucht, den Patienten durch Logik zu heilen oder wenigstens zu beruhigen. „Es ist ihr eigenes Bein“, sagt er zunächst. Der Patient lacht ihn aus, weil er einen schlechten Scherz vermutet. „Dieses scheußliche Ding da soll mein Bein sein?“. „Wo ist denn ihr linkes Bein, wenn dieses Ding da nicht ihr Bein ist“, fragt der Arzt. Noch nicht einmal das hilft. Der Patient speist sich selbst lieber mit der völlig abwegigen Erklärung ab, dass sein Bein einfach verschwunden sei, als dass er glaubt, dass der längliche Gegenstand in seinem Bett dieses verschwundene Bein sein könnte. Obwohl sowohl sein Nervenapparat als auch seine Muskeln vollkommen in Ordnung sind, wird der Patient vermutlich nie wieder laufen können, weil er seinem linken Bein nicht zutraut, dass es ihn trägt. Der Patient ist ‚geisteskrank' – und deshalb in keiner Weise mehr funktionsfähig!

Für die Philosophie ist ‚Geist' ein schillernder Begriff. Als ‚Geist' wird ein lebendiges Prinzip verstanden, das die Dinge der Wirklichkeit ordnet und mit Sinn versieht. Verwandte Konzeptionen sind ‚der Intellekt' oder ‚die Vernunft'. Insofern ist auch der Begriff ‚Geisteskrankheit' nicht exakt zu definieren. Eine Geisteskrank-

[45] Oliver Sacks, Der Mann, der aus dem Bett fiel, in: ders., The Man Who Mistook His Wife For a Hat, New York 1985. Im Text zit. nach: ders., Der Mann, der seine Frau mit dem Hut verwechselte, Übers. v. D.v. Gunsteren, Reinbeck bei Hamburg 1987, S. (I-VI) II.

heit liegt vor, wenn jemand nicht mehr in der Lage ist, sich angemessen in der Wirklichkeit zu orientieren und die Welt so wahrzunehmen, wie es alle anderen tun. Es gibt erbliche oder erworbene Geisteskrankheiten. Meistens liegt eine Störung der Hirnfunktion vor. Medikamente helfen in aller Regel wenig oder nur kurzfristig. Wer tatsächlich ‚geisteskrank' ist, ist nahezu von allem ausgeschlossen, was ein normales menschliches Leben ausmacht. Gravierende neurologische Defekte machen zunächst einmal handlungsunfähig und damit unfähig, ein selbstständiges, eigenverantwortliches Leben zu führen. Neurologische Defekte machen aber vor allem einsam. Der Patient wird vermutlich niemanden finden, der ihm ernstlich glaubt, dass sein linkes Bein verschwunden ist, dass man ihm dafür aber irgendeinen fremden Gegenstand in sein Bett gelegt hat, der sich bei aller Mühe nicht entfernen lässt. Man wird ihn im besten Falle belächeln und im schlimmsten Falle meiden. So genannte ‚Geisteskrankheiten' schaffen Barrieren, die in aller Regel bei allem Bemühen nie wirklich zu durchbrechen sind. Dauerhaft neurologisch oder psychisch gestörte Menschen haben keinen wirklichen Platz mehr in unserer Gesellschaft. Sie werden in separaten Häusern ‚aufbewahrt', weil kaum jemand wirklich etwas mit ihnen anfangen kann. Unter den Stichworten ‚Eugenik' und ‚Euthanasie' wurden zu den Verbrecherzeiten des Nationalsozialismus unzählige Geisteskranke sterilisiert oder sogar umgebracht, damit sie ihr geschädigtes Erbgut nicht an zukünftige Generationen weitergeben konnten. In seiner berühmten Predigt vom 3. August 1941 hat der Münsteraner Kardinal Clemens Graf von Galen in der Lamberti-Kirche zu Münster gegen diese „gewaltsame Tötung der nicht mehr arbeitsfähigen Invaliden, Krüppel, unheilbar Kranken, Altersschwachen"[46] wagemutig protestiert. Welchen Platz aber haben Geisteskranke heute in der Gesellschaft? Gibt es nicht vielleicht doch Möglichkeiten, ihre Isolation zu durchbrechen und ihnen sinnvolle Aufgaben zu geben? Die Geschichten von Oliver Sacks mögen auf den ersten Blick fast komisch wirken. Tatsächlich aber demonstrieren sie in drastischer Deutlichkeit, welchen Stellenwert ein intaktes und funktionsfähiges Gehirn in unserer Gesellschaft für ein menschenwürdiges Leben hat.

---

[46] Kardinal Clemens Graf von Galen, Predigt in der Lambertikirche zu Münster am 3. August 1941. Im Text zit. nach: Ethik in der Medizin, S. 46f.

III.2 Forderungen, Strategien und Verhaltensweisen zur Auseinandersetzung mit den genannten Welten im Atheismus

III.2.1 Lehren (doctrina)

(A) 2.1.1 Die Ballade vom angenehmen Leben

Bertolt Eugen Friedrich Brecht wird am 10.2.1898 in Augsburg als Sohn des Direktors einer Papierfabrik geboren. Sein poetisches Talent zeigt sich früh. In Augsburg erzählt man sich von dem ‚Bidi', der Balladen schreibt und sich mit der Gitarre begleitet. Gegen den 1. Weltkrieg, der 1914 von vielen Deutschen patriotisch bejubelt wird, erscheint schon im Jahr 1916 ein Protestgedicht des jungen Brecht in den *Augsburger Neuen Nachrichten.* Nach einem kurzen Aufenthalt an der Front als Sanitätssoldat im Jahr 1918 beginnt Brecht im Jahr 1919 ein Medizinstudium, aus dem er jedoch wegen mangelhaften Erscheinens 1921 wieder exmatrikuliert wird. Eigentlich arbeitet er nämlich schon ab 1920 als Dramaturg der Münchener Kammerspiele. Den Großteil seiner Zeit verbringt er jedoch im Freundeskreis und mit zahlreichen Liebesaffären. Mit Paula Banholzer zeugt er seinen Sohn Frank; er heiratet die Schauspielerin Marianna Zoff, deren Tochter Hanne 1923 geboren wird; mit der Mutter seines dritten Kindes Stefan, Helene Weigel, geht er schließlich im Jahr 1924 nach Berlin an das Deutsche Theater als Dramaturg des berühmten Max Reinhardt. Schon der junge Brecht orientiert sich politisch an den antibürgerlichen linken Parteien. In München hat er Kontakt zur USPD.[47] Als er zwischen 1926 und 1927 für ein geplantes Stück Näheres über ökonomische Zusammenhänge und die Gesetzmäßigkeiten der Börse wissen will, beschäftigt er sich ausgiebig mit *Das Kapital* von Karl Marx (vgl. II.[A] 1.3.3), was ihn nachhaltig zum Marxisten werden lässt. Deshalb muss er bei der Machtergreifung der Nationalsozialisten im Jahr 1933 aus Deutschland fliehen. Seine Odyssee führt ihn nach Prag, Wien, die Schweiz, Frankreich, Dänemark, Schweden, Finnland und Russland und schließlich nach Kalifornien. Erst im Jahr 1948 kehrt Brecht in das mittlerweile geteilte Deutschland nach Ostberlin zurück, wo er mit Helene Weigel das *Berliner Ensemble* gründet. Nach intensiver Arbeit als Regisseur, Dramaturg und Autor und nach unzähligen Affären stirbt Brecht am 18.4.1956 in Berlin an einem Herzinfarkt.

Brechts stellenweise überraschend zarte Gedichte finden sich in der *Hauspostille* von 1927 oder in den *Buckower Elegien* von 1953. Eigentlich aber steht der Name ‚Brecht' für das Theater. Seine Theaterstücke fallen aus dem Rahmen, weil sie mit

---

[47] Hinter dem Kürzel USPD verbirgt sich der Name Unabhängige Sozialdemokratische Partei Deutschland. Hier versammeln sich ab 1916 die sozialdemokratischen Gegner des 1. Weltkriegs. Auf dem Parteitag in Halle vom Oktober 1920 vereinigt sich der linke Flügel der USPD (zu dem Brecht gehörte) mit der KPD; im September 1922 vereinigt sich der rechte Flügel mit der SPD.

einer bestimmten, dezidiert politischen Intention an den Zuschauer herantreten. Brecht will seine Zuschauer nicht unterhalten und erbauen. Nein, seine Stücke sind didaktische Lehrstücke, die auf Einfühlung völlig verzichten, um statt dessen an die Wahrnehmung und das Denken der Zuschauer zu appellieren. Seine revolutionäre Theatertheorie entwickelt Brecht in dem Essay zum *Epischen Theater* von 1939. Im Zentrum steht das Anliegen, die Zuschauer zum Nachdenken über ihre eigene soziale und politische Situation anzuregen. Dieses Ziel kann nach Brecht nur erreicht werden, wenn der Zuschauer durch keine Gefühle vom Reflektieren abgelenkt wird. An zentraler Stelle heißt es im Essay zum Epischen Theater: „Je mehr das Publikum nervenmäßig gepackt war, desto weniger war es imstande zu lernen. Das heißt: Je mehr wir das Publikum zum Mitgehen, Miterleben, Mitfühlen brachten, desto weniger sah es die Zusammenhänge, desto weniger lernte es.“[48] Als Konsequenz entwickelt Brecht sein Konzept vom epischen Theater, das im Zuschauer nicht mehr die Reaktion hervorruft „ja, das habe ich auch schon gefühlt“, sondern die distanzierte Reaktion „das hätte ich nicht gedacht“[49]. Um diese Wirkung zu erreichen, hält Brecht die Schauspieler an, sich nicht mit ihren Protagonisten zu identifizieren. Sie sollen vielmehr distanziert zeigen, warum jemand in einer bestimmten Situation in bestimmter Weise gehandelt hat, und warum seine Handlung gerade zu der einen Konsequenz geführt hat. Es geht Brecht mit seinen Theaterstücken um nichts weniger als um Unterhaltung. Brecht versteht das Theater vielmehr als eine Instanz der Aufklärung und Belehrung der breiten Masse.

Brechts Theaterwerk wird gemeinhin in drei Phasen geteilt. Als Produkte seiner expressionistischen Anfangsphase gelten Stücke wie *Baal* von 1922, *Trommeln in der Nacht* von 1922, *Im Dickicht der Städte* von 1923 sowie die beiden *Aufstieg und Fall der Stadt Mahagonny* von 1927 und *Die Dreigroschenoper* von 1928. Es folgt eine kurze Phase von streng marxistisch-didaktischen Lehrstücken, die (bis auf *Die heilige Johanna der Schlachthöfe* von 1932) heute kaum noch gespielt werden. In der dritten Periode von ca. 1933 bis zu seinem Tod entstehen so bedeutende Werke wie *Mutter Courage und ihre Kinder* von 1941, die Hitler-Persiflage *Der aufhaltsame Aufstieg des Aturo Ui* von 1941, *Der gute Mensch von Sezuan* von 1942 und *Der kaukasische Kreidekreis* von 1949.

Die abgedruckte *Ballade vom angenehmen Leben* stammt aus der *Dreigroschenoper* von 1928. Obwohl der intellektuelle Marxist Brecht genau das nicht anstrebt, wird dieses Stück durch die kongeniale Vertonung durch Kurt Weill (1900–1950) schlagartig nicht nur berühmt, sondern regelrecht populär. Der Mackie-Messer-Song *Und der Haifisch, der hat Zähne* ist bis heute in allen Ohren. Das Stück spielt im 17. Jahrhundert in London. Hier treibt der Straßenräuber Mackie Messer sein Unwesen. Unzählige Morde hat er schon auf dem Gewissen. Wer sich seinen Plänen in den Weg stellt, überlebt nicht lange. Sein Gegenspieler ist der Bettlerkönig Peachum. Auch sein Gewerbe ist alles andere als vornehm: Er stattet jenseits jeder Wahrhaf-

---

48 Bertold Brecht, Das epische Theater, 1939. Im Text zit. nach: Die Stücke von Bertolt Brecht in einem Band, Frankfurt a.M. 1978, S. 993.

49 Brecht, Das epische Theater, S. 986.

tigkeit seine ‚Angestellten' mit Kostümen und Geschichten aus, die beim Betteln möglichst Erfolg versprechend sind – für einen entsprechenden Anteil an den ‚Einnahmen' natürlich. Allerdings unterhält Peachum im Gegensatz zu Mackie Messer beste Verbindungen zum Londoner Polizeichef. Es kommt, wie es kommen muss: Peachums Tochter Polly verliebt sich ausgerechnet in den Frauenheld Maceath. Beide heiraten – aber bald schon muss der Bräutigam vor der Polizei in eines seiner Bordelle fliehen. Um seiner Tochter die Augen zu öffnen, lässt Peachum ihn genau dort von seinem Freund, dem Polizeichef verhaften. Womit niemand rechnen konnte: Auch Lucy, die Tochter des Polizeichefs, liebt Mackie Messer und verhilft ihm zur Flucht. Peachum droht, mit seinen Bettlerbrigaden die Krönung des Königs zu stören, wenn Mackie Messer nicht endlich gehängt wird. Mackie Messer steht schon unter dem Galgen mit der Schlinge um den Hals. Da erscheint ein reitender Bote des Königs, um die Begnadigung des Verbrechers zu verkünden. Dieses Stilmittel heißt im Theater-Jargon ‚deus ex machina', was in der lateinischen Sprache soviel wie ‚Gott aus der Maschine' bedeutet. Damit lautet die Moral von der Geschichte in etwa folgendermaßen: Es nützt Dir gar nichts, wenn Du auf der Seite des bürgerlichen Rechts und der bürgerlichen Moral stehst. Ihre Vertreter sind nämlich genauso egoistisch und korrupt wie diejenigen, die sie bekämpfen. Und falls es einen Gott geben sollte, rettet der im Zweifelsfall am Ende die schlimmen Verbrecher genauso wie alle anderen.

Auf diesen Nenner lässt sich auch die abgedruckte Ballade bringen. In unserer Gesellschaft gelten Bildung und Weisheit als besonders hohe Werte. Nobelpreisträger werden hoch bewundert. Man geht gemeinhin davon aus, dass sie ein besonders sinnvolles Leben führen. Schließlich kennt man ihren Namen noch nach dem Tod. Aber kann man Bildung essen? Brecht setzt zynisch den Wert des materiellen Wohlstands dagegen. Es geht weiter mit denjenigen, die den Sinn ihres Lebens im Kampf für die Freiheit sehen. Freiheitshelden wie Jeanne d'Arc, Sophie Scholl, Graf Schenk von Stauffenberg oder Nelson Mandela werden hoch verehrt. Allerdings wurde Jeanne d'Arc verbrannt, Sophie Scholl wurde gehenkt, und Nelson Mandela musste zwanzig Jahre seines Lebens im Gefängnis verbringen. Haben diese Leute tatsächlich ein sinnvolles und erfülltes Leben geführt? fragt Brecht provozierend. Profitieren von solchen Heldentaten nicht nur diejenigen, die bequem zu Hause bleiben und in der Sicherheit ihrer vier Wände die Ereignisse abwarten? Oder nehmen wir die Abenteurer. Christoph Kolumbus und seine Mannschaft entdeckten Amerika. Heute lassen sich Astronauten für Monate in die Schwerelosigkeit des Alls schicken, wobei eine sichere Rückkehr jedes Mal zweifelhaft ist. Was haben diese Leute davon? Haben nicht wieder den Nutzen andere? Warum jagt der Mensch nach Ruhm oder Weisheit oder Ehre? Brechts Song macht den zynischen Vorschlag, solchen Stress doch lieber anderen zu überlassen. Würde eine solche Wahl (vorausgesetzt, man hätte sie) jedoch tatsächlich zu einem gelungenen Leben führen? Oder wollen wir doch mehr als materiellen Besitz und Wohlstand? Ist ein Leben sinnvoll gelebt, wenn es ausschließlich ‚angenehm' war? Brecht will, dass sein Publikum über solche Fragen ins Grübeln kommt.

(A) 2.1.2 DAS LEBEN AUF DIESER ERDE IST SCHÖN!

Louis Armstrong wird vermutlich am 4. Juli 1900 im amerikanischen New Orleans geboren, vielleicht aber auch schon 1898. Genaueres weiß man nicht, weil er als Schwarzer bei seiner Geburt zu einer Bevölkerungsschicht gehört, für deren statistische Erfassung sich niemand so recht interessiert. Das hat seine Geschichte. New Orleans gehört nämlich zu den so genannten ‚Südstaaten' Amerikas. Zwischen den Südstaaten und den Nordstaaten findet zwischen 1861 und 1865 der Sezessionskrieg statt. Es geht darum, ob die Südstaatler weiterhin Menschen afrikanischer Herkunft und schwarzer Hautfarbe als Sklaven halten und auf den Tabak- und Baumwollfeldern ohne Entgeld arbeiten lassen dürfen. Die Südstaaten wollen die Sklaverei beibehalten; die Nordstaaten wollen sie abschaffen. Unter ihrem Präsidenten Abraham Lincoln (1809–1865 durch ein Attentat) gewinnen die Nordstaaten. Das Verbot der Sklaverei findet im Jahr 1865 als 13. Zusatz Eingang in die amerikanische Verfassung. Nur wenige Jahrzehnte später wird Louis Armstrong als Schwarzer in der Südstaatenstadt New Orleans geboren. Die Zeiten der Sklaverei sind keinesfalls vergessen. Wer hier als Schwarzer geboren wird, steht auf der Schattenseite des Lebens.

Louis Armstrongs Großmutter väterlicherseits, bei der er aufwächst, wurde selbst noch als Sklavin geboren. Den Lebensunterhalt für sich und ihren Enkel verdient sie als Wäscherin. Der Vater William Armstrong ist ein rechter Taugenichts. Er schwängert verschiedene Frauen, um sich dann aus dem Staub zu machen. Im Leben des Louis Armstrong spielt er deshalb keine Rolle. In enger Verbundenheit hängt er jedoch an seiner Schwester Béatrice und seiner Mutter Mayann, die in ihrer Jugend vermutlich als Prostituierte gearbeitet hat und von ausgesprochen warmherzigem Wesen gewesen sein muss. Die Anekdote erzählt, dass sich diese Frau mit einem Proviantpakt auf die weite Reise nach Chicago macht, als ihr (mittlerweile schon berühmter) Sohn dort auftritt, weil sie vermeiden will, dass er in der Fremde Hunger leidet. New Orleans ist (heute noch) eine Stadt, in der es an jeder Straßenecke Musik gibt. Als Sechsjähriger trägt Louis noch durch das Austragen von Zeitungen zum Lebensunterhalt der Familie bei. Schon im Jahr 1916 gründet er jedoch sein erstes eigenes Orchester. Dann geht alles ziemlich schnell. Im Jahr 1921 wird er von seinem verehrten Lehrer und Mentor Joe ‚King' Oliver nach Chicago geholt. Im Jahr 1925 gibt es die ersten Aufnahmen mit Bessie Smith und anderen berühmten Blues-Sängerinnen. Im Jahr 1927 gründet Louis die Band *Louis Armstrong And His Stompers,* mit der er von Erfolg zu Erfolg hastet. Im Jahr 1930 holt man ihn nach Hollywood, im Jahr 1932 folgt die erste Europa-Tournee, der 1933 gleich eine zweite angeschlossen wird. Trotz eines Lippenleidens und trotz privater Rückschläge wird der kleine schwarze Junge aus den Slums von New Orleans in der ersten Hälfte zur Ikone der amerikanischen Jazz-Musik und unermesslich reich. Im Jahr 1946 finden die berühmten Aufnahmen mit Ella Fitzgerald statt. Als sich Armstrongs Big Band im Jahr 1947 als nicht mehr zeitgemäß (und vielleicht auch als zu teuer) erweist, gründet Armstrongs Manager Glaser die so genannte *All-Star-* Band. Wie der Name schon sagt, vereinigt diese Band Musiker, die in anderen Bands schon als ‚Stars' aufgetreten waren. Dabei sind Earl Hines, der selbst fünfzehn Jahre lang eine erfolgreiche Swing-Band geleitetet hatte, oder Barney Bigard, der zuvor Solo-Klarinettist bei Duke Ellington war. Den Unkenrufen der Kritiker zum Trotz ist diese Bandgründung außerordentlich erfolgreich. Die nächsten Jahre von Louis Armstrong sind angefüllt von bedeutenden Konzerten vor riesigem Publikum, von unzähligen Rundfunkaufnahmen und von Tourneen mit seiner *All-Star*-Band durch die ganze Welt. Nach einer Herzattacke im März des Jahres 1971 stirbt Louis Armstrong am 6. Juli 1971 im Schlaf in seinem Haus in Corona (New York).

Fast ebenso berühmt wie seine kratzige Stimme und seine Trompete ist das breite Lächeln von Louis Armstrong. Aus den Reihen der wütenden schwarzen Jugendlichen, die in den sechziger Jahren des 20. Jahrhunderts in politischen Vereinigungen wie der *Black Panther* beispielsweise um elementare Bürgerrechte und um die Gleichberechtigung gegenüber ihren weißen Mitbürgern kämpfen, wird Louis Armstrong deshalb immer wieder vorgeworfen, dass er sich beim ‚weißen Mann' anbiedere – und das nicht, um zu überleben, sondern um reich zu werden! Bei aller Berühmtheit ist Louis Armstrong als Galionsfigur des schwarzen Jazz und des Blues bei seinen eigenen Leuten also durchaus umstritten. Tatsächlich scheint sich Armstrong nur ein einziges Mal gegen den Rassismus in seinem Land geäußert zu haben, das allerdings besonders wirkmächtig. Am 18. September des Jahres 1957 sollen die rassisch getrennten Schulen von Little Rock (Arkansas) zusammengeführt werden. Als die schwarzen Schüler kommen, werden sie von einem aggressiven weißen Mob empfangen, beschimpft und bespuckt. Organisiert ist dieses unwürdige Spektakel vom Gouverneur Orvielle Faubus, der die Schulen weiß halten will. Louis Armstrong spielt gerade mit den *All Stars* in Grad Forks (North Dakota). Er sieht eine Übertragung des Vorfalls im Fernsehen – und verliert die Beherrschung, als er sieht, wie ein weißer Mann einem kleinen schwarzen Mädchen ins Gesicht spuckt. Ein Lokal-Reporter schreibt mit, wie Armstrong den amerikanischen Präsidenten Eisenhower der feigen Ignoranz gegenüber dem Rassismus in seinem Land beschimpft. Das provoziert einen Skandal, in dem die Vertreter der schwarzen Freiheitsrechtler Louis Armstrong endlich in ihrem Lager angekommen sehen, während die anderen (das sind natürlich vornehmlich weiße Amerikaner) den großen Musiker als undankbar schmähen, nachdem er in Amerika doch so einen großen Erfolg haben durfte. Vielleicht trifft folgende Äußerung des Musiker-Kollegen Dizzy Gillespie die Situation am besten: „Wenn mich jemand über meine Meinung nach ihm fragte, mit dem Taschentuch über dem Kopf, grinsend trotz des weißen Rassismus, habe ich nie gezögert zu sagen, daß es mir nicht gefiel. Später wurde mir klar, daß dieses Grinsen die absolute Weigerung war, irgend etwas an sich heranzulassen, das ihm seine Lebensfreude hätte nehmen können – nicht einmal die Wut über den Rassismus".[50]

---

[50] Dizzy Gillespie mit Al Fraser, To Be Or Not to Bop, Garden City 1979, S. 295. Im Text zit. nach: James L. Collier, Louis Armstrong. An American Genius, New York 1983. Im Text zit. nach: ders., Louis Armstrong, Übers. v. Th. Kierdorf, Bergisch Gladbach 1987, S. 355.

Der abgedruckte Song *What a Wonderful World* stürmt die Hitparaden im Jahr 1968 – also kurz vor Louis Armstrongs Tod. Vielleicht ist es nicht übertrieben, die kurzen Zeilen dieses Songs als eine Art Testament zu sehen, mit dem Louis Armstrong seine Lebensfreude weitergeben will. Als der Song geschrieben wird, ist Louis Armstrong schon krank. Sein Übergewicht hat zu einer Herzverfettung geführt, die ihn so kurzatmig macht, dass er kaum noch Trompete spielen kann. Die Erfahrungen der rassischen und sozialen Diskriminierung, die Armstrong als Kind machen musste, sind im Alter sicherlich zwar verblasst, aber keinesfalls vergessen. Vor diesem Hintergrund beeindruckt der Song durch seine geradlinige, schlichte Lebensfreude an den Dingen, die das Diesseits jeden Tag bieten kann, wenn man nur richtig hinsieht. Der Song ist eine Hymne auf die Schönheit unserer Welt.

Das ist allerdings nicht seine einzige Dimension: Es geht nämlich nicht nur um Lebensfreude und Schönheit, sondern auch um Farben. Der Song artikuliert in den ersten Strophen die Freude an der Farbenpracht der Natur – an grünen Bäumen, an roten Rosen, am blauen Himmel und an weißen Wolken, am hellen Tag und an der dunklen Nacht. Die Welt ist schön, weil sie bunt ist – das geben diese Zeilen zu verstehen. Dann wendet sich die Perspektive von den Naturdingen zu den Menschen: Die Vielfalt der Regenbogenfarben spiegelt sich in den Gesichtern wider. Die Gesichter der Menschen haben verschiedene Hautfarben, wie es in der Natur weiße, schwarze, rote und grüne Gegenstände und Phänomene gibt. Und es ist gut so, dass sowohl die Dinge der Natur als auch die Menschen unterschiedlich gefärbt sind und unterschiedlich aussehen. Wir leben in einer Welt, die ‚wunderbar' (wonderful) ist, nicht trotz der verschiedenen Farben der Dinge und Menschen, sondern gerade weil sie so bunt ist. Damit ist der Song auch ein deutliches Plädoyer gegen den Rassismus und für die Einheit der Menschen jenseits ihrer Hautfarbe.

(A) 2.1.3 Die Frage nach dem Sinn stellt sich nicht, wenn das Leben nur mühselig genug ist

Vom politischen Engagement des französischen Schriftstellers und Philosophen Albert Camus und von seiner Tätigkeit als Romanautor ist in II./III.(A) 1.2.1 schon ausführlich die Rede. Deshalb kann der Schwerpunkt jetzt ganz auf Camus' Existenzphilosophie gelegt werden, um die es in der abgedruckten Passage geht.

Als zentrale Dokumente von Camus' Existenzphilosophie gelten die philosophischen Abhandlungen *Le Mythe de Sysiphe* (1942. dt. *Der Mythos von Sisyphos. Versuch über das Absurde*) und *L'Homme revoltè* (1951. dt. *Der Mensch in der Revolte*). Wie die Philosophie des dialektischen Materialismus (vgl. Gesamtdarstellung Atheismus), so ist auch die Existenzphilosophie aus der Auseinandersetzung mit der Philosophie des deutschen Idealismus entstanden. Die Philosophen des deutschen Idealismus suchen nach einem ersten, objektiven Standpunkt der Vernunft, von dem aus sich das Ganze der Wirklichkeit erfassen lässt. Sie fassen es als das Geschäft der Philosophie auf, diesen objektiven Standpunkt jenseits aller kontingenten Meinungen und Irrtümer aufzufinden und einzunehmen. Die Existenzphilosophie bezweifelt nun, dass es einen solchen Standpunkt jenseits der subjektiven Befindlichkeit des Menschen in seiner Welt geben kann. Es macht schließlich einen großen Unterschied, ob ich eine Pestepidemie beispielsweise aus der distanzierten Perspektive eines Arztes oder eines Journalisten beschreibe oder aus der Perspektive eines Menschen, der in einer von der Pest bedrohten Stadt eingeschlossen und selbst von der Krankheit bedroht ist. Die Existenzphilosophie will die Illusion des deutschen Idealismus zertrümmern, dass die Philosophie zu objektiven Erkenntnissen jenseits des von Sorgen und Ängsten bestimmten menschlichen Standpunktes gelangen könnte. Mit dieser Intention macht sie ihre Aussagen über die Wirklichkeit ausdrücklich aus der Perspektive des Menschen unter Berücksichtigung seiner subjektiven Befindlichkeit.

Den Ausgangspunkt der Existenzphilosophie bildet die Einsicht, dass der Mensch das einzige Lebewesen ist, das weiß, dass es sterben muss. Der Mensch ist das einzige Lebewesen, das weiß, dass es auf eine Zukunft hinlebt, die letztlich im Ungewissen liegt. Damit sind die Menschen gleichzeitig auch die einzigen Lebewesen, die ein Verhältnis zu ihrem eigenen Leben haben. Während die Tiere einfach da sind, weiß der Mensch, dass er ein einmaliges und unverwechselbares Individuum ist. Der Mensch weiß, dass er existiert und er kann sich nicht vorstellen, dass seine eigene Existenz einmal ein Ende haben kann. Das hat der Existenzphilosophie zufolge nun gravierende Konsequenzen. Weil der Mensch nämlich einerseits weiß, dass er sterben wird, weil er sich seinen eigenen Tod aber andererseits nicht vorstellen kann, unternimmt er enorme Anstrengungen, um seinem eigenen Leben Sinn und Dauer zu verleihen. Manche Menschen versuchen fieberhaft, so berühmt zu werden, dass man sich auch nach ihrem Tod an sie erinnert. Andere wieder versuchen, ihrem Leben Sinn zu geben, indem sie möglichst viele Kinder kriegen. All diesen Bemühungen zum Trotz hat jedoch jeder Mensch ein Wissen von der Unausweichlichkeit des Todes. Jeder Mensch wird irgendwann einmal sterben müssen – und es könnte sein, dass dieser Tod das ganze Streben des Menschen entwertet und sinnlos macht. Die Religionen bieten den Menschen nun Perspektiven an. Das Christentum und der Islam versprechen ein Leben in Gottes Gegenwart im Paradies. Der Buddhismus prophezeit die Möglichkeit der Wiedergeburt auf einer höheren Daseinsstufe. Die Existenzphilosophie sieht jedoch keine Anhaltspunkte für ein Leben nach dem Tod und weigert sich deshalb, an diese Möglichkeit zu glauben. Der Existenzphilosoph ist wesentlich Nihilist: Für ihn gibt es keinen Gott, kein Jenseits und kein Leben nach dem Tod. Der Mensch kann noch so viel leisten und sich noch so sehr abrackern – sein Handeln wird immer unter der Perspektive stattfinden müssen, dass irgendwann der Tod kommt, der vermutlich alle Bemühungen zunichte macht. Diese Haltung nennt Camus die Erfahrung des ‚Absurden'. Gemeint ist, dass die Menschen handeln, als gäbe es einen übergeordneten Sinn, obwohl es keine Anzeichen gibt, dass es tatsächlich einen solchen Sinn gibt. Nach Camus (und Sartre) ist die Existenz des Menschen wesentlich von der Erfahrung des Absurden geprägt, weil der Mensch tagtäglich im Zwiespalt zwischen seiner Unsterblichkeitssehnsucht und der bösen Ahnung lebt, dass sich diese Sehnsucht wahrscheinlich nicht erfüllen wird.

Es gibt nach Camus nun genau zwei Weisen, auf die Erfahrung des Absurden zu reagieren. Die erste Möglichkeit ist die der Selbsttötung. Wenn man weiß, dass die Zukunft Schmerzen, Sorgen und Leid bringen kann und wenn man gleichzeitig weiß, dass es keinen (christlich-jüdischen) Gott gibt, der den Menschen die Pflicht zum Weiterleben auferlegt und jeden Selbstmord strikt verboten hat – wäre es dann nicht die beste Lösung, sich kurz und schmerzlos umzubringen? Ist ein rascher Tod als Übergang ins Nichts nicht einem langen, leidvollen Leben bei weitem vorzuziehen? So lautet die Leitfrage von Camus' philosophischem Lebenswerk. So anziehend die Möglichkeit der Selbsttötung für Camus auch ist – letztlich verwirft er sie. Sein zentrales Argument lautet, dass es sinnlos wäre, seinem Leben aus eigenem Antrieb ein Ende zu setzen, weil sich die menschliche Sehnsucht nach Unsterblichkeit vermutlich nicht erfüllen wird. Das wäre genauso absurd, als wenn man sich umbringen würde, weil man Angst vor dem Tod hat! Die entgegengesetzte Möglichkeit besteht darin, sich stolz und trotzig der Erfahrung des Absurden zu stellen. Diese Möglichkeit ist es, die Camus in *Der Mythos von Sisyphos* vorschlägt.

Im Zentrum dieses Mythos steht die antike Sagenfigur des Sisyphos. Als erster König Korinths hat Sisyphos mehrmals dem Tod ein Schnippchen geschlagen, bis ihn die Götter für diesen Frevel dazu verurteilten, bis ans Ende aller Zeiten einen Stein auf einen Berg zu rollen, der sofort wieder ins Tal hinunterrollt, sobald die Spitze des Berges erreicht ist. Diese Figur gestaltet Camus' philosophische Schrift *Der Mythos von Sisyphos* von 1942 zum Sinnbild für die Absurdität der menschlichen Existenz, das in einem endlosen Abplagen für Ziele besteht, die es nicht gibt. Camus erzählt diesen Mythos, um seine philosophische Leitfrage zu beantworten, inwieweit das menschliche Leben trotz seiner Mühen wert ist, gelebt zu werden. Sollte man dem Ganzen nicht besser gleich durch Selbstmord ein Ende machen? Für Menschen von jüdischem oder christlichem Glauben ist die Frage längst schon beantwortet: Ihnen ist das Leben von Gott geschenkt; also darf es nicht verächtlich weggeworfen werden. Für den Nihilisten Camus ist diese Antwort nicht verbindlich. Dennoch aber entscheidet er sich schließlich für das Leben in all seiner Mühe, weil es schließlich das einzige ist, was wir haben. Sobald der Mensch zu der Einsicht gelangt ist, dass seine Existenz absurd ist, bleibt ihm letztlich nur eines, um heitere Gelassenheit und damit wenigstens eine kleine Chance auf Glück zu bewahren: Er muss dem Bewusstsein des Absurden jeden Tag neu wieder ins Gesicht lachen. Der Mensch, der sich der Erfahrung des Absurden stellt, lässt sich nicht unterkriegen. Er hat begriffen, dass es für ihn nur zwei Möglichkeiten gibt. Entweder lässt er sich vom Schicksal deprimieren. Dann hat er gleich verloren. Dieser Weg kann tatsächlich nur in den Selbstmord führen. Oder er steht immer wieder auf mit dem Bewusstsein, dass jeder Tag des eigenen Lebens zählt, gerade weil das Leben irgendwann unwiderruflich zu Ende sein wird. In Camus' Vorstellung lacht Sisyphos, wenn er den Stein immer wieder heraufrollt, weil er weiß, dass es in seiner Macht liegt, unter dem Bewusstsein des Absurden zusammenzubrechen oder sich dafür zu entscheiden, sein Schicksal selbstbewusst triumphierend anzunehmen. Deshalb endet Camus' berühmter Text zum Absurden mit dem Diktum: „Wir müssen uns Sisyphos als einen glücklichen Menschen vorstellen“.

III.2.2 Normen und Gesetze (Ethos)

(A) 2.2.1 Das Gute als Qualität des Tuns

Erich Kästner wird am 23.2.1899 in Dresden geboren. Sein Vater war ehemals selbstständiger Sattlermeister in der nahe liegenden Kreisstadt Döblen. Jetzt aber muss er sich seinen Lebensunterhalt als Arbeiter in einer Dresdener Kofferfabrik verdienen. Es reicht hinten und vorne nicht. Kästners Mutter Ida Augustin arbeitet mit, erst als Näherin in Heimarbeit, dann als Friseuse. Sie will ihrem hoch begabten Sohn Erich den Besuch des Lehrerseminars ermöglichen, und das kostet Geld. Dieser tut durch Botendienste und kleine Handlangerdienste das Seine dazu. Er wird den Einsatz seiner Mutter zeitlebens nicht vergessen. 1917 wird Erich Kästner zum Kriegsdienst eingezogen. Mit einem schweren Herzleiden kehrt er zurück. Er absolviert ein Studium der Germanistik, der Philosophie und der Theaterwissenschaft in Berlin, Rostock und Leipzig und promoviert im Jahr 1925 zum Dr. phil. Neben dem Studium arbeitet er als Journalist bei der *Neuen Leipziger Zeitung*, wo er 1927 jedoch wegen zu freizügiger erotischer Gedichte entlassen wird. Sein Weg führt ihn als freier Schriftsteller und Theaterkritiker nach Berlin, wo er unter den Pseudonymen ‚Robert Neuner’ und ‚Melchior Kurtz’ publiziert, das unter anderem in Carl von Ossietzkys *Weltbühne*. Seine Gedichtbände *Herz auf Taille* von 1928, *Lärm im Spiegel* von 1929, *Ein Mann gibt Auskunft* von 1930 und *Gesang zwischen den Stühlen* von 1932 erreichen hohe Auflagen. Besonders erfolgreich aber wird Kästner mit seinen ‚Kinderromanen’ *Emil und die Detektive* von 1929, *Pünktchen und Anton* von 1930 und *Das fliegende Klassenzimmer* von 1933. Im Jahr 1931 erscheint aber auch der extrem pessimistische, sozialkritische Erwachsenenroman *Fabian. Die Geschichte eines Moralisten.* Die Titelfigur Fabian ist ein junger Intellektueller, der in der von Arbeitslosigkeit, politischem Fanatismus und Depression geprägten Zeit der Weltwirtschaftskrise in Berlin mit seinen Moralvorstellungen und Gerechtigkeitsidealen kläglich scheitert. „Wo ist das System, in dem ich funktionieren kann?“ fragt Fabian. Es gibt dieses System nicht. Die Zeiten sind für die rauen Kämpfernaturen gemacht, welche die nationalsozialistische SA in den dreißiger Jahren scharenweise anzieht. Diese mögen Kästners Bücher überhaupt nicht. Schon im Jahr 1933 werden sie zum Opfer der Flammen bei der zu trauriger Berühmtheit gelangten Bücherverbrennung vor der Humboldt-Universität in Berlin. Kästner erhält Publikationsverbot und veröffentlicht fortan vorwiegend in der Schweiz. Die Gestapo verhaftet ihn mehrmals. Dennoch wandert er nicht aus. Als er im Jahr 1942 endgültiges Publikationsverbot erhält, verfasst er das Drehbuch zum UFA-Film *Münchhausen* von 1943 unter dem Pseudonym ‚Bertold Bürger’. Nach dem Krieg wählt er München zum ständigen Wohnsitz. Zwischen 1945–1948 arbeitet er als Feuilletonredakteur der *Neuen Zeitung*. Vor allem aber lässt er im Jahr 1949 das Vorkriegskabarett *Die Schaubude* wieder auferstehen. Es wird 1951 vom Kabarett *Die kleine Freiheit* abgelöst. Kästners späte Werke und Gedichte erreichen die frühere politische Schärfe nicht mehr. Zwischen 1951 und 1967 ist er Präsident des Westdeutschen PEN-Zentrums. 1957 erhält er den renommierten Büchner-Preis. Am 29.7.1974 stirbt er in München.

Es gibt eine ganze Erich-Kästner Revue[51] mit dem Titel *Es gibt nichts Gutes: außer man tut es*, in die reinzuhören sich lohnt! Ursprünglich stammt das Kurzgedicht jedoch aus der Epigramm-Sammlung *Kurz und bündig* von 1950, die „Epigramme aus zwei Jahrzehnten“ bündelt. Ein Epigramm ist eine kurze, gereimte Sentenz, die einen einzigen Gedanken prägnant erfasst. Nach Kästner muss „jedes echte Epigramm zwei Regeln erfüllen“: Es muss „Erwartung wecken und pointiert Aufschluß geben“[52]. Das abgedruckte Epigramm erfüllt diese Kriterien. Es schneidet nämlich mit der Frage nach der Existenz des Guten ein großes Thema an und gibt dann mit der Sentenz ‚außer man tut es’ eine pointierte und klare Antwort. Kästner bringt hier eine Alltagsmoral auf den Punkt: Nicht der ist der beste Mensch, der die meisten moralphilosophischen Theorien kennt oder der am besten über das Gute reden kann, sondern derjenige, der zupackt und hilft, wo es die Situation konkret von ihm fordert. Alltagsmoralen kommen oft in Form von Sprichwörtern daher. Andere Beispiele wären Sätze wie ‚Quäle nie ein Tier zum Scherz, denn es fühlt wie Du den Schmerz’ oder ‚Lügen haben kurze Beine’ oder ‚wer einmal lügt, dem glaubt man nicht, und wenn er auch die Wahrheit spricht’ oder ‚man sieht sich im Leben immer zweimal’. Es gibt unzählige Sprichwörter dieser Art in unserer Umgangssprache. Es lohnt sich, einmal eine Liste von alltagsmoralischen Sprichwörtern zu erstellen und die Sprichwörter dann näher daraufhin zu untersuchen, welche Art von Handlung sie einfordern und aus welcher Einsicht heraus sie formuliert worden sind.

Kästners Epigramm ist in der Zeit unmittelbar nach dem 2. Weltkrieg entstanden. Der Krieg ist vorbei. Die Zeit des Wirtschaftswunders ist noch nicht angebrochen. Man hat noch die Schreckenserfahrungen in den Knochen. Deutschlands Städte liegen in Schutt und Asche. Hunderttausende sind obdachlos. Mühsam wird ein halbwegs normales Leben wieder in Gang gebracht. Die lange verehrten nationalsozialistischen Führer haben sich als Volksverblender und schlimmer, als skrupellose Verbrecher erwiesen, die Millionen von Menschen auf dem Gewissen haben. Manch einer muss sich der Schuld stellen, dass er durchaus gesehen hat, wie Juden in nächtlichen Aktionen auf Nimmer-Wiedersehen abtransportiert worden sind, dass er aber lieber gar nicht wissen wollte, was aus ihnen denn wohl geworden ist. Es gibt nichts Gutes: außer man tut es. So mancher, der feige geschwiegen hat, muss sich angesprochen fühlen.

---

51 Es gibt nichts Gutes: außer man tut es. Eine Erich Kästner Revue, Von Klaus Harprecht und Hanjo Kesting, Hamburg 2002, 2 CDs.

52 Erich Kästner, Kurz und bündig. Epigramme, Zürich 1950, S. (5–7) 6.

In den fünfziger Jahren wird den Deutschen von den so genannten ‚Siegermächten' ein neues Wertesystem angesonnen, das jetzt aber das endgültig und einzig richtige sein soll. Die Rede ist vom Wertesystem der Demokratie. Es gibt nichts Gutes: außer man tut es. Auch die Vertreter der neuen demokratischen Moral werden sich an diesem Maßstab messen lassen müssen. Für Kästner ist es offensichtlich, dass die demokratische Regierung in der Ära Adenauer die Remilitarisierung anstrebt. Gleichzeitig ist es nicht zu übersehen, dass viele wichtige Positionen in Universitäten, Behörden und Gerichten immer noch von altgedienten Nazis besetzt sind. Wie weit ist es da her mit der Freiheit? Im Jahr 1951 benennt Kästner das Münchener Kabarett *Die Schaubude* um in *Die kleine Freiheit*, um genau diesen Gedanken zum Ausdruck zu bringen. Die neue deutsche Demokratie hat sich große Freiheitsideale auf ihre Fahnen geschrieben. Realisiert hat sie diese jedoch nur in ganz kleinen Ausschnitten. Im Titelsong heißt es „Die große Freiheit ist es nicht geworden, die kleine Freiheit – vielleicht".

Kästners Epigramm wirft die Frage nach dem Verhältnis von Theorie und Praxis einer Moral auf. Wer eine moralphilosophische Position formuliert und anderen ansinnt, ihre Regeln zu befolgen, wird sich daran messen lassen müssen. Vergleichbar heißt es im Neuen Testament des Christentums ‚An Ihren Taten werdet Ihr sie erkennen'. Das schöne Reden über Moral ist wertlos, wenn keine Handlungen folgen.

(A) 2.2.2 Die moralischen Ideale bestätigen als Moral des arbeitenden Menschen den Kommunismus und nicht Gott!

Der Text zum Thema *Die moralischen Ideale bestätigen den Kommunismus und nicht Gott!* stammt aus dem Buch *Was ist Kommunismus?*, das unter dem Titel *Обшествоведение* ursprünglich in der ehemaligen Sowjet-Union erschienen ist. In Moskau befand sich die Zentrale der Kommunistischen Partei, welche zur Zeit des Kalten Krieges von 1945–1989 die kommunistischen Länder des so genannten ‚Ostblock' regierte. Verfasst ist das Buch von einem Autorenkollektiv, so dass die einzelnen Äußerungen keinem einzelnen Autor zuzuordnen sind. Im Jahr 1974 erschien das Buch in deutscher Übersetzung in Ost-Berlin, der Hauptstadt der ehemaligen DDR. Der Text ist als eine Propagandaschrift zu lesen, die für die dezidiert atheistische Weltanschauung des Kommunismus werben soll. Dass es sich um eine Propagandaschrift handelt, belegt die Tatsache, dass der Text ein relativ grobes Freund-Feindbild zeichnet und mit vagen Unterstellungen und Vorurteilen arbeitet, während sachliche Argumente, Belege und konkrete Beispiele zur Untermauerung der Thesen weitgehend fehlen. Der Text reißt statt dessen im thetischen Stil einer Kampfschrift kaleidoskopartig die verschiedensten Themen an. Der Klappentext skizziert das umfassende Programm folgendermaßen: „Hat die Arbeiterklasse im Sozialismus Sonderrechte? Nehmen die automatischen Maschinen den Menschen die Arbeit weg? – Wie erhält man einen Überfluss an materiellen und geistigen Gütern? – Wie

lassen sich die sozialen Unterschiede zwischen Stadt und Land, zwischen geistiger und körperlicher Arbeit beseitigen? – Was geschieht im Kommunismus mit den Faulpelzen? – Werden die Bedürfnisse reglementiert, oder versucht jeder wegzuschleppen, was er kann? – Wird es im Kommunismus irgendeine Gewalt geben? – Wer ist ein Held? – Worin besteht der Sinn unseres Lebens?“ „Auf alle“ diese Fragen soll man dem Klappentext des Buches zufolge „in diesem Buch eine Antwort“ finden, wobei es sich natürlich um Antworten handelt, die den Kommunismus im denkbar besten und die (vermeintlichen oder wirklichen) Gegner des Kommunismus im denkbar schlechtesten Licht erscheinen lassen.
Einen ihrer wichtigsten Gegner sehen die Autoren des Buches in ‚der Religion'. Gemeint ist zweifelsohne das Christentum, dem in seiner Ausrichtung auf ein Jenseits unterstellt wird, die Menschen so dumm und demütig zu halten, dass sie sich gegen die ungerechten Verhältnisse auf dieser Erde nicht zur Wehr setzen. Ihre Wurzel hat die kommunistische Gegnerschaft gegen das Christentum in dem 1841 erschienenen Buch *Das Wesen des Christentums* des Linkshegelianer Ludwig Feuerbach (1804–1872). Wie in der *Gesamtdarstellung* schon skizziert, lautet Feuerbachs zentrale These, dass der Christ in sein Gottesbild (dasselbe gilt nach Feuerbach auch für das Judentum) seine eigenen Attribute hineinliest, ohne das jedoch zu erkennen, so dass er sich gegenüber dem selbstgeschaffenen Gott minderwertig, ohnmächtig und schuldig fühlt. Karl Marx – neben Lenin der große Theoretiker des Kommunismus – schließt sich Feuerbachs Religionskritik mit seinem (oft falsch zitierten) Diktum von der Religion als ‚Opium des Volkes' grundsätzlich an. Mit diesem Diktum degradiert Marx die Religionen generell zu einer verdummenden und lähmenden Droge, die von den jeweils Herrschenden zur Stabilisierung ihrer Machtinteressen geschaffen und von den Untertanen nur allzu gern auch akzeptiert wird. Der vorliegende Text knüpft an Feuerbach und Marx an, indem er die grundsätzliche Unvereinbarkeit (als Kampfschrift spricht er von einem ‚unversöhnlichen Kampf') der kommunistischen Weltanschauung mit der (christlichen) Religion behauptet und gleichzeitig verspricht, dass der Kommunismus die Menschen aus dem durch die Religion verursachten Zustand der Verdummung herausführen wird. Tatsächlich aber sind die christliche Religion und die Weltanschauung des Kommunismus gar nicht so unvereinbar, wie die Funktionäre des Sowjet-Kommunismus durch die Autoren des Buches behaupten. So gibt es in Lateinamerika heute beispielsweise viele Christen und sogar Priester, die in einer quasi-kommunistischen Gesellschaft ohne individuellen Besitz die gerechte Gesellschaft sehen, von der Jesus Christus in der Bergpredigt gesprochen hat. Nach der generellen Kampfansage macht der Text der jüdisch-christlichen Religion in insgesamt vier Einzelattacken den Anspruch streitig, die Grundlage der Moralität in unserer Kultur zu sein.

In einem ersten Schritt bestreitet der Text, dass die Moral unserer westlichen Kultur ihre Wurzeln in der jüdisch-christlichen Religionstradition habe. Damit spielt der Text auf einen Passus im *Alten Testament* an. (Das ist der Teil der Bibel, auf den sich das Judentum und das Christentum gleichermaßen beziehen.) Hier wird im *2. Buch Moses Kap. 20* erzählt, wie der Prophet Moses auf dem Berg Sinai aus den Händen Gottes die Gesetzestafel mit den *Zehn Geboten* erhält, die fortan für jeden

Juden und für jeden Christen verbindlich sind. Die Gebote sind streng strukturiert: Zunächst regeln sie das Verhältnis des Gläubigen zu Gott und dann sein Verhältnis zu seinen Mitmenschen. Bei den im Text genannten Geboten ‚Du sollst nicht töten', ‚Du sollst nicht stehlen' und ‚Du sollst Vater und Mutter ehren' handelt es sich um das fünfte, siebente und vierte Gebot. Der Text bezeichnet diese moralischen Gebote als moralische Selbstverständlichkeiten, die als solche offensichtlich ihren Ursprung in „der gesellschaftlichen Praxis" und nicht etwa in Gott hätten. Nun ist es zwar kaum zu leugnen, dass es sich bei den *Zehn Geboten* um die schriftliche Fixierung von Normen handelt, die in der Praxis des jüdischen Nomadenvolkes längst etabliert waren. Aber warum soll ein gläubiger Jude oder Christ nicht darauf vertrauen, dass die Normen, die sich in seiner Lebenspraxis bewährt haben, mit denjenigen identisch sind, die ein gütiger Gott ihm auferlegen würde? Hinzu kommt, dass ein Zweifel an der Genese eines Moralsystems – streng logisch betrachtet – noch keinen Zweifel an seiner Gültigkeit begründen kann. Die zweite Attacke des Textes gegen ‚die Religion' besteht in der Behauptung, dass die Gebote der christlich-jüdischen Moral darauf angelegt seien, die Menschen von den Geschäften des diesseitigen Lebens zu trennen und auf ein Jenseits zu vertrösten (s.o.). Tatsächlich aber heißt es im dritten Gebot, dass man sich immerhin sechs Tage der Woche um weltliche Belange kümmern und nur am siebten Tag (dem jüdischen Sabbat oder dem christlichen Sonntag) ausruhen soll. Der Text behauptet drittens, dass die kommunistische Weltanschauung mit den Idealen der Gerechtigkeit und der Humanität bessere moralische Ideale propagiere als die jüdisch-christliche Religion. Tatsächlich aber bestreiten weder Christen noch Juden, dass Gerechtigkeit und Humanität höchste moralische Ideale sind. Es ist kein Widerspruch, auf einen gerechten und gütigen Gott zu vertrauen und für sich selbst die Ideale von Gerechtigkeit und Güte zum Leitbild des Handelns zu wählen.

Die vierte und wichtigste These des Textes lautet schließlich, dass das Christentum den Wert der menschlichen Arbeit herabmindere, weil sie angeblich dazu anweise, sich ausschließlich um jenseitige und nicht um diesseitige Angelegenheiten zu kümmern. Ein erfülltes, sinnvolles Leben könne nur die kommunistische Gesellschaft bieten, in der die Arbeit um ihrer selbst willen geschätzt würde, und nicht nur als notwendiges Übel zum Erwerb des Lebensunterhaltes. Nun schätzen zwar weder die jüdische noch die christliche Religion die Arbeit gering. Im Gegenteil ist das Leben in den christlichen Klöstern beispielsweise ausdrücklich so rhythmisiert, dass Arbeit *und* Gebet in gleicher Weise den Tag gestalten. Darüber hinaus trifft der Text jedoch einen wichtigen Punkt, wenn er den Selbstwert der Arbeit und die Würde des Arbeitenden betont. Neben der Gesundheit ist die Arbeit in unserer Gesellschaft fast zum wichtigsten Gut geworden. Wer keine Arbeit hat, weiß nicht, warum er morgens aufstehen soll, wie sich sein Tag gestaltet, und woher er sein Selbstwertgefühl beziehen kann. Eine sinnvolle und befriedigende Arbeit ist tatsächlich sehr viel mehr als ein bloßes Mittel zum Erwerb des Lebensunterhaltes. Arbeit macht zufrieden und selbstbewusst. Über die Arbeit lässt sich die Stellung im Leben und in einer Gesellschaft definieren. Wer nicht arbeiten kann, ist zu bedauern. Wer nicht arbeiten will, wird in aller Regel als Schmarotzer verachtet. Das bringt der Text in so enthusiastisch-schwärmerischer Weise zum Ausdruck, die aus der historischen Distanz heute fast komisch wirken könnte, wenn er nicht einen so ernsten und wichtigen Punkt für das Gelingen eines menschlichen Lebens unter den Bedingungen unserer Gesellschaft benennen würde. Es gibt ein Sprichwort, dass die Wahl des Lebenspartners und die Wahl des Berufes diejenigen Entscheidungen im Leben sind, die über ein Glücken oder Misslingen des Lebens entscheiden. Dieses Sprichwort hat zweifelsohne einen wahren Kern. Wie der vorliegende Text benennt es den hohen Selbstwert von Arbeit jenseits des reinen Gelderwerbs.

(A) 2.2.3 Moralisch handelt, wer das grösste Glück der grössten Zahl befördert

Die Benthams sind eine Londoner Juristenfamilie mit langer Tradition. Auch Jeremy Bentham (15.2.1748 – 6.6.1832) widmet sich zwischen 1763 und 1766 dem Studium der Rechtswissenschaften an der renommierten Universität von Oxford. Bald aber machen ihn die Widersprüche und Ungereimtheiten im englischen Rechtssystem seiner Zeit so ungehalten, dass er beschließt, sich fortan der juristischen Grundlagenforschung und der Rechtsphilosophie zuzuwenden. Er schließt sich den *Philosophical Radicals* an. Das ist eine philosophische Gruppierung an der Universität Oxford, deren Mitglieder sich aus einer Opposition gegen die anglikanische Kirche und gegen die herrschende englische Oberschicht heraus zu einem radikalen Pazifismus und Liberalismus sowie zu einem kompromisslosen philosophischen Atheismus bekennen, um sich aus dieser Perspektive mit Fragen der sozialen Gerechtigkeit und mit Erziehungsfragen zu befassen. Später tragen die *Philosophical Radicals* viel zur Verbreitung und Popularisierung der utilitaristischen Moral- und Rechtsphilosophie des selbst eher menschenscheuen und zurückhaltenden Jeremy Bentham bei. Federführend ist hier der schottische Philosoph, Historiker und Ökonom James Mill (1773–1836). Wichtiger noch ist sein Sohn John Stuart Mill (1806–1873), der schon als Jugendlicher von seinem Vater mit Benthams Schriften vertraut gemacht wird. John Stuart Mills *Utilitarism* von 1861 gilt heute ebenfalls als ein Standardwerk des Utilitarismus. Es knüpft in seinen wesentlichen Gedanken an Benthams Utilitarismus an.

Der Name ‚Utilitarismus' stammt vom lateinischen Wort ‚utilus' für ‚nützlich'. Benthams utilitaristischer Rechtsphilosophie zufolge soll die Gesetzgebung eines Staates so beschaffen sein, dass die Gesetze für die Realisierung der Interessen einer möglichst großen Zahl von Bürgern ‚nützlich' sind. Die Bürger sollen so handeln, dass es möglichst vielen anderen Bürgern zu Gute kommt. Damit ist Gerechtigkeit für Bentham weniger ein abstraktes Ideal als eine Art Instrument zur Maximierung des Wohlstands und des Glücks der Bürger eines Staates. Benthams Hauptwerk *An Introduction to the Principles of Morals and Legislation* von 1789 (dt. *Einführung in die Prinzipien von Moral und Gesetzgebung*) ist ursprünglich als Grundlegung dieser utilitaristischen Rechtsauffassung intendiert. Tatsächlich aber entwickelt das Werk eine umfassende Philosophie der Moral.

Benthams utilitaristische Moralphilosophie besagt im Kern, dass eine Handlung eine moralisch gute Handlung ist, wenn sie das größtmögliche Glück einer größtmöglichen Anzahl von Menschen befördert. Diese moralphilosophische Auffassung ist im Vergleich mit anderen Auffassungen in mehrfacher Hinsicht bemerkenswert. Auf den ersten Blick schon fällt auf, dass es nicht um die Realisierung eines abstrakten Gutes geht und auch nicht um ein Handeln nach einem Tugendkanon oder nach festen Regeln, die ein für alle Mal festlegen würden, was eine moralisch gute und was eine moralisch verwerfliche Handlung ist. Bentham formuliert keine materialen Gebote von der Art ‚Du sollst nicht begehren Deines Nächsten Hab und Gut' beispielsweise. Er stellt auch keine formalen Regeln auf von der Art ‚Handele immer so, dass Du wollen kannst, dass alle so handeln' auf. Benthams moralphilosophisches Prinzip der Nutzenoptimierung fordert vielmehr eine flexibel Anpassung an die jeweilige Situation und komplexe Abwägungsprozesse, die möglichst viele Standpunkte und Interessenlagen in möglichst weit reichender Weise berücksichtigt.

Bemerkenswert ist auch, dass das utilitaristische Moralprinzip dem Geist der Aufklärung entsprechend auf einer radikalen Anerkennung der Gleichheit aller Menschen basiert. Benthams Prinzip ‚Handle immer so, dass Deine Handlung das größtmögliche Glück der größtmöglichen Anzahl von Menschen befördert" ist nicht ohne sein Diktum „everybody to count for one, nobody for more than one"[53] (dt. jeder zählt als einer, und keiner zählt als mehr als einer) zu verstehen. Dahinter verbirgt sich die Überzeugung, dass das Glück eines Bettlers genauso in die Waagschale des gerechten Ausgleichs der gesellschaftlichen Interessen zu werfen ist wie das Glück eines Königs.

Auffallend ist drittens auch die Tatsache, dass Bentham ‚Glück' mit Lust bzw. mit der Abwesenheit von Unlust gleichsetzt. Gängigerweise versteht man unter ‚Glück' so etwas wie ein erfülltes Leben. Tatsächlich ist Benthams Gleichsetzung von seinen Zeitgenossen dann auch massiv missverstanden worden. Eine gängige Kritik lautet, dass der Utilitarismus die Menschen auf das Niveau von Tieren degradieren würde, wenn sie ihre Moralphilosophie ausschließlich auf die Gewinnung von Lust und die Vermeidung von Unlust ausrichtet. Im Sinne einer Verteidigung von Benthams Utilitarismus betont John Stuart Mill später, dass der Utilitarist deutlich zu unterscheiden wisse zwischen anspruchsvollen spezifisch menschlichen Genüssen und den bloß sinnlichen Genüssen, die auch ‚Schweine' beispielsweise kennen. Je gebildeter der Mensch sei, umso anspruchsvoller sei er auch mit dem, was ihm Lust bereitet. Nur extrem ungebildete oder charakterschwache Menschen würden tatsächlich die rein sinnliche Lust den höheren geistigen und sittlichen Möglichkeiten des Lustgewinns vorziehen. Die Kritik eines reinen Hedonismus (so nennt

53 Jeremy Bentham, An Introduction to the Principles of Morals and Legislation, London 1789, Kap. 5, Abschnitt 36.

man eine nur auf sinnliche Lust ausgerichtete Lebensführung) kann die utilitaristische Moralphilosophie also spätestens seit Mills Präzisierung nicht mehr treffen.

Bemerkenswert ist viertens, dass Bentham das Glück als eine messbare Größe zu betrachten scheint. Wie hoch sich eine bestimmte Konzeption von Glück in der zu bildenden Gesamtsumme in Anschlag bringen lässt, bemisst sich nach der Intensität, der Dauer, der Gewissheit, der Nähe, der Folgenträchtigkeit, der Reinheit des Glücks und schließlich noch an der Anzahl der Menschen, die an dem Glück partizipieren können. Dahinter steht die Einsicht, dass eine Konzeption von Glück weniger tragfähig ist, wenn man sich ein kurzes Glück mit einer langen Zeit der Leidens erkaufen muss oder mit dem Leiden anderer Menschen. Was allerdings der Gradmesser für die Intensität eines Glückserlebens beispielsweise sein könnte, dazu sagt Bentham nichts. In solchen Details liegen die Probleme der Anwendung der utilitaristischen Auffassung von Recht und Moral. Dennoch aber ist sie äußerst wirkmächtig geworden. Es ist sicherlich dem hohen Einfluss des Utilitarismus im angelsächsischen Sprachraum geschuldet, dass die amerikanische Verfassung einen Passus enthält, der das Recht auf die Realisierung der eigenen Konzeption von Glück (pursuit of happiness) enthält.

Das größte Problem der utilitaristischen Auffassung von Moral besteht jedoch weniger in der Messbarkeit des Glücks als darin, dass es zumindest der ursprünglichen Formulierung des utilitaristischen Moralprinzips bei Bentham zufolge denkbar wäre, dass für ein besonders großes Glück eines Einzelnen oder einiger weniger Menschen in Kauf genommen werden müsste, dass anderen Menschen Leid zugefügt wird. So stellt der utilitaristische Jurist und Rechtsphilosoph Herbert Lionel Adolphus Hart von der Universität Oxford (geb. 1907) beispielsweise die Frage, ob gegebenenfalls ein Unschuldiger bestraft werden darf, wenn damit eine so hohe Abschreckungswirkung erzielt wird, dass andere potentielle Straftäter abgeschreckt werden? Hart verneint diese Möglichkeit mit dem Argument, dass solche Maßnahmen die Glaubwürdigkeit eines Rechtssystems beschädigen und damit einen Schaden anrichten würden, der weit schwerer als der mögliche Abschreckungsnutzen zu gewichten sei. Mit ähnlicher Stoßrichtung führt der Philosoph Hilary Putnam von der Harvard-Universität (geb. 1926) in seinem Buch *Reason, Truth and History* von 1981 (dt. *Vernunft, Wahrheit und Geschichte*) die so genannten Super-Benthamianer ins Feld. Gemeint sind fiktive Menschen, die „wirklich und wahrhaftig gewillt" sind, „kleine Kinder zu foltern oder Menschen für Verbrechen zu verurteilen, die sie nicht begangen haben, sofern sie (nachdem sie das Leiden des unschuldigen Opfers in jedem Einzelfall gebührend in Rechnung gestellt haben) gewiss sind, dass das Ergebnis dieser Handlungen eine langfristige Steigerung des allgemeinen Zufriedenheitsgrades"[54] darstellen würde. Solche Nachfragen würde ein Utilitarist natürlich als Polemik abtun mit dem Argument, dass das Leiden eines Unschuldigen so hoch in Anschlag zu bringen sei, dass es kein kollektives Glück gibt, welches ein solches

---

[54] Hilary Putnam, Reason, Truth and History, Cambridge 1981. Im Text zit. nach: ders., Vernunft, Wahrheit und Geschichte, Übers. v. J. Schulte, Frankfurt a.M. ²1995, S. 189.

Unrecht rechtfertigen würde. Wie aber sieht es aus, wenn man mit dem Leben eines Menschen unzählige andere Menschenleben retten kann?

Welche Konsequenzen eine Akzeptanz der utilitaristischen Auffassung von Moral jedoch im Einzelfall tatsächlich haben muss, zeigt das Beispiel des überfüllten Rettungsbootes. Wer sollte geopfert werden für das größtmögliche Glück der größtmöglichen Zahl? Der Älteste oder der Schwächste oder der Untauglichste? Solche Kriterien scheinen auf den ersten Blick im Sinne des Utilitarismus' nahe zu liegen. Reifes Überlegen wird schließlich jedoch zu der Einsicht führen, dass ein Verfechter einer utilitaristischen Auffassung von Moral letztlich sich selbst wird opfern müssen – weil dem Utilitarismus zufolge nämlich das denkbar größte Glück darin liegt, sich selbst für die Gemeinschaft mit allen Kräften einzusetzen. Gängigen Einwänden zum Trotz, fördert der Utilitarismus einen privaten Egoismus also gerade nicht.

(A) 2.2.4 MITLEID IST DIE NATÜRLICHE QUELLE VON MORAL

Arthur Schopenhauer wird am 22. Februar 1788 in Danzig als Sohn eines Kaufmanns geboren. Sein Vater nimmt sich früh schon das Leben. Zum Missfallen des Sohnes trauert die Mutter nicht lange. Das könnte erklären, warum das Verhältnis Schopenhauers zum weiblichen Geschlecht generell lebenslang gespannt bleibt. Nach dem Tod des Vaters unternimmt Schopenhauer eine zweijährige Europareise. Danach beginnt er eine Kaufmannslehre, die er erst für ein Medizinstudium und später für ein Philosophiestudium in Göttingen aufgibt. Schon mit seiner Dissertation aus dem Jahr 1813 *Über die vierfache Wurzel des Satzes vom Grund* erregt Schopenhauer Aufsehen. So liest der damals hoch berühmte Johann Wolfgang von Goethe diese Arbeit mit großem Interesse und lädt den jungen Philosophen ein, mit ihm über seine Farbenlehre zu diskutieren. In Goethes Weimar lebt mittlerweile jedoch auch Schopenhauers verhasste Mutter mit ihrem ‚Hausfreund' und betätigt sich mit einigem Erfolg als Dichterin. Trotz der hohen Protektion durch Goethe hält es Schopenhauer deshalb nicht in Weimar. Er geht zurück nach Dresden und verfasst sein Hauptwerk *Die Welt als Wille und Vorstellung,* das in der ersten Fassung im Jahr 1818 und in der zweiten Fassung im Jahr 1844 erscheint.[55] Im Jahr 1820 habilitiert sich Schopenhauer an der Humboldt-Universität zu Berlin. Seine akademische Lehrtätigkeit ist allerdings von wenig Erfolg gekrönt: Die Studenten meiden den kauzigen Schopenhauer, um statt dessen die Vorlesungen des berühmten Georg Wilhelm Friedrich Hegel (s.o.) zu belegen. Am Ende hat Schopenhauer die Nase jedoch wieder vorn. In Berlin bricht die Cholera aus. Hegel stirbt an der Krankheit, während Schopenhauer schon längst die Flucht ergriffen hat. Lange Jahre lebt er verbittert

[55] Arthur Schopenhauer, Die Welt als Wille und Vorstellung, I, 2 Bde., Dresden 1818. Ders., Die Welt als Wille und Vorstellung, II, 2 Bde., Dresden 1944. Alle vier Bände im Text zit. nach: A. Hübschner (Hg.), Zürich 1977.

und verkannt in Frankfurt – bis er mit 66 Jahren doch noch die Berühmtheit erlangt, von der er so lange geträumt hat. Künstler wie Friedrich Hebbel und vor allem Richard Wagner wenden sich seinem Werk zu. Allerdings kann sich Schopenhauer seines späten Ruhms nicht lange erfreuen. Am 21. September 1860 stirbt er an einer Lungenentzündung.

Schopenhauers so genannte ‚Mitleidsmoral' erschließt sich nur vor dem Hintergrund der pessimistischen Willensmetaphysik, die in *Die Welt als Wille und Vorstellung* entwickelt wird. Diese Willensmetaphysik besagt im Kern, dass wir Menschen uns nur irrtümlich für Individuen halten. Tatsächlich aber sind wir Inkarnationen (d.i. Fleischwerdungen bzw. Verkörperungen) des einen blinden Willens zum Leben, der überall in der Natur herrscht. Der Wille zum Leben ist das metaphysische Prinzip des immer neuen Entstehens aus dem Vergehen. Bevor Menschen sterben, haben sie Kinder gezeugt, in denen sie weiterleben. Wenn eine Kuh geschlachtet wird, dient sie Menschen als Nahrung, damit diese weiterleben können. Wenn Pflanzen sterben, werden sie zum Dünger für andere Pflanzen. Ausgehend von solchen Beobachtungen betrachtet Schopenhauer die gesamte Wirklichkeit als einen ewigen Kreislauf des Weiterlebens. Das kosmische Überleben des Ganzen hat aus der Perspektive des Einzelnen allerdings einen hohen Preis: Damit das Ganze weiterleben kann, muss das Einzelne vergehen, sobald es krank und schwach wird. Davon ist auch der einzelne Mensch nicht ausgenommen. Es ist das oberste Gesetz des Willens zum Leben, dass der einzelne Mensch sterben muss, sobald er seine Fortpflanzungsfunktion erfüllt hat. Ein weiteres Gesetz lautet, dass die Menschen genau wie alle Lebewesen ihre gesamte Lebensenergie zum Erhalt des Lebens einsetzen müssen. Wie alle Lebewesen, so nimmt auch der Mensch nur deshalb Nahrung zu sich, um kurze Zeit später wieder Hunger und den quälenden Drang nach neuer Nahrung zu verspüren. Ein drittes Gesetz ist das Gesetz der Feindschaft der Lebewesen untereinander im Kampf ums Überleben. Insbesondere hier sind die Menschen nach Schopenhauer nicht ausgenommen. Es ist im Interesse des Überlebens des Ganzen, dass nur die Stärksten und Tüchtigsten überleben. Deshalb treibt der Wille zum Leben auch die Menschen an, sich gegenseitig als Rivalen zu bekämpfen. Fast alle Menschen sind nach Schopenhauer nun Sklaven dieses Willens zum Leben. Sie richten ihr Leben auf die Fortpflanzung und auf den Erwerb von Besitz und Nahrung aus, und sie sehen alle übrigen Menschen als Feinde an. Für den Menschen gibt es nach Schopenhauer allerdings eine Möglichkeit, sich von der Macht des blinden Willens zum Leben zu befreien, weil der Mensch im Gegensatz zu allen anderen Lebewesen nämlich nicht nur ‚wollendes Ich', sondern auch ‚erkennendes Ich' ist. Gemeint ist, dass der Mensch mit einem Erkenntnisvermögen gesegnet ist, durch das er die Strategien des Willens zum Leben durchschauen kann. Und sobald die Strategien durchschaut sind, kann der Mensch sich ihnen auch bewusst verweigern. Er kann beispielsweise eine bewusste Entscheidung für die Askese und gegen den Drang zur Fortpflanzung und zur Nahrungsaufnahme treffen: Im freiwilligen Verhungern sieht Schopenhauer den höchsten Akt der Freiheit vom Willen zum Leben. Vor allem aber kann der Mensch sich dem Impuls verweigern, alle anderen Menschen als Feinde anzusehen, sobald er zu der Einsicht gekommen ist, dass in den anderen

Menschen dasselbe blinde Prinzip des Willens zum Leben waltet wie in ihm selbst. Auf dieser Prämisse basiert Schopenhauers Mitleidsmoral.

Die *Preisschrift über die Grundlage der Moral* hat Schopenhauer am 30. Januar 1840 an der Königlich Dänischen Societät der Wissenschaften zu Kopenhagen eingereicht. Zu der erhofften Auszeichnung soll es allerdings nicht kommen. Die Schrift richtet in ihrem ersten Teil gegen die Moralphilosophie von Immanuel Kant (1724–1804) und gegen die christliche Moralphilosophie den Einwand, dass Verbote und Gebote kein sicheres Fundament für moralisches Handeln seien, weil dahinter kein moralischer Impuls, sondern nur die Hoffnung auf Belohnung bzw. die Angst vor Strafe stünde. Im zweiten Teil konzentriert sich Schopenhauer auf diejenigen Handlungen, die aus eigenem Impuls heraus moralisch vorbildlich zu sein scheinen. Aber gibt es denn solche Handlungen überhaupt? Schopenhauer verweist bejahend auf die Handlungen, die uneigennützig aus dem Impuls des Mitleidens heraus unternommen werden. Als unmoralisch stuft er hingegen alle Handlungen ein, die aus bloßem Egoismus oder gar aus Bosheit unternommen werden. Bosheit ist die Steigerung des Egoismus. Während Egoismus lediglich auf die Realisierung der eigenen Interessen ohne Rücksicht auf die Interessen des anderen zielt, intendiert die Bosheit, dass dem Anderen Schaden zugefügt wird. Es gibt nach Schopenhauer somit genau drei Triebfedern des Handelns, und das sind das Mitleiden einerseits und der Egoismus und die Bosheit andererseits. Moralische Handlungen sind diejenigen, die aus dem Impuls des Mitleidens heraus unternommen werden, weil das die einzigen Handlungen sind, die vollkommen uneigennützig und jenseits einer Hoffnung auf Belohnung oder einer Angst vor Strafe unternommen werden.

Wie aber ist es möglich, dass die Menschen Mitleid empfinden können? Schließlich treibt sie der Wille zum Leben ja eigentlich zur Rivalität mit dem Mitmenschen. Hier kommen die oben genannten metaphysischen Prämissen ins Spiel. Der Mensch kann nach Schopenhauer als ‚erkennendes Ich' wissen, dass der andere Mensch nur scheinbar sein Feind ist, weil er eigentlich Inkarnation desselben Willens zum Leben ist wie er selbst. Als einziges Lebewesen ist der Mensch in der Lage, sich mit dem jeweils anderen Menschen zu identifizieren, was nach Schopenhauer nichts anderes heißt, als dass „jener gänzliche *Unterschied* zwischen mir und jedem Andern, auf welchem gerade mein Egoismus beruht, wenigstens in einem gewissen Grade aufgehoben“ [56] wird. Als ‚erkennendes Ich' kann der Mensch zu der Erkenntnis gelangen, dass der Andere ebenso Inkarnation des Willens zum Leben ist wie er selbst. Das ist eine Erkenntnis, die zur Identifizierung mit dem Anderen führt. Identifizieren ist nach Schopenhauer nichts anderes als Mitleiden mit dem Anderen. Obwohl der Wille zum Leben die Menschen voneinander isoliert, ist Mitleid und Einfühlung nach Schopenhauer für die Menschen also möglich, weil die Menschen nicht nur ‚wollendes Ich', sondern auch ‚erkennendes Ich' sind.

---

[56] Arthur Schopenhauer, Preisschrift über die Grundlage der Moral. Nicht gekrönt von der Königlich Dänischen Societät der Wissenschaften, zu Kopenhagen, am 30. Januar 1840. Im Text zit. nach: ders., Preisschrift über das Fundament der Moral, H. Ebeling (Hg.), Hamburg 1979, S. 106.

Nach Schopenhauer lassen sich nun alle übrigen Tugenden wie insbesondere die Tugenden der Gerechtigkeit und der Menschenliebe auf die Fähigkeit zum Mitleiden zurückzuführen. Tatsächlich ist das Mitleid einer der wichtigsten moralischen Impulse, wenn nicht der wichtigste überhaupt. Kritiker haben nun erstens den Einwand vorgebracht, dass es Situationen gäbe, in denen Mitleid allein nicht genüge, weil bestimmte Kompetenzen gefragt seien. Wenn ein Arzt beispielsweise einem Patienten gegenüber sein Mitleid äußern würde, anstatt ihm zu helfen, sei dem Patienten nicht geholfen. Aber natürlich ist das in Schopenhauers Mitleidsmoral nicht gemeint, sondern im Gegenteil ein wirkliches Einfühlen in die Situation des Anderen, das jenseits der nur verbalen Bekundung von Mitleid auch die entsprechenden Handlungskonsequenzen nach sich zieht. Ein zweiter Einwand lautet, dass es Situationen gäbe, in denen Mitleid geradezu fehl am Platz sei. So dürfe man beispielsweise einem Alkoholiker, der einen um Alkohol anfleht, diesen Wunsch auf keinen Fall erfüllen. Wiederum ist ein bloßes Nachgeben jedoch kein Mitleiden in dem substantiellen Sinne, den Schopenhauer vor Augen hat. Nichtsdestotrotz aber gilt: Wer sich einer Mitleidsmoral verpflichtet, muss die Grenzen des Mitleids als moralische Kraft genau kennen, um nicht in eine verantwortungslose Sentimentalität zu verfallen.

(A) 2.2.5 Das Mitleid mit Tieren als schmerzempfindende Lebewesen

Warum dürfen wir Tiere essen, Menschen aber nicht? Warum sind Tierversuche erlaubt, während Menschenversuche verboten sind? Im jüdisch-christlichen Kontext beantworten sich solche Frage durch einen Hinweis auf das Buch Genesis, in dem es heißt, dass der Mensch von Gott zum Herrn über die ganze Erde und ihre Geschöpfe erhoben worden ist. Mit vergleichbarer Stoßrichtung schreibt der antike Philosoph Aristoteles (384–322 v. Chr.) zum Verhältnis von Menschen und Tieren: „Pflanzen existieren um der Tiere willen, und die wilden Tiere um der Menschen willen. Haustiere sind ihm zu Nutzen, und er ernährt sich von ihnen, die wilden Tiere (oder jedenfalls die Mehrzahl davon) ißt er, und er fertigt aus ihnen andere für das Leben zweckmäßige Dinge wie Kleidung oder verschiedene Werkzeuge. Da die Natur nichts Zweckloses oder Unnützes hervorbringt, so ist es unleugbar wahr, daß sie alle Tiere um des Menschen willen hervorbrachte“[57]. Auch Aristoteles hat also keine Probleme damit, dass wir Tiere unseren Zwecken unterwerfen. Allerdings wurden zur Zeit des Aristoteles die Sklaven noch genauso behandelt wie die Tiere. Erst mit der Aufklärung setzte sich der Gedanke durch, dass alle Menschen unabhängig von ihrer Hautfarbe und ihrem Geschlecht schutzwürdig sind, weil sich alle Menschen in gleicher Weise als vernunftbegabte Individuen von den Tieren unterscheiden. Angesichts der Tatsache, dass sich im Laufe der Jahrhunderte die Einsicht durchgesetzt hat, dass Frauen mit schwarzer, gelber oder roter Hautfarbe genauso schutzwürdig

---

[57] Aristoteles, Poetik I, 1256b.

sind wie weiße Männer – ist es dann nicht denkbar, dass wir irgendwann zu der Einsicht kommen, dass wir auch Tiere schützen müssen?

Überlegungen zum moralisch richtigen Umgang des Menschen mit den Tieren hat es in der Moralphilosophie nun schon vor Peter Singer gegeben. In seiner *Metaphysik der Sitten* von 1797 spricht Immanuel Kant beispielsweise von einer „Pflicht der Enthaltung von gewaltsamer und zugleich grausamer Behandlung der Tiere", weil „dadurch das Mitgefühl an ihrem Leiden im Menschen abgestumpft und dadurch eine der Moralität im Verhältnisse zu anderen Menschen, sehr diensame natürliche Anlage geschwächt"[58] würde. Nach Kant soll sich der Mensch also aller Grausamkeiten gegen die Tiere enthalten, weil das zur Verrohung und Abstumpfung und damit zur Schwächung seiner natürlichen moralischen Anlagen führe. Schopenhauer kritisiert die Kantische Auffassung allerdings, weil sie nur aus der Perspektive des Menschen gedacht sei und die Tiere selbst gar nicht in den Blick nehme. Er bezeichnet „die vermeintliche Rechtlosigkeit der Thiere" und den „Wahn, daß unser Handeln gegen sie ohne moralische Bedeutung sei" als „ eine empörende Roheit und Barbarei des Occidents, deren Quelle im Judenthum liegt"[59]. Ja, es findet sich sogar die antisemitische Äußerung, dass man „wahrlich an allen Sinnen blind oder vom foetor Judaicus (Judengeruch) total chloroformiert seyn" müsse, wenn man nicht erkenne, „daß das Wesentliche und Hauptsächliche im Thiere und im Menschen das Selbe ist."[60] Dahinter steht die metaphysische Überzeugung Schopenhauers, dass die Tiere ebenso Inkarnationen des Willens zum Leben wie jeder Mensch seien (s.o.). Diese richtige Einsicht des asiatischen Buddhismus und des Hinduismus habe im jüdisch-christlich geprägten europäischen Kulturraum leider keine Anhänger, was Schopenhauer auf den Einfluss des biblischen Buches Genesis (s.o.) zurückführt. Zeigt uns jedoch tatsächlich allein schon die Tatsache, dass wir mit Tieren ebenso Mitleid empfinden können wie mit Menschen, dass Tiere prinzipiell genauso schutzwürdig sind wie Menschen? Ekkehard Martens beispielsweise bezweifelt das mit dem Hinweis darauf, dass wir zwar mit niedlichen Robbenbabies und kleinen Menschenaffen Mitleid haben, weil wir sie als ähnlich empfinden, aber nicht mit Spinnen oder Bakterien beispielsweise, die wir als ekelhaft oder sogar als bedrohlich empfinden.[61] Wenn Mitleid ein naturgegebener Hinweis auf die generelle Schutzwürdigkeit von Tieren wäre, müssten wir mit allen Tieren Mitleid empfinden.

In diese Debatte ist das Kapitel *Gleichheit für Tiere* in der *Practical Ethics* (dt. *Praktische Ethik*) des australischen Philosophen Peter Singer (geb. 1946) von 1979 einzuordnen, aus der unter dem Titel *Das Mitleid mit Tieren als schmerzempfindende Lebewesen* einige zentrale Passagen abgedruckt sind. Singer geht von der Prämisse aus, dass es sich bei dem „Grundprinzip der Gleichheit" um dasjenige moralische Prinzip handelt, das sich im Laufe der Jahrhunderte gegen konkurrierende Moral-

---

58 Immanuel Kant, Tugendlehre, § 17, in: ders., Die Metaphysik der Sitten, 1797. Im Text zit. nach: ders., Werke, W. Weischedel (Hg.), Darmstadt 1983, S. 578f.

59 Schopenhauer, Preisschrift, S. 136.

60 Schopenhauer, Preisschrift, S. 138.

61 Ekkehard Martens, Zwischen Gut und Böse. Elementare Fragen angewandter Philosophie, Stuttgart 1997, S. 104f.

prinzipien durchgesetzt hat. Jahrhundertelang sind die Interessen von Sklaven oder Frauen oder so genannten ‚Wilden' weniger berücksichtigt worden als die von ‚weißen Männern'. Mittlerweile habe sich jedoch glücklicherweise der moralische Konsens durchgesetzt, dass die Interessen aller Menschen grundsätzlich mit gleichem Gewicht in die Waagschale des Interessenausgleichs zu werfen sind, völlig unabhängig davon, von welcher Herkunft, Hautfarbe, Gesundheitszustand, Leistungsfähigkeit oder Geschlecht die jeweiligen Menschen sind. Allerdings seien die Tiere bislang unangemessener Weise nicht mit einbezogen worden! Singer kritisiert, dass die Interessen von Tieren heute immer noch den Interessen der Menschen untergeordnet werden, so wie jahrhundertlang die Interessen von Menschen mit nicht weißer Hautfarbe oder von Frauen den Interessen der weißen Männer untergeordnet worden seien. Singer kämpft dafür, dass die Interessen der Tiere gleichwertig gegenüber den Interessen der Menschen behandelt werden.

Diejenigen, welche die Rechte von fremdrassigen Menschen oder von Frauen nicht anerkennen wollen, nennt man ‚Rassisten' oder ‚Sexisten'. In Anlehnung daran prägt Singer den Begriff des ‚Speziezisten' für alle, die der Ansicht sind, dass die Interessen der Tiere den Interessen der Menschen so weit unterzuordnen sind, dass die Menschen die Tiere ohne jeden moralischen Skrupel essen und zu Versuchszwecken misshandeln dürfen. Singer setzt sich dafür ein, dass die Tiere ebenso in den Kreis derjenigen aufgenommen werden, deren Interessen gleiche Berücksichtigung gegenüber den Interessen anderer finden, wie in den Jahrhunderten zuvor erst die Sklaven und dann die Frauen in den Kreis der grundsätzlich gleich zu Behandelnden aufgenommen worden sind.

Die Befürworter der Position, die Singer abfällig ‚Speziezismus' nennt, könnten nun darauf verweisen, dass alle Menschen im Gegensatz zu allen Tieren Wesen sind, die sich ihrer eigenen Existenz bewusst sind (d.h. dass sie Selbst-Bewusstsein haben) und die Fähigkeit zur Vernunft haben. Wie aber geht man dann mit Embryonen um, deren Gehirn sich noch nicht entwickelt hat oder mit Menschen, deren Gehirn durch einen Unfall zerstört worden ist? Wenn Selbstbewusstsein oder Vernunftfähigkeit die Kriterien besonderer Schutzwürdigkeit sind, müssten diese Lebewesen herausfallen, obwohl es sich um Menschen bzw. (wie im Falle des Embryos) um potentielle Menschen handelt. Mit diesem Argument lehnt Singer die traditionelle moralphilosophische Begründung für eine besondere Schutzwürdigkeit des Menschen gegenüber den Tieren ab. Was aber könnte die Schutzwürdigkeit eines Lebewesens sonst begründen? Seine Antwort entlehnt Singer der utilitaristischen Moralphilosophie von Jeremy Bentham (s.o). Schon bei Bentham heißt es: „Die Frage ist nicht: können sie denken?, auch nicht: können sie sprechen?, sondern: können sie leiden?"[62]

Nach Singer sind Lebewesen also nicht etwa besonders schutzwürdig, wenn sie zur Gattung der Menschen gehören, sondern wenn sie leidensfähig sind und Schmerzen empfinden können. Die Vermeidung von Schmerzen ist Singers oberstes moralphilosophisches Prinzip. Dieses Prinzip ist nun weit reichender, als es auf den

---

62 Vgl. dazu Martens, Zwischen Gut und Böse, S. 106.

ersten Blick scheinen mag. Es impliziert einerseits, dass man leidensfähigen Tieren ebenso wenig Schmerzen zufügen darf wie Menschen. Anderseits impliziert es aber auch, dass großes Leiden durch den Tod beendet werden muss: Singer unternimmt ausdrücklich eine „Rechtfertigung der freiwilligen Euthanasie“ (d.i. ‚Sterbehilfe’) mit dem Argument, dass manches Leiden nur so zu beenden sei. Mit seiner Auffassung hat Singer großen Protest erregt. Viele Menschen haben sich beleidigt und gekränkt gefühlt, wenn Singer schreibt, dass „bei jedem fairen Vergleich moralisch relevanter Eigenschaften wir Rationalität, Selbstbewußtsein, Bewußtseins, Autonomie, Lust- und Schmerzempfindung und so weiter“ das „Kalb und das Schwein und das viel verspottete Huhn einen guten Vorsprung vor dem Fötus in jedem Stadium der Schwangerschaft“[63] hätten! Man hat Singer als „Faschisten“ und als „Befürworter moderner Massenvernichtung“ [64] beschimpft. Das wird Singer sicherlich nicht gerecht, weil er nicht für Massenvernichtung plädiert, sondern für die Sterbehilfe auf Verlangen, insofern das das einzige Mittel zur Beendigung eines unerträglichen Leidens darstellt. Wenn man Singers Moralprinzip allerdings konsequent zu Ende denkt, müssen wir die Interessen eines schmerzempfindlichen Tieres den Interessen eines menschlichen Wesens letztlich vorziehen, wenn es sich um einen noch nicht schmerzempfindlichen Embryo oder um einen hirngeschädigten Menschen handelt. Können wir das aber tatsächlich auch noch wollen?

III.2.3 Riten, Feste und Zeremonien (cultus)

(A) 2.3.1 Das Weihnachtsfest, einmal ganz nüchtern betrachtet

Das Wort ‚Weihnachten’ stammt aus dem mittelhochdeutschen *ze den wihen nahten*, was soviel wie ‚in den geweihten Nächten’ bedeutet. Es tritt erstmals im Jahr 1170 bei dem Spruchdichter Spervogel auf, einem bayrischen Spielmann. Das Weihnachtsfest selbst ist jedoch deutlich älter. Es ist nämlich schon im 3. Jhd. nach Chr. aus den Wintersonnenwendfesten hervorgegangen, die sowohl von den alten Germanen als auch von den Anhängern der Göttin Isis in Ägypten als auch im Kontext der vorderasiatischen Midras-Kulten gefeiert wurden. Das Fest, das dem Weihnachtsfest vorausgegangen ist, war ein Lichtfest. In der dunklen Jahreszeit wurden die Götter des Lichts gegen die bösen Geister angerufen.

Seit dem 3. Jhd. gehört das Weihnachtsfest neben Ostern und Pfingsten dann zu einem der drei hohen christlichen Feiertage. Die Christen gedenken an Weihnachten der Geburt des Jesus Christus von Nazareth. In christlich geprägten Kulturen gehören zum Weihnachtsfest eine Reihe von Dekorationsgegenständen und Bräuchen, deren Ursprünge im Laufe der Jahrhunderte oft in Vergessenheit geraten sind, und

---

63 Singer, Practical Ethics, S. 197.

64 Vgl. dazu Peter Singer, Anhang. Wie man in Deutschland mundtot gemacht wird, in: ders., Practical Ethics, S. (425–451) 428.

die in den verschiedenen Ländern dieser Erde deutlich variieren. In England beispielsweise tanzt man am *Christmas Day* einen rituellen Tanz unter einem Mistelzweig. Unter dem Mistelzweig darf man sich dann küssen. Man sollte sich allerdings gut überlegen, wem man diese Wohltat zugute kommen lässt. Dem Volksglauben zufolge entstehen nämlich Ehen aus den Küssen unter den Mistelzweigen. Ein Plumpudding und ein gefüllter Truthahn gehören im angelsächsischen Sprachraum ebenfalls zum Weihnachtsfest dazu. In Deutschland und in der Schweiz hingegen ist ein geschmückter Weihnachtsbaum unverzichtbar. Der Weihnachtsbaum ist schon seit dem 16. Jahrhundert bekannt, aber erst seit dem 19. Jahrhundert allgemein üblich. In den südlichen Ländern Spanien und Italien wiederum wird zum Weihnachtsfest eine Krippe in der Kirche aufgebaut. Das soll an die Krippe erinnern, in die der biblischen Erzählung zufolge Jesus von Nazareth kurz nach seiner Geburt gelegt worden ist, als seine Eltern während der Regierungszeit des Herodes auf dem Weg zur Volkszählung von der Stadt Nazareth in Galiläa nach Bethlehem, der Heimatstadt des Josef, waren und keinen Platz in der Herberge mehr fanden (vgl. Lukas 2, 1–7).

In der Regel gehören zu einer Krippe jedoch nicht nur die Figuren von Maria, Josef und dem Jesus-Kind, sondern auch einige Hirtenfiguren, mindestens eine Engelsfigur, ein Stern und eine Figurengruppe, die ‚Die heiligen drei Könige' genannt wird. Auch diese Figuren symbolisieren biblische Gestalten. Im Lukas-Evangelium wird nämlich von einigen Hirten erzählt, die auf freiem Feld „Nachtwache bei ihrer Herde" hielten, als ein „Engel des Herrn zu ihnen" kam und ihnen die Geburt des Erlösers in Gestalt eines Kindes verkündete, das „in Windeln gewickelt, in einer Krippe liegt" (Lukas 2,12). Bekannte Weihnachtslieder wie ‚Ihr Kinderlein kommet' oder ‚Kommet Ihr Hirten' erzählen ebenfalls die Geschichte der Hirten auf dem Feld. Die Figurengruppe der ‚Heiligen Drei Könige' und der Stern stehen dann für die „Sterndeuter aus dem Osten", von denen eine andere Bibel-Stelle erzählt. Der Erzählung zufolge wurden die Sterndeuter nämlich während ihrer weiten Reise aus dem Morgenland (das ist eine veraltete Bezeichnung für den Orient) von einem Stern gelenkt, der „an dem Ort, wo das Kind war, stehen blieb". Die Sterndeuter huldigten Maria und dem Kind. Dann „holten sie ihre Schätze hervor und brachten ihm Gold, Weihrauch und Myrrhe als Gaben dar" (Matthäus 1, 9–11). In Erinnerung an diese Geschenke, die Jesus von Nazareth überbracht worden sein sollen, ist es heute noch üblich, sich an Weihnachten gegenseitig zu beschenken.

Obwohl die Nationalsozialisten die christliche Religion eigentlich ausmerzen wollen, halten sie an der Feier des Weihnachtsfestes fest, wenn auch unter geänderten Vorzeichen, die die christliche Vergangenheit des Weihnachtsfestes vergessen lassen sollen. Die nationalsozialistische Propaganda verwandelt das Weihnachtsfest in ein säkulares Fest der Gemeinschaft mit allen Volksgenossen, an dem es darauf ankommt, den Bedürftigen besondere Hilfe und Aufmerksamkeit zukommen zu lassen – wobei allerdings ausschließlich Bedürftige aus dem deutschen Volkes bzw. der arischen Rasse in den Blick genommen werden. Es wird verstärkt für das *Winterhilfswerk* gesammelt, und man packt so genannte ‚Pfundspenden'. Das sind Lebensmittelpakete für die Armen des Reiches. Außerdem kocht man am ‚Silbersonntag' (das ist der vorletzte Sonntag vor dem Fest, der in christlichen Kontexten ‚vierter Advent' heißt) deftige Eintopfgerichte, ebenfalls für die Armen. Um das christliche Weihnachtsfest wirklich ganz vergessen zu machen, werden ganz neue Rituale erfunden. Eines davon ist der Fackelzug am Weihnachtstag, der als „Bekenntnis zum Sozialismus der Tat" aufgefasst werden soll. Wer keine elektrischen Kerzen zur Verfügung hat, um seinen Baum zu schmücken, der kauft beim *Volksbund für das Deutschtum im Ausland* eine blaue Kerze, um so der „Volksgenossen außerhalb der Reichsgrenzen" zu gedenken. Insgesamt hängt man keine Kugeln mehr an seinen Weihnachtsbaum, sondern nationalsozialistische Symbole wie das Hakenkreuz, das Sonnenrad oder auch ein kleines Büchlein mit dem Titel *Der Führer und seine Bewegung*. Ab dem 22. Dezember werden in Anknüpfung an die germanischen Wintersonnenwendfeste von der SA umfangreiche Wintersonnenwendfeiern veranstaltet – im Jahr 1936 soll es allein in Berlin 26 dieser Feiern gegeben haben. Der Volksempfänger sendet ein spezielles Weihnachtsprogramm mit patriotischen Liedern. In Berlin steigt die Nachfrage nach Karpfen um die Weihnachtstage genauso drastisch wie in den Jahren davor auch. Selbst während des Krieges, als die Nahrungsmittel knapp werden, feiert man das Weihnachtsfest – allerdings in der Regel ohne Kerzenschein, damit man nicht zum Ziel für die feindlichen Bombenangriffe wird.[65]

Heute gilt das Weihnachtsfest jenseits aller religiösen oder nationalen Deutungsmuster als das Fest der Familie und der Liebe. Das hat Konsequenzen. Einerseits ist die Spendenfreudigkeit zu keiner Jahreszeit so hoch wie zur Weihnachtszeit. Und zu keiner anderen Jahreszeit bekommt man mehr Telefonanrufe oder Briefe von Familienangehörigen, Freunden und entfernten Verwandte, die man eigentlich schon längst aus den Augen verloren hat. Das säkularisierte (d.h. verweltlichte) Weihnachtsfest ist für viele ein willkommener Anlass, eingeschlafene Kontakte wieder aufzuwärmen und an alte Freundschaften wieder anzuknüpfen. Die Kehrseite der Medaille ist jedoch, dass zu keiner anderen Jahreszeit die Selbstmord- und Scheidungsraten so hoch sind wie zur Weihnachtszeit. Zu keiner anderen Jahreszeit kommt es so häufig zu innerfamiliären Gewalttaten und zu alkoholischen Exzessen wie in der letzten Woche des Dezembers, in die das Weihnachtsfest fällt. Bei den Notärzten der großen Krankenhäuser sind die Dienste an den Weihnachtstagen regelrecht gefürchtet, weil sich menschliches Elend hier regelmäßig häuft. Ein erster Grund liegt auf der Hand: Die Erwartungen an das Weihnachtsfest sind oft so hoch geschraubt, dass sie nicht mehr zu erfüllen sind. Wenn Familien das ganze Jahr über zerstritten sind, ist es sinnlos, künstlich ein Fest der Familienliebe inszenieren zu wollen. Wer das ganze Jahr über keine Geborgenheit erfährt, wird diese Leere am Weihnachtstag als besonders schmerzlich empfinden. Ein zweiter Grund liegt sicherlich darin, dass die Rituale und Dekorationsgegenstände des Weihnachtsfestes mittlerweile so sehr kommerzialisiert worden sind, dass sich mancher abgestoßen fühlt. Die Einkaufspassagen sind zu Weihnachten aufdringlich mit dicklichen Engeln, grellbunten Weihnachtsbäumen und unzähligem anderen Weihnachtskitsch

---

[65] Vgl. dazu im Detail: Deutsche Weihnacht. Ein Familienalbum 1900–1945, B. Jochens (Hg.), Berlin 1996, S. 69–82.

überladen. Ab Mitte September dröhnen aus jedem Lautsprecher die Weihnachts-Super-Hits ‚Süßer die Glocken nie klingen' und ‚Jingle Bells'. Spätestens in der letzten Novemberwoche will man schon vor den Anfangstakten Reißaus nehmen. Abgehetzt werden in der letzten Minute noch die Geschenke eingekauft. Wer soll sich darüber ernstlich freuen? Und schließlich: Sind wir überhaupt berechtigt, ein Fest der Nächstenliebe zu feiern, wenn es Obdachlose auf unseren Straßen und Tausende von Aids-Kranken in Afrika gibt? Ist das nicht blanke Heuchelei? Das Weihnachtsfest ist anstrengend geworden in unseren Tagen, weil wir gar nicht mehr so recht wissen, was wir da eigentlich feiern, und warum wir an den Weihnachtstagen besonders mitmenschlich und fürsorglich miteinander umgehen sollen.

Auf ein viertes Problem des säkularisierten Weihnachtsfestes kommt schließlich das Gedicht *Begebenheit* von Armin Juhre zu sprechen. Wir leben im Zeitalter der Globalisierung. In den Nachrichten ist jeden Tag von Ereignissen von riesigem Ausmaß die Rede. In Indien gibt es eine Flutkatastrophe, bei der mehrere tausend Menschen ertrunken sind. An solche Nachrichten sind wir gewöhnt. Wir haben schließlich ausgiebig davon gehört, dass die Verbrecher des Nationalsozialismus 6.000.000 Menschen systematisch ermordet haben. Wir wissen auch von dem unglaublich elenden Sterben in Hiroshima und Nagasaki durch die amerikanischen Atombomben. Es ist nun nicht alles schlecht, was die Nachrichten berichten – aber fast immer ist es von gigantischem Ausmaß. Am Weihnachtsfest wird dann aber plötzlich die Botschaft von einer Geburt verkündet, die 2000 Jahre zurückliegt. Es mag ja sein, dass da vor 2000 Jahren ein Mensch mit dem Namen Jesus von Nazareth geboren worden ist. Aber wen soll das heute noch hinter dem Ofen hervorlocken? Wir sind an Nachrichten von ganz anderem Kaliber gewohnt. Das, was das Weihnachtsfest in christlichen Kulturen einmal ausgemacht hat, das ist aus säkularer Perspektive schlicht uninteressant. Jeden Tag werden irgendwo Kinder geboren. Warum also sollen wir am Weihnachtsfest überhaupt noch festhalten? Ein Ausflug in die Karibik könnte unter Umständen die bessere Alternative sein.

(A) 2.3.2 Das postmoderne Fest ohne religiösen oder nationalen Sinnkontext

Führende Philosophen des 20. Jahrhunderts sind der Überzeugung, dass Feste wie das Weihnachtsfest beispielsweise jenseits von religiösen oder nationalen Kontexten nicht mehr wirklich zu feiern sind und zur reinen Farce werden. Einer dieser Philosophen ist der Tübinger Philosophieprofessor Rüdiger Bubner.

Bubner definiert im Jahr 1988 Feste als "die außergewöhnlichen Momente in unserem Leben", in denen "dieses selbst, ästhetisch verwandelt, vor uns tritt". Er liefert zwei Argumente für seine fatale Diagnose, dass wir solche Momente heute nicht mehr erleben können. Zum einen diagnostiziert Bubner einen paradoxen Trend dazu, "den Alltag zum permanenten Fest zu machen", obwohl Feste doch eigentlich etwas Außergewöhnliches und Außeralltägliches sind. Nach Bubner lässt sich der Alltag nicht zum Dauerfest machen, ohne aufzuheben, was dem Fest wesentlich ist. Feste dienen laut Bubner der Entlastung vom Alltagsstress oder vom Alltagstrott. Überzeugend warnt er, dass eine "momentane Entlastung" natürlich nur Sinn macht, wenn der Zustand einer kontinuierlichen "Belastung" der Normalzustand ist. Ohne Belastung kein Bedürfnis nach Entlastung und ohne das Bedürfnis nach Entlastung keine Feste; so lautet Bubners erste Diagnose in ihrem Kern. Wir sind zu gierig geworden und müssen jetzt den Preis zahlen, denn wenn "jeder Tag bunt und keiner grau sein soll, schwindet das ehemalige Kompensationsverhältnis". Wenn wir uns jeden Tag festlich kleiden und jeden Tag den Tisch mit Silber eindecken, dann verlieren solche "Festtagsrequisiten" den uns so wichtigen Charakter des Außergewöhnlichen, und "geben ihre Würde an beliebige Gegenstände des ästhetischen Genusses ab". Das Resultat ist, dass wir gerne wieder einmal Erbsensuppe und Bier statt Lachshäppchen und Champagner auf dem Tisch hätten. Bubners zweites Argument lautet, dass es in unseren Zeiten die nationalen oder religiösen gesamtgesellschaftlichen Sinnkontexte nicht mehr gibt, in welche die Feste zu früheren Zeiten eingebettet waren. So feierte die deutsche Nation beispielsweise am Sedanstag die Kapitulation der französischen Armee in der Schlacht bei Sedan am 2. September 1870. Wenn es kein wirkliches deutsches Nationalbewusstsein mehr gibt, wird es sinnlos, diesen Festtag zu begehen. Genauso wird es letztlich sinnlos, das Weihnachtsfest zu begehen, wenn einem die Nachricht von der Geburt des Jesus von Nazareth nichts bedeutet. Bubners Diagnose zufolge ist das Feste-Feiern sinnlos geworden, nachdem die traditionellen "größeren Deutungszusammenhänge" Nation und Religion ihre gesamtgesellschaftliche Verbindlichkeit eingebüßt haben. Nach Bubner können wir keine Feste im gehaltvollen Sinne mehr feiern, weil Religion und Nation als die traditionellen Einbettungen für solche gehaltvollen Feste kollektiv bedeutungslos geworden seien. Es bleiben uns seiner Analyse zufolge nur noch die banalen Feste, die sich gegenüber den Festen im gehaltvollen Sinne jedoch regelrecht armselig ausnehmen müssen, weil sie "auf den harmlosen Rest materieller Belustigung und Verköstigung, gleichsam auf Jahrmarkt, Wurst und Wein"[66] zusammengeschrumpft sind.

Der Ästhetiker Wolfgang Welsch vertritt als der wichtigste Theoretiker der deutschen Postmoderne eine ähnliche Auffassung. Nach Welsch leben wir in einer Wohlstandsgesellschaft, in der die traditionellen Requisiten und Ausstattungen für Feste leicht zu beschaffen und in der Regel auch zu bezahlen sind. Diese Dekorationsgegenstände können uns laut Welsch aber nicht mehr so recht in eine angemessene Festtagsstimmung bringen, weil schon unsere alltägliche Lebenswelt bis zum Überdruss überdekoriert ist. Nach Welsch sind wir durch die Überdekorierung der großstädtischen Einkaufspassagen beispielsweise mittlerweile so abgestumpft, dass

---

66 Rüdiger Bubner, Ästhetisierung der Lebenswelt, in: Poetik und Hermeneutik, W. Haug, R. Warning (Hg.), München 1989, Bd. XIV, S. 651–662. Im Text zit. nach: Rüdiger Bubner, Ästhetische Erfahrung, Frankfurt 1989, S. 143–155.

unsere "Empfindungsfähigkeit aufgehoben ist"[67] in physische Stumpfheit und geistige Blindheit. Nach Welsch sind wir nicht mehr in der Lage, Feste zu feiern, weil wir sowieso schon vollkommen überreizt sind. So lautet die fatale Diagnose von Wolfgang Welsch.

Weniger elitär, aber nicht weniger Besorgnis erregend ist die Diagnose, die der amerikanische Pädagoge und Philosoph John Dewey (1859–1952) schon in den vierziger Jahren des 20. Jahrhunderts abgegeben hat. Seine Thesen zur Möglichkeit des Feierns sind in eine umfassende Kritik an der Industriegesellschaft des Amerikas ihrer Zeit eingebettet, die er als ökonomisch und damit auch sozial und ästhetisch zweigeteilte Gesellschaft wahrnimmt. Dieser Kritik zufolge gibt es da einmal die Welt der Privilegierten, die eine schön gestaltete Welt des geselligen Entspannens und Genießens ist, eine Welt der schicken Bürohäuser, der exklusiven Golfclubs und der repräsentativen Villen, der Konzerte, Body Guards und Aufsichtsratssitzungen. Daneben gibt es die Welt der Arbeiter, die vom monotonen, alltäglichen Geldverdienen in den Fabriken und von einem Leben in heruntergekommenen, düsteren Vorstädten beherrscht ist. Nach Dewey werden den Arbeitern im jahraus-jahrein gleichen Trott der Fabrik-Arbeit nun die Lebensfreude, die Gestaltungsfreude und die überschüssigen Energien abgesaugt, die seiner Auffassung zufolge die Voraussetzung für das Feiern im gehaltvollen Sinne sind. Anders als Welsch sieht Dewey die Festkultur also nicht wegen einer Überästhetisierung der alltäglichen Lebenswelt in Gefahr, sondern im Gegenteil deshalb, weil das Leben des einfachen Fabrikarbeiters "üblicherweise so kümmerlich, verfehlt, trostlos und beschwerlich ist", dass er "Kreation und Genuß" jeder Spielart für Menschen seines Schlages für eben nicht vorgesehen halten muss.[68]

Das sind unterschiedliche Begründungen für dieselbe Diagnose, dass wir in unseren Zeiten keine gehaltvollen Feste mehr feiern können. Trifft das zu? Der Hermeneutiker Hans Georg Gadamer (1900–2000) entwirft in seiner kleinen Schrift *Die Aktualität des Schönen* von 1977 ein anderes Bild. Diese Schrift zählt nämlich einiges auf, mit dem wir auch heute noch ein Fest zu einem wirklichen Fest machen können.[69] Vielleicht ergeben sich hier ja Anhaltspunkte, wie wir auch in unseren Zeiten noch gehaltvoll feiern können. Nach Gadamer gehören zu seinem Fest zunächst einmal besondere Speisen, eine besondere Ausstattung des Festraumes und eine besondere Kleidung der Gäste. Das hält Gadamer für die Basis jedes Festes. Auf ein gehaltvolles Niveau lassen sich nach Gadamer nun diejenigen Feste bringen,

---

67 Wolfgang Welsch, Ästhetik und Anästhetik, in: ders., Ästhetisches Denken, Stuttgart 1990, S. 10.

68 "Only because that life is usually so stunted, aborted, slack, or heavy laden, is the idea entertained that there is some inherent antagonism between the process of normal living and creation and enjoyment." John Dewey, Art as Experience, New York 1934. Auch als ders., Kunst als Erfahrung, Übers. von Ch. Velten, G. von Hofe, D. Sulzer, Frankfurt 1980. Im Text zit. nach: John Dewey – The Later Works, J.A. Boydston (Hg.), Carbondale/Edwardsville 1987, Bd. 10, S. 34. Übers. v. Verf.

69 Hans Georg Gadamer, Die Aktualität des Schönen. Kunst als Spiel, Symbol und Fest, Stuttgart 1977, S. 52–60.

die durch spezielle Fetische (das sind Gegenstände, die an bestimmte Ereignisse erinnern) und durch spezielle Rituale wiederholbar gemacht werden. So lässt es sich beispielsweise denken, dass man ein Firmenjubiläum immer mit demselben Begrüßungsritual beginnt, um das Jubiläum über die Jahre hinweg aufzuwerten. Dann wechselt Gadamer die Ebene. Zu einem Fest gehört nämlich nicht nur die äußere Organisation und Ausstattung, sondern auch die innere Einstellung der Teilnehmer. Ganz wichtig ist das Verhältnis zur Zeit, das die Teilnehmer einnehmen. Erstens finden fast alle Feste in rhythmischen Abständen statt: Einen Geburtstag feiert man einmal im Jahr und nicht öfter. Darüber hinaus betont Gadamer, dass man sich für ein Fest auch die Zeit nehmen muss. Ein Fest kann sich nur dann zum Fest entwickeln, wenn man nicht zur selben Zeit arbeiten muss, und wenn man sich während des Festes vom konkreten Arbeitsdruck entlastet fühlt. Die Tatsache, dass man nicht arbeitet, darf aber deshalb auf keinen Fall in Langeweile oder in eine bloße ‚Leerzeit' umschlagen. Die Zeit, die man auf einem Fest verbringt, muss aktiv gestaltet sein. Es muss etwas passieren auf einem Fest, das aber nichts mit unserer Arbeit zu tun haben sollte. Die vierte Ebene ist schließlich die soziale Ebene. Wir feiern Feste, um unsere sozialen Gemeinschaften zu stabilisieren und neu zu definieren. Ganz wichtig ist auch die Sexualität: Schon immer waren Feste auch dafür da, eventuell einen Partner finden zu können. Gadamers Analyse lässt hoffen, dass wir heute auch jenseits einer Einbettung der Feste in übergreifende nationale und religiöse Sinnstiftungen gehaltvoll feiern können. Wir müssen allerdings selbst aktiv werden, um unsere Feste entsprechend zu gestalten.

(A) 2.3.3 Die Jugendweihe

In nahezu allen Kulturen wird ein Fest gefeiert, sobald ein Kind alt genug ist, um mit den entsprechenden Rechten und Pflichten in den Erwachsenenstand aufgenommen zu werden. In der katholischen Kirche wird das Fest der Ersten Heiligen Kommunion gefeiert, sobald die Kinder etwa zehn Jahre alt sind. Die evangelische Kirche feiert entsprechend das Fest der Konfirmation, sobald die Kinder etwa 14 Jahre alt sind. Durch Rituale wie das Handauflegen wird der Konfirmant als vollwertiges Mitglied der Gemeinde anerkannt. Wenn ein jüdischer Junge das 13. Lebensjahr erreicht hat, wird er im Rahmen der Bar-Mizwa zum Mitglied der jüdischen Gemeinde erhoben. Im fortschrittlichen Judentum gibt es mit der Bat-Mizwa ein entsprechendes Fest für zwölfjährige Mädchen.

Ein vergleichbares Ritual gab es zu Zeiten der ehemaligen DDR mit der Jugendweihe. Auch die Jugendweihe diente dazu, die Heranwachsenden zu Erwachsenen mit den entsprechenden Rechten und Pflichten zu erklären. Mit der Jugendweihe wurde ein Jugendlicher in die sozialistische Gemeinschaft aufgenommnen und durch ein entsprechendes Gelöbnis dazu verpflichtet, sich nach besten Kräften für die Deutsche Demokratische Republik und für den Sozialismus generell einzusetzen. Die Jugendweiche richtete sich an alle Mädchen und Jungen im 8. Schuljahr. Es war die Zustimmung der Eltern erforderlich. Ansonsten galt die Teilnahme sowohl an den Jugendstunden als auch an der Jugendweihe selbst offiziell als jedem Jugendlichen freigestellt. Allerdings kam es zu Sanktionen sowohl gegen den Jugendlichen selbst als auch gegen seine Familie, falls jemand das Angebot zur Jugendweihe nicht freiwillig annehmen wollte. Ein einschlägiger Artikel bezeichnet die Jugendweihe als eine „gesellschaftliche Einrichtung in der DDR zur Unterstützung der politisch-ideologischen Bildung und Erziehung der Jugendlichen im 8. Schuljahr". Dem Artikel zufolge setzt die Jugendweihe „eine Tradition der revolutionären deutschen Arbeiterbewegung unter den Bedingungen der sozialistischen Gesellschaftsordnung in der DDR fort". Die Jugendweihe wird als „Teil des sozialistischen Bildungswesens" verstanden. Sie soll dazu beitragen, „den Jugendlichen die Grundlagen der sozialistischen Weltanschauung sowie hohe sittlich-moralische und kulturell-ästhetische Werte zu vermitteln".

Im Zentrum der Jugendweihe stand das öffentliche Gelöbnis, das alle Teilnehmer während der Feierlichkeiten ablegen. Es ging darum, dass die Jugendlichen das Versprechen ablegen, „alle Kräfte für die allseitige Stärkung und das Wohl ihres sozialistischen Vaterlandes einzusetzen und im Geiste des proletarischen Internationalismus zu leben, zu arbeiten und zu kämpfen". Zur Vorbereitung auf das Gelöbnis nahmen die Jungen und Mädchen an Jugendstunden teil. In den Jugendstunden sollten dem Artikel zufolge Gespräche über „weltanschauliche und politisch-moralische Fragen unter Berücksichtigung der Kenntnisse, Erfahrungen und Probleme der Jugend geführt" werden. Ergänzend sollten Betriebe, staatliche Organe, wissenschaftliche und kulturelle Einrichtungen sowie „Kampf- und Gedenkstätten der Arbeiterbewegung" besucht und besichtigt werden. Als Leiter der Jugendstunden und Gesprächspartner der Jugendlichen hätten „bewährte Pädagogen mit lebens- und kampferfahrenen Arbeitern, Genossenschaftsbauern, Partei- und Staatsfunktionären, Wissenschaftlern, Künstlern und anderen Werktätigen zusammen" gearbeitet, wobei die Erwachsenen die Jugendlichen jedoch „aktiv in die Vorbereitung und Gestaltung der Jugendstunden" einbezogen hätten.[70]

Die Feiern liefen nach einem bestimmten Ritual ab. Zu Beginn zogen die Weihlinge in einem feierlichen Zug in den Festsaal ein – oder es betraten umgekehrt die Angehörigen den Saal, in dem die Weihlinge in festen Gruppierungen schon sitzen. Als nächstes wurde von einer hochrangigen Persönlichkeit des öffentlichen Lebens eine Festrede gehalten. Beliebte Themen waren die Errungenschaften des Sozialismus und seine Hoffnung auf eine gute, menschenwürdige Zukunft für alle Menschen in der Deutschen Demokratischen Republik. Es folgte das feierliche Gelöbnis, das abgedruckt ist. Daran schloss sich das gemeinsame Singen der Nationalhymne an. Dem wiederum folgte ein Aufrufen jedes einzelnen Weihlinges mit namentlicher Erwähnung. Jeder einzelne wurde persönlich und mit Handschlag als erwachsener Bürger der Deutschen Demokratischen Republik begrüßt und willkommen geheißen.

---

[70] Artikel: ‚Jugendweihe', in: Wörterbuch der sozialistischen Jugendpolitik, Berlin 1975, S. 128f. Im Text zit. nach: Thomas Gandow, Jugendweihe. Humanistische Jugendfeier, München 1994, S. 40.

Gleichzeitig wurde ihm die Urkunde zur Jugendweihe und ein Gedenkbuch überreicht. Bei dem Gedenkbuch handelte es sich in der Regel um das Buch *Weltall – Erde – Mensch*[71]. Anschließend übergaben die Jungen Pioniere den frisch Geweihten Blumensträuße, um ihnen zu gratulieren. Es folgte eine Rede eines der Geweihten, den die Jahrgangsgruppe zuvor bestimmt hatte. In dieser Rede sollte es vor allem um Danksagungen gehen, an diejenigen, welche die Jugendstunden geleitet und gestaltet haben und an die Eltern der Weihlinge einer Jahrgangsgruppe. In der Regel wurden den Müttern von dem ausgewählten Weihling im Namen aller Weihlinge Blumen überreicht. Der Festakt schloss mit dem feierlichen Auszug aller Teilnehmer aus dem Festsaal. Eingerahmt wurden die einzelnen Bestandteile des Festaktes in der Regel durch künstlerische Beiträge wie beispielsweise durch klassische Musik oder durch das Vortragen von Gedichten.[72]

Im Zentrum des Festaktes zur Jugendweihe stand das feierliche Gelöbnis. Das Gelöbnis lief im Sinne eines festen Rituals ab. Der Festredner sprach einen bestimmten Text vor. Die Weihlinge antworteten im Chor „Ja, das geloben wir“, womit sie sich auf das verpflichteten, was ihnen der Festredner vorgegeben hatte. In dieser Weise wurden die jungen Bürger der Deutschen Demokratischen Republik in einem ersten Schritt auf die Verfassung des Staates und auf den Sozialismus generell verpflichtet. In der zweiten Sentenz ging es dann um den persönlichen Einsatz. Es wurde das Versprechen abgelegt, soviel wie eben möglich aus sich selbst zu machen, damit jeder einzelne der sozialistischen Gemeinschaft soviel wie möglich zurückgeben kann. Im dritten Schritt wurden die Weihlinge auf die Werte eines sozialistischen Arbeiterstaates verpflichtet, nämlich auf die Werte der kameradschaftlichen Zusammenarbeit und der gegenseitigen Achtung und Hilfe. Im vierten und letzten Schritt wurde schließlich die Freundschaft zur Sowjetunion und die Einbettung der Deutschen Demokratischen Republik in den „Bruderbund“ der sozialistischen Länder betont. Das Gelöbnis schloss ab mit einem Appell, sich der Verpflichtung und Verantwortung immer bewusst zu sein, die es bedeutet, ein erwachsener Bürger der Deutschen Demokratischen Republik zu sein. Das Gelöbnis war kein Gebet, aber es hatte die Struktur eines Gebetes. Es stellte das Zentrum und den Mittelpunkt der streng ritualisierten Zeremonie der Jugendweihe dar.

Das Gelöbnis zeigt nun, wie eng die Jugendweihe eigentlich an das Bestehen der Deutschen Demokratischen Republik gekoppelt ist. Dennoch aber gehört die Jugendweihe keineswegs der Vergangenheit an, seit im Jahr 1989 die Berliner Mauer gefallen ist. Nach der Vereinigung der beiden deutschen Staaten gibt es immer noch Jugendweihen. Im Jahr 1989 hat es in der ehemaligen DDR insgesamt 170.000 Jugendweihen gegeben. Damit waren stolze 97% des entsprechenden Jahrganges erfasst! Presseberichten zufolge sollen nach der ‚Wende‘ immerhin noch 50% der

---

71 Vgl. dazu: Weltall – Erde – Mensch, Berlin 1995.

72 Feierablauf. Im Text zit. nach: Thomas Gandow, Jugendweihe. Humanistische Jugendfeier, München 1994, S. 43.

Jugendlichen aus den östlichen Bundesländern Jugendweihen veranstalten.[73] Das zeigt, dass sich die Jugendweihe als nicht-religiös gebundene Zeremonie der Aufnahme von Jugendlichen in die Erwachsenenwelt immer noch großer Beliebtheit erfreut.

(A) 2.3.4 Die Nationalhymne und der Tag der deutschen Einheit

Die deutsche Nationalhymne hat eine bewegte Geschichte. Ihr Text stammt aus der Feder des Dichters August Heinrich Hoffman von Fallersleben (1798–1874). Er wurde am 26. August des Jahres 1841 unter dem Titel *Das Lied der Deutschen* verfasst. Als Melodie legte der Dichter eine Passage aus dem *Kaiserquartett* (op. 76 Nr. 3) zugrunde, das der österreichische Komponisten Joseph Haydn (1732–1809) ursprünglich mit der Titelzeile *Gott erhalte Franz den Kaiser* im Jahr 1797 für Kaiser Franz II. von Österreich (1768–1835) komponiert hatte. In der Weimarer Republik wurde das Lied durch eine Verordnung des damaligen Reichspräsidenten Friedrich Ebert (1871–1925) dann am 11. August 1922 zur offiziellen deutschen Nationalhymne erklärt. Daran wurde auch zur Zeit des nationalsozialistischen Verbrecherregimes (1933–1945) nicht gerüttelt. Nach dem Ende des II. Weltkrieges hatte man mit dem Text von Fallersleben allerdings gravierende Probleme. Die zweite Strophe lautet: „Deutsche Frauen, deutsche Treue, deutscher Wein und deutscher Sang sollen in der Welt behalten ihren alten schönen Klang, uns zu edler Tat begeistern unser ganzes Leben lang. Deutsche Frauen, deutsche Treue, deutscher Wein und deutscher Sang." Diese Strophe hätte man trotz der für Frauen wenig schmeichelhaften Gleichsetzung von ‚Wein, Weib und Gesang' als Anreiz für männlichen Edelmut vielleicht noch hinnehmen können. Die erste Strophe lautet jedoch: „Deutschland, Deutschland über alles, über alles in der Welt, wenn es stets zu Schutz und Trutze brüderlich zusammenhält. Von der Maas bis an die Memel, von der Etsch bis an den Belt. Deutschland, Deutschland über alles, über alles in der Welt". Diese Strophe konnte nach den schrecklichen Geschehnissen des II. Weltkriegs bei offiziellen Anlässen nun auf keinen Fall mehr zu Gehör gebracht werden. Erstens drückt der Text unmissverständlich ein deutsches Vormachtsstreben aus, wenn ‚Deutschland über alles' gestellt wird. Schon das konnte nach den Angriffen der deutschen Truppen auf Länder wie Polen und Frankreich nicht mehr gesungen werden. Vor allem aber zeichnet er über die Erwähnung bestimmter Gewässer und Flüsse ein Deutschland in Grenzen, die schon vor dem II. Weltkrieg von den Nachbarländern nicht anerkannt worden sind und an die nach der Kapitulation gar nicht mehr zu denken war. Die Maas (französisch: Meuse) entspringt in Frankreich. Wenn sie die West-

---

73 Vgl. zu solchen statistischen Erhebungen: Meine Jugendweihe. Teilnehmerheft, 1988/1989, Hrsg. v. Zentralen Ausschuss für Jugendweihe in der Deutschen Demokratischen Republik. Im Text zit. nach: Thomas Gandow, Jugendweihe. Humanistische Jugendfeier, München 1994, S. 5.

grenze markieren würde, würde Deutschland Teile von Frankreich, Belgien und den Niederlanden umfassen. Dasselbe gilt für die Memel (russisch: Neman, Nehmen, Njemen). Sie entspringt in Weißrussland bei Minsk und mündet im heutigen Litauen in das Kurische Haff bzw. in die Ostsee. Ganz Polen und weite Teile von Russland beispielsweise würden bei einer solchen Ostgrenze zu Deutschland gehören. Die Etsch entspringt in Italien. Mit ihr würde das gesamte Alpengebiet inklusive der Schweiz vereinnahmt. Mit ‚Belt' ist schließlich der ‚Große Belt' gemeint, eine von drei Meeresstraßen, die das Kattegat mit der Ostsee verbinden. Damit ginge es Dänemark an den Kragen. Zwar wurde Fallerslebens Hymne durch einen Briefwechsel zwischen dem damaligen Bundespräsidenten Theodor Heuss (1884–1963) und dem damaligen Bundeskanzler Konrad Adenauer (1876–1967) als Nationalhymne der Bundesrepublik Deutschland am 11. August 1952 bestätigt. Weil man endlich mit den Nachbarländern in Frieden leben wollte und wohl auch aus einer Scham angesichts der jüngsten deutschen Vergangenheit, entschloss man sich jedoch, dass bei offiziellen Anlässen nur noch die dritte Strophe gesungen werden sollte, die sich im Lehrbuch abgedruckt findet. In dieser Strophe kommt zum Ausdruck, was man vom deutschen Nationalbewusstsein im neuen demokratischen Deutschland der Bundesrepublik bewahrt wissen wollte. Man strebte die Wiedervereinigung an, die allerdings in schier unerreichbarer Ferne zu liegen schien. Vor allem aber wollte man einen Rechtsstaat, der die Freiheitsrechte jedes einzelnen Bürgers an die erste Stelle setzt. Wenn das gewährleistet ist, hoffte man, dass die Bundesrepublik Deutschland aus den Trümmern des II. Weltkriegs auferstehen und zu einer ‚blühenden Landschaft' werden würde.

Die Zeiten, in denen die deutsche Nationalhymne in den Ländern dieser Welt mit dem angriffslustigen und verbrecherischen Deutschland des Nationalsozialismus assoziiert wurde, sind heute glücklicherweise längst vorbei. Das Thema ‚Nationalhymne' hat seinen politischen Zündstoff verloren. Heutzutage kennt man die deutsche Nationalhymne von den Olympischen Spielen und vom Fußball. Wer den Text nicht sicher kann, bewegt zumindest die Lippen, damit das angesichts der Fernsehkameras nicht auffällt. Eigentlich aber gehört die Nationalhymne nicht in den Sport, sondern zum Tag der deutschen Einheit. Dieser nationale Festtag der Deutschen hat nun eine ebenso abenteuerliche Geschichte wie die Nationalhymne. Wie vom Deutschen Bundestag am 3.7.1953 auf Antrag der regierenden CDU mit den Stimmen der SPD gegen die KPD beschlossen, fand der Tag der deutschen Einheit ursprünglich am 17. Juni zum Gedenken an den Volksaufstand in der Deutschen Demokratischen Republik am 17.6.1953 statt. Dieser Aufstand entwickelte sich, als das Zentralkomitee der SED am 28.5.1953 die Arbeitsnorm um 10 Prozent erhöhte. 10 000 Berliner Bauarbeiter formierten sich am Morgen des 17.6. zu einem Protestzug gegen diese Erhöhung. Auf der damaligen Stalin-Allee schlossen sich eine Gruppe von ca. 12 000 Stahlarbeitern und dann sukzessive immer mehr Menschen an. Sprechchöre forderten freie Wahlen und den Rücktritt der Regierung. Vom Brandenburger Tor wurde die rote Fahne heruntergeholt. Partei- und Verwaltungsbüros wurden von der wütenden Menge gestürmt. Die meisten Großstädte der Deutschen Demokratischen Republik schlossen sich dem von den Arbeitern ausgerufenen Generalstreik an. Nach offiziellen Angaben der SED kam es in 272 Städten und Ortschaften zu Protestkundgebungen. Über 167 der damals 271 Stadt- und Landkreise verhängte die sowjetische Besatzungsmacht den Ausnahmezustand. In Berlin fuhren schon am Mittag des 17.6. sowjetische Panzer auf. Trotzdem dauerten die Aufstände bis zum 9.7. an. Die Regierung der Deutschen Demokratischen Republik sprach im Nachhinein von 25 Toten und 378 Verletzten. Vermutlich lagen die Zahlen deutlich höher. Hohe Freiheitsstrafen und sogar einige Todesurteile wurden verhängt. Der Westen hat erst mit Unglauben und Erstaunen auf die Meldungen aus Ostberlin und Leipzig reagiert. Dann aber wurden Maßnahmen eingeleitet, die alles verhindern sollten, was die sowjetische Besatzungsmacht provozieren könnte. So wurden beispielsweise die Zufahrten zu den Sektorengrenzen gesperrt, und es wurde Militär eingesetzt, um Schändungen des sowjetischen Ehrenmals am Tiergarten zu verhindern. Trotzdem wurde der 17. Juni zum ‚Tag der deutschen Einheit' und damit zum Nationalfeiertag erklärt.

Dabei blieb es, bis ein anderes Ereignis die blutigen Tage um den 17. Juni in den Hintergrund treten ließ. Am 9. November 1989 wurde die 1961 gebaute Berliner Mauer wieder geöffnet! Diesem (im doppelten Sinne des Wortes) wunderbaren Geschehnis waren vor allem zwei Ereignisse vorausgegangen, nämlich die seit März 1989 unter dem Motto ‚Wir sind das Volk' stattfindenden ‚Leipziger Montagsdemonstrationen' und die Besetzung der Botschaft der Bundesrepublik Deutschland durch Ausreisewillige im ungarischen Budapest am 16. Juli 1989. Es lag nun nahe, den 9. November als den Tag des ‚Mauerfalls' zum neuen Tag der deutschen Einheit zu küren, wenn dieses Datum nicht gleich zweifach belastet wäre. Am 9. November 1923 fand in München der so genannte Hitler-Putsch statt, mit dem Hitler seinen Mythos als Revolutionär der Arbeiterschaft begründete. Vor allem aber ist es am 9. November 1939 zu den grauenhaften Ereignissen der Reichs-Pogromnacht gekommen. Goebbels prägte in einer seiner demagogischen Rede den euphemistischen Begriff der ‚Reichskristallnacht'. Tatsächlich aber ist keineswegs nur ‚Kristall' zu Schaden gekommen. Tausende von jüdischen Menschen wurden gedemütigt, gefoltert, geschlagen abtransportiert oder sogar ermordet. Man einigte sich deshalb auf den 3. Oktober als den Tag, an dem die deutsche Einheit offiziell mit Brief, Vertrag und Siegel verbürgt in Kraft getreten ist.

Gefeiert wird der Tag der deutschen Einheit vor allem im deutschen Bundestag. Alljährlich gibt es einen Festakt mit Festreden, mit Auszeichnungen von besonders verdienten Bundesbürgern, dem Absingen der Nationalhymne. Seit der europäischen Vereinigung erklingt auch die Beethoven-Hymne ‚Freude, schöner Götterfunken'. Zum Symbol für die deutsche Einheit ist neben der Nationalhymne das Brandenburger Tor geworden. An runden Jahrestagen der deutschen Wiedervereinigung finden hier große Volksfeste mit riesigen Musikbühnen, Festreden und mitternächtlichem Großfeuerwerk statt. Gefeiert wird nicht etwa das mächtige Deutschland der Vergangenheit, sondern das friedliche, demokratische, weltoffene und um Fairness und Gerechtigkeit bemühte neue Deutschland, das sich nach dem II. Weltkrieg sukzessive entwickelt hat. Nachdem es wegen der Verbrechen des Nationalsozialismus lange problematisch war, die deutsche Nation zu feiern, gibt es mit der friedlichen Wiedervereinigung von 1989 endlich wieder einen Grund dazu. Der Tag der deutschen Einheit ist eine Mahnung an uns alle, dass das auch so bleibt!

III.2.4 Gefühle, Hoffnung und Ästhetik (emotio)

(A) 2.4.1 Die Utopie einer Welt ohne Trennungen

John Lennon wird in der Nacht des 9. Oktobers 1940 während eines deutschen Luftangriffs in der englischen Arbeiterstadt Liverpool geboren. Er wächst in einer sterbenden Stadt ohne Vater bei seiner Mutter und bei seiner Tante auf. Einst war Liverpool reich, als der wichtigste englische Atlantikhafen, von dem aus Sklaven, Zucker und Baumwolle verschifft wurden. Nach dem Krieg aber verwaisen die Docks. Die unzähligen Hafenarbeiter und Schiffbauer finden keine Arbeit mehr. Die Depression wächst mit den Arbeitslosenzahlen, die bald auf ein Fünftel der Gesamtbevölkerung angestiegen ist. Drogen und Alkohol sind nirgends in England so billig zu bekommen wie hier. In diesem Ambiente gründet John Lennon unter dem Eindruck der Rock-Musik des Amerikaners Elvis Presley (1935–1977) im Frühjahr des Jahres 1956 die *Quarrymen*-Band. Die Instrumente sind improvisiert – das Schlagzeug wird durch ein Waschbrett ersetzt, und der Bass durch eine Konstruktion, deren wesentliche Bestandteile ein Waschzuber und eine Wäscheleine sind. Als Lennon ein Jahr später an der Kunsthochschule von Liverpool angenommen wird, trifft er den Bassgitarristen, Sänger und Komponisten Paul McCartney (geb. 1942). Dieser bringt befreundete Musiker mit, nämlich den Melodiegitarristen George Harrison (geb. 1943), den Schlagzeuger Ringo Starr (geb. 1940), den Schlagzeuger Pete Best (geb. 1941) und den Gitarristen Stuart Sutcliffe (gest. 1962). Die *Beatles* sind geboren – heute die berühmteste Band der Musikgeschichte. Davon ist jedoch zunächst nichts zu spüren. Als man in Liverpool sämtliche Bühnen bespielt hat, geht es im August 1960 auf Tournee ins deutsche Hamburg. Die Konzerte dauern teilweise acht Stunden – die Hamburger Studenten lieben die *Beatles*. Zum internationalen Durchbruch kommt es, als die Band im November 1961 im Londoner *Cavern-Club* von dem Musikmanager Brian Epstein gehört wird. Epstein nimmt die Musiker mit den seltsamen Pilzkopf-Frisuren unter Vertrag. Voraussetzung ist allerdings, dass der einfallslose Schlagzeuger Pete Best gefeuert wird. Stuart Sutcliffe stirbt am 10. Januar 1962 an den Folgen einer Schlägerei. Damit sind die *Beatles* ab 1962 nur noch zu viert. Und „um es schlicht zu sagen – die *Beatles* wurden die erfolgreichsten Rockstars aller Zeiten – mehr noch: es gibt in der ganzen Geschichte des Show-Geschäfts kein vergleichbares Phänomen“[74]. Es entstehen unsterbliche Hits wie *Yesterday*, *Yellow Submarine, Help* oder *Hey Jude*. Die Band stürmt mit ihrer Musik die Charts. Erstmals lassen sich ganze Fußballstadien mit ihren Konzerten füllen. Unter den Teenagern bricht die so genannte ‚Beatlemania' aus – wo die *Beatles*

[74] Alan Posener, John Lennon, Hamburg 1987, S. 40.

erscheinen, fallen kreischende Mädchen in Hundertschaften in Ohnmacht. Im Jahr 1965 verleiht die englische Königin den Mitgliedern der Band den Orden *Members of the Order of the British Empire.*

Dann aber schleichen sich erste Misstöne ein. Im Jahr 1966 kommt es in den U.S.A. zur so genannten ‚Jesus-Kontroverse' durch John Lennons Äußerung, dass die *Beatles* mittlerweile bekannter als Jesus Christus seien. Was gesellschaftskritisch gemeint ist, wird als Hybris ausgelegt. Die Schlagzeilen werden nicht freundlicher, als sich die *Beatles* gegen den Vietnam-Krieg aussprechen. Die Fans teilen sich in zwei Gruppen. Die einen sind begeistert, dass die Liverpooler Musiker endlich politisch werden. Die anderen trauern den „stets lustigen Beatles" hinterher. Von der Situation überfordert, stirbt der Manager Brian Epstein am 27. August 1967 an einer Überdosis Schlaftabletten. Ab da geht es finanziell (wenn auch nicht künstlerisch) bergab. Man gründet die Gesellschaft ‚Apple', um die Vermarktung selbst in die Hand zu nehmen. Das endet in einem finanziellen Desaster, das zusammen mit künstlerischen Differenzen innerhalb der Band am 17. April 1970 schließlich zur Auflösung der Truppe führt. Es kommt zu unschönen Auseinandersetzungen zwischen den ehemaligen Freunden – insbesondere John Lennon und Paul McCartney werden zu erbitterten Feinden.

Zusammen mit seiner zweiten Frau, der 1934 in Japan geborenen Malerin, Happening-Künstlerin und Sängerin Yoko Ono, startet John Lennon seine zweite Karriere als politischer Protestsänger und provozierender Performance-Künstler. Sein erstes eigenes Album erscheint schon im Dezember 1970 unter dem Titel *John Lennon – Plastic Ono Band.* Ein Jahr später erscheint sein zweites Album *Imagine.* Der abgedruckte Titelsong des Albums avanciert bald zu Lennons größtem Kompositionserfolg. Die fast volksliedhaft-schlichte Melodie ist heute noch in jedermanns Ohren. Bemerkenswert ist jedoch vor allem der Text. Er entwirft die Utopie einer Welt, in der alles weggefallen ist, was in der Geschichte der Menschheit zu kriegerischen Auseinandersetzungen geführt hat. John Lennon besingt eine Welt, in der es kein Sterben mehr gibt für ein Vaterland, für eine Religion, für imperialistisches Besitzstreben oder was die Mächtigen sich im Laufe der Jahrhunderte sonst noch ausgedacht haben, um ihre Kriegsintentionen zu rechtfertigen. In Lennons Augen mag diese Welt aus der Perspektive der Menschen des späten 20. Jahrhunderts schwer vorstellbar sein – eine Welt, in der die Menschen religiös sind, ohne andere Religionen zu bekämpfen, in der sie ihr Vaterland lieben, ohne gegen Menschen anderer Nationen in den Krieg zu ziehen und in der sie ihr Leben und ihre Arbeit lieben, ohne anderen etwas wegzunehmen. Aber Lennon erklärt es nicht für sinnlos, nach einer solchen Welt zu streben.

John Lennon kämpft für seine Utopie einer besseren, gerechteren Welt ohne Rassentrennung und ohne Krieg in einer Kompromisslosigkeit, die ihn immer öfter in das Visier der Polizei geraten lässt. Im Jahr 1971 beispielsweise demonstriert John Lennon erst in Syracuse im amerikanischen Bundesstaat New York mit den Onondaga-Indianern gegen Landraub. Dann veranstaltet er ein Benefiz-Konzert für John Sinclair (den Vorsitzenden der antirassistischen White Panther Party, der wegen des Verkaufs von Marihuana im Gefängnis sitzt). Außerdem demonstriert er für die menschenwürdige Behandlung geisteskranker Kinder und gegen die britische Nordirland-Politik, um nur einige wenige Beispiele für seine unzähligen öffentlichkeitswirksamen politischen Aktivitäten zu nennen. Mit Besorgnis sehen der amerikanische Präsident Richard Nixon, sein Generalsstaatsanwalt Mitchell und das amerikanische FBI, wie Lennon immer mehr Anhänger für sich und gegen die offizielle amerikanische Politik gewinnt. Lennons Konzerte werden boykottiert, und es werden Pläne zu seiner Ausweisung geschmiedet. Am 23. März 1973 ist es so weit: John Lennon wird aufgefordert, die U.S.A. innerhalb von 60 Tagen zu verlassen. Er erhebt Einspruch und beginnt einen Prozess auf Anerkennung als politisch Verfolgter, der allerdings negativ entschieden wird. Am 17. Juli 1974 wird Lennon erneut zum Verlassen der U.S.A. aufgefordert, woraufhin Lennon erneut Einspruch erhebt. Jetzt geht die Sache besser für ihn aus: Die Zeitschrift *Rolling Stones* enthüllt die politischen Hintergründe der Deportationsbemühungen gegen Lennon und gibt ihm so die Handhabe, seinen Widersachern seinerseits mit einer gerichtlichen Klage zu Leibe zu rücken. Am 7. Oktober 1975 wird der Ausweisungsbeschluss offiziell und endgültig zurückgenommen und Lennon erhält die begehrte Green Card, die zum ständigen Aufenthalt und zur Arbeit in den U.S.A. berechtigt. Lennon kann sich daran allerdings nicht mehr lange freuen: Er wird am 8. Dezember des Jahres 1980 von Mark David Chapman in New York City ermordet. Die Motive sind bis heute unklar. Chapman hat Lennon lange so sehr verehrt, dass er sogar seine Lebensweise bis in das Detail hinein nachgeahmt hat, eine japanische Frau zu heiraten. John Lennon war das Idol einer ganzen Generation, nämlich der so genannten Hippie-Generation, die sich von den Zwängen der bürgerlichen Gesellschaft befreien und ein Leben ohne Konsumzwang, ohne Krieg, ohne Unterdrückung und ohne Gewalt leben wollte. Chapman war ein Idealist wie Lennon selbst. Es wird vermutet, dass Chapman seinem Idol den Reichtum übel genommen hat, den er durch seine Plattenverkäufe anhäufen konnte. Eine utopische Welt ist nun einmal nicht die wirkliche Welt.

(A) 2.4.2 Die sozialistische Utopie und die Freude als Lohn der Arbeit

Der englische Dichter, Designer, Verleger und Unternehmer William Morris wird am 24. März 1834 als Sohn des Londoner Börsenmakler William Morris geboren. Die Geschäfte von William Morris sen. verlaufen so erfolgreich, dass sie (wie ein Sekundärautor schreibt) noch den Sohn in „die glückliche Lage“ versetzen, „daß er an der Verfolgung seiner Ziele nie durch Armut gehindert“[75] wird. William Morris jun. beschließt im Jahr 1852, am Exeter College in Oxford Theologie zu studieren. Hier gerät er in ein Umfeld, in dem die sozialkritischen Theorien des englischen Sozialphilosophen und Kunsthistorikers John Ruskin (1819–1900) und des von Darwin und einem christlichen Sozialismus geprägten Schriftstellers Charles Kings-

---

[75] David Rodgers, William Morris at Home, London 1996, S. 5. Übers. v. Verf.

ley (1819–1875) hohe Konjunktur haben. Wie Charles Dickens (1812–1870), so lenkt auch Kingsley mit seinem populären Roman *The Water Babies* (dt. *Kinder des Wassers)* von 1863 den Blick auf das soziale Elend der englischen Unterschicht. John Ruskin richtet in seiner berühmten frühen Vorlesungsreihe *The Two Paths*[76] von 1859 an die Industriellen Englands den dringenden Appell, den Arbeitern ihrer Fabriken menschwürdige Arbeits- und Lebensbedingungen zu schaffen, weil nur unter solchen Produktionsbedingungen auch hochwertige Produkte entstehen können. Ein weiterer Einfluss geht von dem Philosophen Thomas Carlyle (1795–1881) aus, der in seinem Buch *Past and Present* (dt. *Vergangenheit und Gegenwart*) von 1843 heftige Attacken gegen den industriellen Kapitalismus Englands richtet. Nach einer Frankreichreise will William Morris, beeindruckt von der gotischen Sakralarchitektur, jedoch nicht mehr Theologe, sondern statt dessen lieber Architekt werden. Wieder hält die Begeisterung nicht lange vor. Ab 1857 will er Maler werden. Die Anekdote erzählt, dass er – um des passenden Ambientes willen – in eine ärmlich möblierte Londoner Dachwohnung zieht. Die Möbel gefallen ihm nicht. Morris schmückt sie mit Gedichtzyklen. Von dem Erfolg seiner Aktion bestätigt, gründet er eine Firma, die hochwertige Produkte für die Innenausstattung herstellen und gleichzeitig den ungelernten arbeitslosen Jugendlichen in ihren Werkstätten die Chance auf eine Ausbildung bieten soll. Morris' kunsthandwerkliche Firma *Morris, Marshall, Faulkner & Co* hat großen Erfolg, vor allem, als George Taylor Washington zum Geschäftsführer ernannt wird. Er bringt William Morris dazu, seinen Weinkonsum auf lediglich zweieinhalb Flaschen täglich zu beschränken. Vor allem aber hält er Morris den Rücken frei, damit dieser schreiben kann. Morris veröffentlicht *The Earthly Paradies* (dt. *Das irdische Paradies*). Dieses 40 000 Verse umfassende Werk enthält Erzählungen aus der nordischen, der arabischen und der griechischen Sagenwelt. Das Buch macht Morris schlagartig populär. Im Laufe der Jahre wird Morris immer reicher. Es gehört zum guten Ton in der englischen Aristokratie, ein Stück aus seiner Produktion zu besitzen und sich in seinem Stil einzurichten. Morris errichtet immer neue Produktionsstätten, in denen seine Arbeiter und Angestellten unter Bedingungen arbeiten können, die an den Maßstäben der Zeit gemessen ausgesprochen günstig sind. „Morris Angestellte wurden besser bezahlt, arbeiteten kürzer und hatten deutlich bessere Arbeitsbedingungen als damals üblich“[77], heißt es in einschlägiger Sekundärliteratur. Den Jugendlichen beispielsweise, die in seiner Fabrik arbeiten, richtet Morris einen eigenen Schlafsaal und eine Leihbibliothek ein. So verwandelt er die damals übliche Kinderarbeit in eine Zeit der Ausbildung. Es gibt Gewinnbeteiligungen zumindest für die leitenden Angestellten und speziell gestaltete Wohnungen für alle Arbeiter, soweit sich solche Vergünstigungen finanzieren lassen. Im Jahr 1882 liest Morris *Das Kapital* von Karl Marx (s.o.) und fühlt sich in vielen seiner Auffassungen bestätigt. Unter diesem Eindruck tritt er im Jahr 1883 der neu gegründeten sozialistischen *Democratic Federation* bei; Marx' Tochter Ele-

---

76 John Ruskin, The Two Paths. Being Lectures on Art. And its Application to Decoration and Manufacture. Delivered in 1858–1859, London 1859.

77 Fiell, William Morris, S. 44.

anor ist hier ein aktives Mitglied. Zwischen 1883 und 1884 betätigt sich Morris als Straßenprediger: Angeblich soll er auf Seifenkisten an Straßenecken flammende Reden gegen soziales Elend und soziale Ungerechtigkeit gehalten haben.[78] Es kommt jedoch zu Konflikten mit der *Democratic Federation.* Schließlich tritt Morris aus und gründet im Jahr 1884 die *Socialist Legue.* Mitglieder sind Intellektuelle, Arbeiter und Immigranten. In der Zeitschrift *Commonweal* veröffentlicht Morris in Fortsetzungsetappen seine beiden berühmten sozialistischen Erzählungen *A Dream of John Ball* (1886–1889) und *News from Nowhere* (1889–1890). Ab 1891 muss er wegen eines Gichtanfalls und einer Niereninfektion jedoch deutlich kürzer treten. Das Management seiner Fabrik überlässt er weitgehend anderen. Deprimiert über die Entwicklungen, die der Sozialismus durch die Gewerk-schaftsbewegungen nimmt, zieht er sich auch aus der Politik immer mehr zurück. Seine Version einer kommunistischen Gesellschaft scheint sich nicht verwirklichen zu lassen. Im Jahr 1896 diagnostizieren die Ärzte erst Diabetes und dann Schwindsucht. Am 3. Oktober 1896 stirb William Morris im Alter von 62 Jahren.

Der Roman *News from Nowhere (*dt. *Zukunftsland Nirgendwo)* ist deutlich von dem Roman *Utopia* von Sir Thomas Morus (1478–1535 durch Hinrichtung) geprägt. Auch hier wird die Utopie einer Gesellschaft entwickelt, in der die Bewohner von jeder stumpfsinnigen Arbeit befreit sind. Sechs Stunden kreative Arbeit reichen für den Lebensunterhalt aller aus. Damit kein Privateigentum entsteht, werden die Häuser alle zehn Jahre durch ein Losverfahren neu zugewiesen. Alle Religionen haben Platz, und Ehen müssen nur solange bestehen, wie beide Partner daran festhalten wollen. Nicht zu unterschätzen ist auch der Einfluss von *Das Kapital* von Karl Marx (s.o). Am wichtigsten ist jedoch der Einfluss von John Ruskin. Als Fabrikant und Industriedesigner gehört Morris zu der Gruppe, an die sich Ruskins Schriften vorrangig richten. In England herrscht in der Mitte des 19. Jahrhunderts eine ungebremste Marktwirtschaft. Die Fabriken produzieren immer mehr Nippes, um mit den Konkurrenten Schritt zu halten. Die Arbeiter sind nahezu rechtlos. Morris ist Sozialist und Ästhet. Sein Ziel ist nicht nur einer Verbesserung der Arbeitsbedingungen in den Fabriken mit gerechteren Löhnen, höherer Mitbestimmung und besserer Ausbildung. Nein, er visiert auch eine Verschönerung der Lebenswelt der Arbeiter und eine Kultivierung ihres Geschmacks an. Damit stellt Morris' Utopie als eine auch ästhetische Utopie eine Besonderheit unter den sozialistischen Utopien dar. In diesem Sinne würdigt auch der deutsche Philosoph Ernst Bloch (1885–1977) Morris' Werk. Er bezeichnet Morris als den „großen Erneuerer des englischen Kunsthandwerks“ und betont die Freundschaft mit Ruskin, mit dem sich Morris vor allem in dem einen Punkt einig sei: „Nur Handarbeit mache gut“. „Hier treibt nicht nur Mitleid mit den Armen, Erbitterung gegen die Reichen, sondern ein bisher unbekannter Ton klingt sozial-utopisch an: Morris ist ein kunstgewerblicher, ein Homespun-Sozialist“, in dessen Augen „die Profitwelt“ nicht nur „moralisch“, sondern „auch ästhetisch viel zu wünschen übrig läßt“. Bloch trifft sicherlich einen wichtigen Punkt, wenn er schreibt, dass Morris den „Kapitalismus nicht so sehr wegen seiner

---

[78] Vgl. dazu Fiell, William Morris, S. 48.

Unmenschlichkeit als wegen seiner Häßlichkeit bekämpft“[79]. Es ist also kein unbedeutendes Detail, wenn in dem Laden der Kinder besonders kunstvoll geschnitzte Pfeifen angeboten werden. Die Besonderheit von Morris' Utopie besteht darin, dass sie den sozialen Problemen seiner Zeit nicht nur moralisch und politisch, sondern auch ästhetisch begegnet, was der Sozialkritik im engeren Sinne natürlich keinen Abbruch tut. Der Sozialistenführer Karl Liebknecht (1817–1919 durch Mord) begeistert sich so sehr für Morris' Utopie, dass er sie zumindest in Auszügen in die deutsche Sprache übersetzen lässt.

(A) 2.4.3 Die Apokalypse der normierten Gesellschaft aus dem Reagenzglas

Aldous Huxley stammt aus der bedeutenden britischen Gelehrtenfamilie der Huxleys. Sein Bruder Andrew (geb. 1917) ist Physiologe und erhält im Jahr 1963 den Nobelpreis für Medizin. Ein anderer Bruder ist Sir Julian Sorell Huxley (1887–1975). Als Biologe ist er zwischen 1946–1948 Generaldirektor der UNO. Sein berufliches Interesse gilt der Überbevölkerung der Erde und dem damit verbundenen Ernährungsproblem. Privat schreibt er Essays, Gedichte und populärwissenschaftliche Abhandlungen. Die wichtigsten sind *Der Mensch in der modernen Welt* von 1947 und *Die Geschichte der Evolution* von 1958. Geprägt ist die ganze Huxley-Familie vom Großvater Thomas Huxley (1825–1895), der als einer der ersten englischen Forscher für die (Darwin'sche) Lehre von der Abstammung des Menschen von niederen Lebensformen (vgl. II./III.[A] 1.4.1) eintritt. Sein wichtigstes Werk ist *Zeugnisse für die Stellung des Menschen in der Natur* von 1863. Aldous Huxley (geb. am 26. Juli 1894) ist kein Naturwissenschaftler, sondern immer schon Schriftsteller und Kulturkritiker. Früh begründet sich sein literarischer Ruhm mit seiner ersten Kurzgeschichtensammlung *Limbo* von 1920 und durch seine erste Novelle *Crome Yellow* von 1921. In den zwanziger Jahren lebt Huxley die meiste Zeit in Italien. Im Jahr 1937 verlässt er jedoch Europa und geht als Drehbuchautor nach Hollywood. Ab 1938 lebt er in einer mystischen Sekte in Kalifornien. Er stirbt am 22. November 1963 in Kalifornien.

Der Roman *Brave New World* (dt. *Schöne neue Welt*) von 1932 entführt in ein Berlin der Zukunft, in der die Entwicklung des Menschengeschlechts nicht mehr dem Zufall überlassen ist. Durch das so genannte ‚Bokanowskyverfahren' ist es möglich geworden, die natürliche Zeugung mit all ihren Zufällen und Unwägbarkeiten zu umgehen. Man kann jetzt in Reagenzgläsern genau den Typus von Menschen herstellen, den man braucht. Auch die Mengen sind kalkulierbar. Es gibt den Typus der Alpha-Menschen, die zu Führungsaufgaben bestimmt sind. (In der Biologie nennt man die Leittiere einer Herde die ‚Alpha-Tiere'). Man erkennt die Alpha-Menschen schon äußerlich: Sie sind größer und attraktiver als die anderen Menschentypen.

---

[79] Ernst Bloch, Freiheit und Ordnung. Abriß der Sozialutopien, Leipzig 1987, S. 178f.

Außerdem tragen sie nur graue Kleidung. Die Gruppe der Beta-Menschen sind für die anspruchsvolleren Arbeiten in der Verwaltung vorgesehen. Darunter stehen die Gamma-Menschen. Sie werden überall da eingesetzt, wo man nicht allzuviel Intelligenz braucht. Sie tragen grüne Kleidung. Deltas erledigen die ganz einfachen Arbeiten in den Fabriken und tragen khaki-farbene Kleidung. Ganz unten in der Hierarchie stehen die Epsilons, die schwarze Kleidung tragen und die ganz unangenehmen Arbeiten wie die Kanalreinigung beispielsweise übernehmen müssen. Die einzelnen Menschentypen mischen sich nicht. Jeder bleibt bei den Menschen des eigenen Typus und verachtet oder bedauert die übrigen Menschentypen. Damit wirklich nichts mehr dem Zufall überlassen bleibt, findet nach der Geburt ein streng durchgeplantes Erziehungsprogramm statt, dessen wesentlicher Bestandteil eine Art Gehirnwäsche darstellt. Intendiert ist, dass niemand auf die Idee kommen soll, sich für eine individuelle Persönlichkeit zu halten, die eigene Pläne, eigene Berufswünsche und eigene Vorstellungen von einem gelungen Leben entwickeln könnte. Insbesondere das Verlieben ist nicht vorgesehen. Wo kämen wir denn hin, wenn sich jeder seinen Partner selbst aussuchen dürfte?

Aldous Huxley selbst hat natürlich den Rassewahn vor Augen, von dem in der ersten Hälfte des 20. Jahrhunderts nahezu alle europäischen Länder ergriffen sind. Man glaubt, durch Zuchtwahl und Heiratsbeschränkungen die eigene Rasse ‚rein' halten zu müssen. Jeder, der nicht der eigenen ‚Rasse' angehört, wird ausgrenzt, verachtet, überwacht und in seiner Entwicklung behindert. Man vermisst Schädel, um die Überlegenheit der eigenen Rasse gegenüber den anderen Rassen zu belegen. Ein besonderes Kuriosum stellt das zu seiner Zeit viel beachtete Werk *Über den physiologischen Schwachsinn des Weibes* des Leipziger Neurologen Paul Julius Möbius (1853–1907) von 1904 dar. Möbius vermisst mit einem befreundeten Hutfabrikanten den Schädelumfang von Frauen und Männern und kommt zu dem Ergebnis, dass Frauen zwangsläufig weniger intelligent als Männer seien, weil sie kleinere Köpfe hätten. Solche Forschungen zum Zusammenhang zwischen körperlichen Merkmalen und der Überlegenheit einer Rasse oder eines Geschlechtes werden heute glücklicherweise nur noch verlacht.

Dennoch aber besticht Huxleys Roman heute immer noch durch seine Aktualität. Was er hier nämlich das ‚Bokanowskyverfahren' genannt hat, nennt man heute das ‚Klonen'. Das Klonen von Lebewesen ist heute zumindest in eingeschränktem Maße möglich. Huxleys Apokalypse hat damit eine Brisanz, von der sich Huxley selbst sicherlich nicht hat träumen lassen. Unter ‚Klonen' versteht man einen Vorgang, in dem Lebewesen mit identischem Erbgut künstlich reproduziert werden. Was lange als Science-Fiction-Fantasterei gegolten hat, wird im Jahr 1997 plötzlich wissenschaftliche Realität. Ein englisches Forscherteam präsentiert der Weltöffentlichkeit das geklonte Schaf ‚Dolly'. Es wurde nach der Methode des Kerntransfers geklont. Die funktioniert so, dass der Zellkern eines erwachsenen Schafes in eine (zuvor vom Erbgut entleerte) Eizelle eines anderen Schafes übertragen wird. Theoretisch können so auch Menschen geklont werden. Einen herben Rückschlag haben die englischen Forscher allerdings erlitten, weil Dolly biologisch genauso alt zu sein scheint wie das erwachsene Schaf, von dem das Erbgut stammt. Mit der Methode des Kerntransfers scheinen sich also nur Lebewesen schaffen zu lassen, die biologisch etwa dasselbe Alter haben wie die jeweiligen Spender des Erbgutes. Man kann also keine genetisch identischen Söhne oder Töchter von sich reproduzieren, sondern lediglich Zwillingsbrüder oder Zwillingsschwestern. Man sollte meinen, dass daran niemand Interesse hat. Allerdings gibt es Fälle, in denen dringend ein Spenderorgan gebraucht wird, das genetisch so passfähig ist, dass es nicht abgestoßen wird. Auf diese Fälle verweisen die Forscher, die am Projekt des Klonens weiterforschen wollen. Aber darf man tatsächlich einen biologisch vorgealterten Menschen schaffen und ihm dann auch noch zumuten, eines seiner Organe herzugeben? Die Frage ist nur mit einem klaren ‚Nein' zu beantworten. Deshalb sollte die Möglichkeit des Klonens mit genau dem Misstrauen behandelt werden, das Huxley vorgibt.

Ein zweiter Aspekt des Textes ist ebenfalls wichtig. In der Regel geht man davon aus, dass Faktoren wie Aussehen und Intelligenz weitgehend erblich sind, dass bestimmte Defizite im Erbmaterial aber durch eine besondere Förderung ausgeglichen werden können. In der Regel werden die Einflüsse von Umwelt und Erziehung gleichwertig gegenüber den Erbanlagen betrachtet. Eine solche Auffassung klingt auch an, wenn der Direktor auf die Frage des Studenten, warum die Epsilons durch Sauerstoffverknappung „unter dem Durchschnitt" gehalten werden, folgende Antwort gibt: „Ist Ihnen denn noch nie aufgefallen, dass ein Epsilon-Embryo auch eine Epsilonumwelt, nicht nur eine Epsilonerbmasse haben muß?" Wie hoch bewerten wir heute den Einfluss der Umwelt gegenüber dem Einfluss der Gene. Würden wir beispielsweise ein Kind adoptieren, von dem wir wissen, dass es im Zuge einer Vergewaltigung gezeugt wurde, oder dass seine Eltern in einer psychiatrischen Anstalt sind? Wie hoch ist der Anteil der Gene an dem, was wir als erwachsene Menschen tatsächlich sind?

Ein Augenmerk sollte drittens auch auf die Strategien gerichtet werden, mit denen die Gehirnwäsche bei den Beta-Kindern stattfindet. Während sie schlafen, wird ihnen ein Band vorgespielt, auf dem eine Stimme immer denselben Text spricht. Das geschieht in unzähligen Wiederholungen – bis die Kinder irgendwann gar nicht mehr unterscheiden können, was sie selbst denken und was ihnen die Stimme eingegeben hat. Auch das hat heute eine besondere Aktualität. Wie oft im Jahr sieht man schließlich als durchschnittlicher Fernseh-Konsument ein- und denselben Werbespott? Wie weit sind wir eigentlich von der Hypnopädie entfernt, der wir uns zu allem Überfluss auch noch wissentlich und freiwillig aussetzen?

III.2.5 Personen, Gemeinschaften und Institutionen (societas)

(A) 2.5.1 Der Anspruch der Partei als Wegbereiter der ‚höheren Phase' des Kommunismus

Wladimir Iljitsch Lenin ist einer der radikalsten Atheisten im kommunistischen Lager.[80] In einem Brief an den russischen Schriftsteller Maxim Gorki ((1868–1963) von 1913 bezeichnet er jede „Gottsucherei" als eine „nutzlose Beschäftigung", weil es sowieso keinen Gott gäbe! Lenins Religionskritik ist offensichtlich von Feuerbach beeinflusst, der in seiner Schrift *Das Wesen des Christentums* von 1841 die These vertritt, dass die Menschen sich ihre Götter selbst ‚gebildet' hätten, um in den Gottesbildern die Idealbilder ihrer selbst anbeten zu können. Lenin diskreditiert jede „Gottesbildnerei" als die „übelste Art der Selbstbepreisung" und als „die verliebte Selbstbetrachtung des stumpfsinnigen Spießbürgertums"[81]. Der Brief schließt mit den Worten, dass es „verdammt ärgerlich" sei, dass sich immer noch so viele Menschen von der Religion verdummen und versklaven ließen.

Lenin wird am 22. April 1870 im russischen Uljanowsk (bzw. Simbirsk) an der Wolga als Wladimir Iljitsch Uljanow geboren. Wegen revolutionärer Agitationen muss er 1887 die Universität Kasan verlassen, wo er Jura studiert. Dennoch legt er das Examen ab und wird 1891 als Rechtsanwalt in St. Peterburg zugelassen. Auch hier ist er politisch tätig. Er leitet marxistische Arbeiterkreise, aus denen 1895 der *Kampfbund für die Befreiung der Arbeit* hervorgeht. Nach einer Reise in die Schweiz im Jahr 1895 wird er wegen politischer Agitation verhaftet und von 1897–1900 nach Sibirien verbannt. Dort lernt er seine spätere Frau und Mitarbeiterin Nadjeschda Krupskaja kennen und schreibt sein Buch *Die Entwicklung des Kapitalismus in Russland.* In der ersten Emigration zwischen 1900 und 1905 in London, München und Genf ändert Lenin seinen Geburtnamen in ‚Lenin' und gründet die sozialdemokratische Zeitung *Iskra* (dt. *Der Funke).* Hier erscheint im Jahr 1902 die Schrift *Was tun? Brennende Fragen unserer Bewegung,* in der Lenin zum ersten Mal seine Vorstellung von einer Kaderpartei zur Führung des Proletariats entwickelt, was 1903 zur Spaltung der *Sozialdemokratischen Arbeiterpartei Russlands* (SDAPR) in die Menschewiki und die von Lenin geführten Bolschewiki führt. Eine zweite Emigrationszeit zwischen 1907 und 1917 in Genf, Paris, Krakau, Bern und Zürich nutzt Lenin für eine Vielzahl von Veröffentlichungen. Die wichtigsten sind *Materialismus und Empiriokritizismus* von 1909 und *Der Imperialismus als das höchste Stadium des Kapitalismus* von 1916. Außerdem wird Lenin Herausgeber der Zeitung *Prawda* (dt. *Wahrheit*). Als im Februar 1917 in Russland die Revolution gegen das Zarenregime ausbricht, hält Lenin seine Stunde für gekommen. Am 16. April kehrt er mit Unterstützung der deutschen Behörden (die von Lenins Rückkehr einen für sie günstigen Einfluss auf die Konstellationen im 1. Weltkrieg erhoffen) nach Petersburg zurück

---

80 Vgl. dazu: M.I. Schachnowitsch, Lenin und die Fragen des Atheismus, Berlin 1966.

81 W.I. Lenin, Brief an M. Gorki, 1913. Im Text zit. nach: Religionskritik in der Neuzeit. Reader, M. Weinrich (Hg.), Gütersloh 1985, S. 129.

und verkündet seine so genannten ‚Aprilthesen' mit so eingängigen Parolen wie ‚Alles Land den Bauern' und ‚Alle Macht den Sowjets'. Nach einer missglückten Arbeiter- und Bauernrevolte im Juli 1917 flieht Lenin nach Finnland, wo die Schrift *Staat und Revolution* entsteht, aus der die abgedruckte Passage stammt. Am 25. Oktober 1917 (nach heutigem Kalender am 7. November) beginnt in Petersburg die so genannte ‚Oktoberrevolution', die schließlich mit einem Sieg der Arbeiter- und Bauernschaft über das Zarenregime endet. Die Revolution bringt nicht ihren eigentlichen Drahtzieher Leo Dawidowitsch Trotzki (1879–1940) an die Macht, sondern Lenin. Er schwingt sich zum Vorsitzenden des Rates der Volkskommission auf. In dieser Funktion setzt er eine Regierung von Räten (Sowjets) ein und enteignet die Großgrundbesitzer. In eigenen Reihen stößt es jedoch auf massive Kritik, als Lenin schon im Jahr 1919 ein Zentralkomitee einrichtet, in dem alle Entscheidungen getroffen und alle Fäden zusammenlaufen, um dann im Jahr 1921 auch noch alle Fraktionsbildungen zu verbieten. Das bedeutet nämlich nichts weniger, als die Konzentration aller Befehls- und Entscheidungsgewalt im Zentralbüro von Lenins Partei. Auch nach Lenins Tod am 21.4.1924 nach einem schweren Schlaganfall liegt alle Macht im riesigen Sowjetreich fortan in den Händen einiger weniger Männer – genauso, wie Lenin es in seiner Schrift von 1917 anvisiert hatte.

Eine zentrale Parole in Lenins Aprilthesen aus dem Revolutionsjahr 1917 lautet ‚Alle Macht den Sowjets'. Das Wort ‚Sowjets' bedeutet soviel wie ‚Räte': Lenin schwingt sich also zum Revolutionsführer mit der Forderung nach einer Räterepublik auf. Hinter dieser Formel verbirgt sich die Vorstellung von einer straffen Führung der Massen durch einige wenige Führer, die davon überzeugt sind, dass sie besser wissen, was für die Massen gut ist, als die Massen selbst. Theoretisch begründet wird diese Forderung in der in Finnland entstandenen Schrift *Staat und Revolution* von 1917. Diese Schrift entwirft die Pläne für eine extrem autoritäre Regierungsform der Räterepublik als dialektisches Übergangsstadium zum eigentlichen kommunistischen Staat.

Für seine in unseren heutigen Augen sicherlich befremdende Forderung nach einem durch Räte autoritär geführten Arbeiter- und Bauernstaat führt Lenin vor allem zwei Argumente ins Feld. Das erste Argument lautet, dass die Arbeiter und Bauern der künftigen Sowjet-Union noch zu sehr vom Kapitalismus geprägt seien, um ohne Leitung eine sozialistische Gesellschaftsform etablieren und tragen zu können. Weil ihre Gesinnung noch vom Leben in einer kapitalistischen Gesellschaft geprägt sei, würden sie noch um Löhne und möglichst günstige Arbeitszeiten schachern, anstatt einzusehen, dass jede geleistete Arbeit in gleicher Weise dem Gemeinwohl dient. Nach Lenin muss man das rückständige Arbeiter- und Bauernvolk im Russland seiner Zeit zu seinem eigenen Besten bevormunden, nachdem es solange unselbstständig unter der Knute von Zar und Kirche leben musste. Es mag irgendwann einmal tatsächlich eine Phase in der Menschengeschichte geben, in der alle zu der Einsicht gelangt sind, dass eine Gesellschaft ohne Besitz die für alle beste Gesellschaft ist. Bis die Arbeiter und Bauern aber die nötige Einsicht und Reife haben, müssen sie Lenins Vorstellung zufolge durch eine kleine Partei-Elite quasi ‚zu ihrem Glück gezwungen' werden. Lenins zweites Argument für die Räterepublik besteht im

Hinweis darauf, dass sich der junge Arbeiter- und Bauernstaat nach der Revolution im Jahr 1917 ja in einer instabilen Weltkriegssituation befindet und insofern sowohl von innen als auch von außen von Mächten bedroht wird, die noch mit dem Kapitalismus sympathisieren. Die neu gegründete Sowjet-Republik muss gegen die Kapitalisten aus dem In- und Ausland verteidigt werden, die weder einen riesigen Markt noch die Herrschaft über das Proletariat dauerhaft aufgeben wollen. Reicht es dann aber nicht, wenn die Sowjets die militärische Macht innehaben? Im Text fällt vor allem die Passage auf, in der Lenin von einer „universalen Kontrolle" spricht, vor der man sich „nirgends" retten können soll. Damit ist ohne Zweifel gemeint, dass die kleine Elite-Truppe der Partei-Führung auch die Bereiche von Kunst, Wissenschaft, Presse und Bildung überwachen und kontrollieren soll. Das rechtfertigt Lenin in seiner Schrift *Materialismus und Empiriokritizismus* von 1909. Hier ist der Gedanke zentral, dass die Deutungshoheit auf ausnahmslos jedem Gebiet bei der Kommunistischen Partei liegen müsse, weil es nach Lenins Auffassung wirklich unpolitische Bereiche des Lebens schlicht nicht gibt. Man könne nicht auf wissenschaftlichem Gebiet beispielsweise Kantianer und auf politischem Gebiet Kommunist sein. Laut Lenin ist der Kommunismus keine politische Weltanschauung, sondern eine Lebensform, die als solche alle Bereiche des Lebens durchdringen muss. Deshalb sieht er seine Räte auch legitimiert, als Stellvertreter und Wortführer der einen kommunistischen Partei alle Bereiche des privaten wie des öffentlichen Lebens zu kontrollieren. Allerdings solle die Phase der Zwangsmaßnahmen durch die Parteielite nur eine Übergangsphase sein, auf die die eigentliche Phase des Kommunismus ohne jeden staatlichen Zwang folgen würde.

Lenins Situation unterscheidet sich nun von der von Morris beispielsweise (s.o.) dadurch, dass sich Lenin mit dem Entwurf einer schönen kommunistischen Utopie nicht begnügen kann, weil er als Revolutionsführer unter konkretem Handlungsdruck steht. Anders als die kommunistischen Utopisten ist Lenin gezwungen, eine Regierungsform konzipieren, die sowohl handlungs- als auch durchsetzungsfähig ist. Überdies muss er der Tatsache Rechnung tragen, dass es sich bei dem russischen Proletariat, deren Wortführer er ist, tatsächlich überwiegend um ungebildete Bauern aus einem noch vorindustriellen Umfeld handelt. Aber ist eine Räte-Republik in solchen Situationen tatsächlich die einzige und beste Lösung? Der amerikanische Philosoph John Dewey beispielsweise setzt auf ein anderes Pferd. In seinem fast zeitgleich mit Lenins *Staat und Revolution* erschienenen pädagogischen Hauptwerk *Democracy and Education* (dt. *Demokratie und Erziehung*) von 1916 setzt Dewey auf die Erziehung der Staatbürger zur Mündigkeit und zur Demokratie anstatt auf Zwang und Bevormundung. Es geht dabei weniger um die Vermittlung von Wissen als um die Vermittlung von Kompetenzen zu verantwortlicher Mitbestimmung, zur Partizipation an öffentlichen Meinungsbildungsprozessen und zur Übernahme der Verantwortungen und Pflichten, die von einem erwachsenen Staatsbürger in einer ausgereiften und stabilen Demokratie erwartet werden. Ein Vergleich von Deweys pädagogischem Konzept der Erziehung zur Demokratie mit Lenins autoritären Vorstellungen ist sicherlich lohnenswert.

(A) 2.5.2 Die Einheitspartei als Diktatur einiger weniger

Faktisch haben Lenins Räte jahrzehntelang die Führung im Osten Europas übernommen. Allerdings waren Lenins Pläne zu einer Räte-Republik im kommunistisch-sozialistischen Lager des frühen 20. Jahrhunderts selbst keineswegs umstritten. Man kann sich hier durchaus weniger autoritäre Staats- und Führungsmodelle vorstellen. Eine der ersten prominenten Kritikerinnen ist Rosa Luxemburg. Sie wird am 5. März 1870 in Zamosc, im russisch besetzten Teil Polens als Tochter eines wohlhabenden jüdischen Holzhändlers geboren. Schon 1873 übersiedelt die Familie in die Hauptsstadt Warszawa (Warschau), wo Rosa auf Betreiben ihrer gebildeten Mutter Lina (geb. Löwenstein) eine gute Schulbildung erhält. Im Warschauer Mädchengymnasium nimmt sie an geheimen Schülerzirkeln teil, die die von den Russen als Unterrichtssprache verbotene polnische Sprache pflegen. Sie selbst berichtet später, dass ihr trotz durchgängig herausragender Leistungen auf dem Zeugnis die höchste Auszeichnung „wegen ihrer oppositionellen Haltung gegenüber der Autorität“[82] verweigert worden sei. Nach der Schulzeit schließt sie sich revolutionären Gruppen an, bis im Jahr 1888 ihre Verhaftung droht. Sie flieht nach Zürich – angeblich im Heuwagen eines Pfarrers, dem sie erzählt haben soll, im Ausland die Taufe anzustreben.[83] Zum Winter 1890/91 immatrikuliert sie sich in der Philosophischen Fakultät der Universität Zürich. Kurze Zeit später wechselt sie zur Juristerei und zur Nationalökonomie. Im Jahr 1897 promoviert sie (als Frau!) mit einer mit ‚magna cum laude’ ausgezeichneten Arbeit zur industriellen Entwicklung Polens. Bald aber zieht es sie nach Deutschland. Sie will die Wiedervereinigung der 1893 abgespaltenen *Sozialisten Preußisch-Polens* mit der *Sozialdemokratischen Partei Deutschlands* unter dem gemeinsamen Namen *Polnisch-Sozialistische-Partei* betreiben. Um in Deutschland einreisen zu können, geht sie im Jahr 1898 eine Scheinehe mit Gustav Lübeck ein, was ihr die deutsche Staatsbürgerschaft einbringt. Ihr Weg führt nach Berlin, wo eine anstrengende und rege Zeit beginnt. Rosa Luxemburg engagiert sich sowohl in der deutschen SPD als auch für die *Internationalistische Sozialdemokratie des Königreichs Polens und Litauens*, die ihr Lebensgefährte Leo Jogiches im Jahr 1893 ins Leben gerufen hatte. Als Mitarbeiterin der Parteizeitungen in Dresden und Leipzig verfasst Rosa Luxemburg unzählige Artikel und Aufrufe. Außerdem unternimmt sie Agitationsreisen für die Sozialdemokratie durch ganz Deutschland. Über die Grenzen von Berlin hinaus bekannt wird sie, als sie während des Internationalen Sozialistenkongresses, der vom 23.-27. September 1900 in Paris stattfindet, vor 791 Delegierten aus 21 Ländern eine „Rede wider den Militarismus und die stehenden Heere“ hält. Sie ruft die Sozialisten aller Länder auf, sich um des Friedens willen jeder Aufrüstung zu widersetzen. Zwischen 1907 und 1914 ist die Dozentin der Zentralen Parteihochschule der SPD in Berlin. Es entstehen so einflussreiche Werke wie *Massenstreik, Partei und Gewerkschaften* von 1906, *Die Akkumulation des Kapitals* von 1913 und die *Einführung in die Nationalökonomie*, posthum veröffent-

---

[82] Henriette Holst-van der Schalk, Rosa Luxemburg, Zürich 1937, S. 11.

[83] Das wird zumindest berichtet in Helmut Hirsch, Rosa Luxemburg, Hamburg 1969, S. 16.

licht 1925. Ab 1914 führt sie zusammen mit dem Rechtsanwalt Karl Liebknecht (1871–1919) die sozialistische Opposition gegen den 1. Weltkrieg an. Ihr Credo lautet, dass sich die deutschen Proletarier mit den französischen und russischen Proletariern gegen das Großkapital verbünden sollten, anstatt aufeinander zu schießen. Drei Jahre später gründen beide zusammen den *Spartakusbund,* der im Dezember des Jahres 1918 in die neu gegründete KPD eingeht. Nach einem gescheiterten Aufstand des Spartakusbundes gegen die Regierung in Berlin muss Rosa Luxemburg untertauchen. Dennoch wird sie verhaftet und im Berliner Edenhotel schwer misshandelt. Am 15. Januar 1919 wird sie von Soldaten der Reichswehr auf dem Weg in das Berliner Gefängnis Moabit zusammen mit Karl Liebknecht auf grausame Weise ermordet. Um den Mord zu vertuschen, wird die falsche Pressemeldung von einer Flucht verbreitet, auf der die beiden Sozialistenführer angeblich von einer wütenden Volksmeute ermordet worden seien. Rosa Luxemburgs Leiche wirft man einfach in den Landwehrkanal. Sie kann erst am 31. Mai 1919 geborgen werden. Als Rosa Luxemburg dann jedoch am 13. Juni 1919 zu Grabe getragen wird, stehen viele Berliner Fabriken still, weil Tausende von Arbeitern ihr das letzte Geleit geben wollen. Sie wird neben Karl Liebknecht auf dem Friedhof von Berlin-Friedrichsfelde beigesetzt. Der Bauhaus-Architekt Ludwig Miehs van der Rohe (1886–1969) errichtet den beiden ein Grabmahl, das allerdings 1941 von den Nationalsozialisten schon wieder zerstört wird. In der ehemaligen DDR finden alljährlich zum Todestag von Rosa Luxemburg und Karl Liebknecht große Umzüge statt. Bezeichnenderweise berufen sich jedoch auch die Demonstrationen, die im Jahr 1989 schließlich zum Fall der Mauer führen, mit ihren Forderungen nach Freizügigkeit und Pressefreiheit auf die beiden großen Sozialisten.

Wegen ihrer politischen Aktivitäten ist Rosa Luxemburg mit Unterbrechungen zwischen 1914 und 1918 immer wieder in Haft. Im Gefängnis schreibt sie unter dem Pseudonym ‚Junius' eine Broschüre über *Die Krise der Sozialdemokratie* sowie die Spartakusbriefe und unzählige Flugblätter. Die Schrift *Die Russische Revolution* entsteht im Herbst des Jahres 1818 im Breslauer Gefängnis. Der Text bleibt ein Fragment und wird erst drei Jahre nach Rosa Luxemburgs Tod veröffentlich. Der Text ist als direkte Erwiderung auf Lenins Pläne zur Errichtung einer autoritär geführten Räte-Republik zu verstehen. Es ist gegen Lenins Räte gerichtet, wenn sich Rosa Luxemburg in ihrer Rede gegen jede „Cliquenwirtschaft" und jede „Jacobinerherrschaft" ausspricht. (Gemeint sind die ‚Jacobiner', die zur Zeit der Französischen Revolution zwischen 1793 und 1794 in Paris mittels der Guillotine eine Schreckensherrschaft führten). Nach Rosa Luxemburg darf die ‚Diktatur des Proletariats' nicht zur Diktatur einiger weniger über die als dumm und rückständig betrachteten Massen der Arbeiter und Bauern werden. Sie plädiert vielmehr für eine ‚demokratische Diktatur'. Das ist nur scheinbar ein Widerspruch. Gemeint ist nämlich eine Staatsform, in der der Wille der meisten in einer Gesellschaft so unbedingt berücksichtig wird wie in einer Diktatur im wörtlichen Sinne der Wille des Diktators. „Freiheit ist immer nur Freiheit des anders Denkenden". Mit diesem Satz ist die Schrift von Rosa Luxemburg in die Geschichte eingegangen. Bemerkenswert ist auch, wie konkret Rosa Luxemburg auf die Strategien eingeht, mit denen diese Freiheit der anders Denkenden gewährleistet werden kann. Sie spricht von allgemeinen Wahlen, von uneingeschränkter Presse- und Versammlungsfreiheit und von einem freien Meinungskampf. Statt auf Zwang setzt sie auf „Schulung der Volksmassen". Die ungebildete Klasse von Arbeitern und Bauern soll nicht autoritär zu ihrem Glück gezwungen werden, sondern vielmehr durch eine entsprechende Ausbildung in die Lage versetzt werden, ihre eigene Konzeption von Glück zu entwerfen und zu verfolgen. Das Lenin'sche Argument, dass die Massen zu ungebildet und zu sehr vom Kapitalismus geprägt seien, um für ihre eigenen Interessen handeln zu können, lässt Rosa Luxemburg nicht gelten. Wenn die Massen zu dumm sind – dann müssen sie ausgebildet werden. So lautet ihre Devise.

Die Geschichte wird Rosa Luxemburg Recht geben. Unter Lenins Nachfolger Stalin entwickelt sich die Sowjetunion zu einem totalitären Staat, der selbst mit ehemaligen Kampfgenossen alles andere als zimperlich umgeht. Das zeigt der Fall des Leo Dawidowitsch Trotzki (1879–1940 durch Mord). Wie aus dem so genannten ‚Testament Lenins' hervorgeht, ist Trotzki als Lenins Nachfolger vorgesehen. Sein Gegenspieler Stalin (1878–1953) räumt ihn jedoch aus dem Weg. Er unterwirft Trotzki einem demütigenden Schauprozess, bei dem der amerikanische Philosoph John Dewey (s.o.) die Verteidigung übernimmt und vergeblich auf ‚nicht schuldig' plädiert. Trotzki wird in die Verbannung nach Mexiko geschickt und schließlich mit einem Eispickel ermordet. Ihm folgen tausende Namenlose, die Stalin ebenfalls ermorden lässt, um jede Opposition im Keim zu ersticken. Rosa Luxemburgs Warnung vor einer grausamen ‚Jacobinerherrschaft' hat sich also leider bewahrheitet.

(A) 2.5.3 / (A) 2.5.4 Der Humanistische Verband

Der *Humanistische Verband* steht stellvertretend für unzählige andere Organisationen unserer Zeit, die von der Warte eines dezidierten Atheismus aus mit den Weltkirchen um die weltanschauliche Definitionsmacht konkurrieren. Der *Humanistische Verband* ist nicht zu verwechseln mit der so genannten *Humanistischen Union* und anderen Vereinigungen mit ähnlichem Namen. Er feierte im Frühjahr 2003 sein „zehnjähriges Bestehen"[84]. Zu den Einrichtungen des *Humanistischen Verbandes* gehört unter anderem die am 12. Juni 1997 gegründete *Humanistische Akademie* in Berlin, welche wiederum die Zeitschrift *humanismus aktuell* herausgibt, die seit 1998 mehrmals im Jahr erscheint. Die *Humanistische Akademie* versteht sich als „Studien- und Bildungswerk" des Humanistischen Verbandes. Wie ein entsprechendes Informationsblatt verkündet, hat sich die *Humanistische Akademie* „die wissenschaftliche Auseinandersetzung mit grundlegenden Fragen von Natur, Mensch, Gesellschaft und Staat unter humanistischen Prinzipien im Interesse konfessionsfreier Bürgerinnen und Bürger zum Ziel gesetzt". Darüber hinaus gibt es noch die *Jun-*

[84] So heißt es im Editoral von: diesseits. Zeitschrift des Humanistischen Verbandes, 17. Jahrgang, (2003), S. 1.

gen HumanistInnen. Das ist die Nachwuchsorganisation des *Humanistischen Verbandes*

Der Name *Humanistischer Verband* stammt vom lateinischen Wort ‚humanus' für ‚Mann' oder ‚Mensch'. Er macht Anklänge an den ‚Humanismus' als die Weltanschauung der Renaissance. Die Renaissance hatte ihre Blüte im 16. Jahrhundert in Italien. ‚Renaissance' bedeutet soviel wie ‚Wiedergeburt'. Der so genannte ‚Renaissance-Mensch' orientierte sich an dem Idealbild des sowohl geistig als auch moralisch als auch körperlich in bestem Maße gebildeten Menschen, wie er ihn in der griechischen Antike vorzufinden glaubte (vgl. auch II./III.[A] 1.2.1 zu Nietzsche). Das Menschenbild der Renaissance lässt sich auf die lateinische Formel ‚mens sana in corpore sano' bringen, was soviel bedeutet wie ‚ein gesunder Geist in einem gesunden Körper'. Unter ‚Humanismus' versteht man gemeinhin eine Weltanschauung, die jedem Menschen als Vernunftwesen die größtmögliche Achtung entgegenbringt, unabhängig von seinem Geschlecht, seiner Hautfarbe, seiner Nationalität, seiner körperlichen Verfassung und von seinem Bildungsgrad. ‚Humanistische Ideale' sind beispielsweise die Ideale der allgemeinen Menschenliebe, der bestmöglichen Ausbildung der im Menschen angelegten Fähigkeiten für alle Menschen, die Würde und die Gerechtigkeit. Der *Humanistische Verband* stellt sich als dezidiert atheistische und religionskritische Organisation durch seine Namensgebung in diese übergreifende geistesgeschichtliche Tradition, obwohl sich zumindest unter den Humanisten der Renaissance religiös gebundene Denker ebenso finden wie atheistische Denker. Ein Beispiel für einen dezidiert religiösen Humanisten ist der niederländische Theologe Erasmus von Rotterdam (1466-1536), der im Jahr 1492 die Priesterweihe erhalten hat.

In seiner Satzung vom 13. Juni 2003 bezeichnet sich der Verband im Paragraph 2 als „eine Weltanschauungsgemeinschaft", welche „der Verbreitung einer freigeistigen, humanistisch-wissenschaftlichen Weltanschauung" dient und sich „ausschließlich an solche Personen" richtet, „die an eine Kirchen-, Glaubens- oder andere Weltanschauungsgemeinschaft nicht gebunden" sind. Darüber hinaus betont der Verband, dass er „auf dem Boden des Grundgesetzes" stünde und insofern „für eine pluralistische Gesellschaftsordnung" eintrete, „in der alle Weltanschauungs-, Glaubens- und Kirchenorganisationen gleichberechtigt die Interessen ihrer Anhänger vertreten können". Der 3. Paragraph benennt dann die Ziele des Verbandes. Die wichtigsten Ziele sind die „Durchführung von Jugendweihen" und des „vorangehenden Vorbereitungsunterrichts" sowie die „Durchführung von Lebenskunde-Unterricht an allen öffentlichen Schulen, gleichberechtigt neben den Unterweisungen, wie sie bereits von den Beauftragten der Kirchen gegeben werden". Der *Humanistische Verband* intendiert, sowohl das brandenburgische LER-Konzept als auch das Modell der Wahl zwischen konfessionellem Religionsunterricht und philosophischer Ethik durch die Einführung des Faches *Lebenskunde* zu ersetzen. Die Zeitschrift *humanismus aktuell* hat dieser Frage eine ganze Ausgabe gewidmet. Hier fordert Gerd Eggers als einer der Autoren die Einführung von Lebenskunde mit dem Argument, dass „das Grundgesetz keine Privilegierung von Religionen gegenüber Weltanschauungen" kenne; im Gegenteil sei der Staat „zu religiös-weltanschaulicher

Neutralität“[85] verpflichtet. Sowohl mit dem Anliegen, die Jugendweihe durchzuführen als auch mit den Plänen, das Fach Lebenskunde in den Schulen fest zu etablieren, geht der *Humanistische Verband* deutlich auf Konfrontationskurs mit den Kirchen, indem er Alternativen sowohl zur Kommunion, Konfirmation und Bar Mizwa (s.o.) als auch zum konfessionellen Religionsunterricht anbietet. Dahinter steht der Anspruch, im Gegensatz zu den kirchlichen Organisationen weltanschaulich neutral zu sein. Bei allem Respekt sowohl vor dem Engagement des Verbandes als auch insbesondere vor der Person von Gerd Eggers muß dem jedoch entgegengehalten werden, dass einen solchen Anspruch auf weltanschauliche Neutralität weder ein dezidierter Atheismus generell noch der *Humanistische Verband* speziell erheben können. Dass der ‚Humanismus‘ ebenfalls weltanschaulichen Charakter hat, wird von Horst Groschopp als Geschäftsführender Direktor der *Humanistischen Akademie* in seinem Aufsatz *Woran glaubt, wer nicht glaubt?* sogar regelrecht bestätigt. Die Anklänge an entsprechende religiöse Bekenntnisse sind ohne Zweifel beabsichtigt: Der Text formuliert so etwas wie das ‚Glaubensbekenntnis‘ des *Humanistischen Verbandes.* Im Zentrum stehen zwei Thesen – und die erste The lautet im Sinne des gerade formulierten Einwandes gegen den Anspruch der weltanschaulichen Neutralität die These, dass man im Sinne des Humanismus auch ohne religiöse Bindung eine Weltanschauung bzw. einen ‚Glauben’ hat.

Auch über die zweite These Groschopps muss hier ein Wort verloren werden, weil sie aus Sicht der Religionen provozierend wirken könnte. Sie lautet nämlich, dass auch nicht konfessionell gebundene Menschen moralisch verantwortliche Menschen sein können. Diese These muss nun (um alle Grabenkämpfen zwischen religiösen und nicht religiösen Menschen von vorneherein das Wasser abzugraben) deutlich mit dem Hinweis darauf untermauert werden, dass das zumindest vom Standpunkt der christlichen Morallehre ebenfalls nicht bezweifelt werden kann. Als Gewährsmann kann Thomas von Aquin angeführt werden. An einer zentralen Stelle seiner *Summa Theologiae* betont Thomas von Aquin nämlich, dass uns das „ewige Gesetz“ sowohl „durch die natürliche Vernunft“, über die alle Menschen verfügen, „zugänglich“ ist, als auch im Falle der Getauften „durch eine zusätzliche Offenbarung“[86]. Dass damit der (aus Sicht des nicht-religiösen Menschen natürlich problematische) Anspruch verbunden ist, alle Menschen auf das „ewige Gesetz“ zu verpflichten, soll hier nicht unerwähnt bleiben. Tatsächlich kommt es im vorliegenden Zusammenhang darauf aber gar nicht an: Betont werden sollte lediglich, dass man sich zumindest auf Thomas von Aquin als *den* Gewährsmann der christlichen Morallehre *nicht* berufen kann, wenn man von der Warte des Christentums aus Nichtchristen Amoralität unterstellen will.

Meine Darstellung des Atheismus endet bewusst mit einer Passage, in der durch Informationen eine Brücke des gegenseitigen Respekts zwischen Atheismus und

---

85 Gerd Eggers, Politischer Grundsatzstreit um LER und Lebenskunde, in: humanismus aktuell, 6/Heft 10 (2002), S. 9.

86 Thomas von Aquin, Summa theologiae, ca. 1266-1272, Quaestio 19. Im Text zit. nach: Über sittliches Handeln, übers. u. hrsg. v. R. Schönberger, Stuttgart 2001, S. 99.

Religion geschlagen werden soll. Dahinter steht ein didaktisches Programm, nämlich das Programm des Brandenburger LER-Unterrichts, das ich an der Universität Potsdam vertrete und für das ich hiermit am Schluss dieser Abhandlung ausdrücklich werben möchte.